Anode Materials for
Alkali Metal Ion Batteries

# 碱金属离子电池
# 负极材料

王志远　王丹　郑润国　等著

化学工业出版社
·北京·

## 内容简介

对于碱金属离子电池体系来说,电极材料的性能是决定电池性能优劣的关键因素之一。本书聚焦储能负极材料的发展前沿,围绕碳基材料、合金材料、过渡金属氧化物等电极材料,详细介绍了碱金属离子电池负极材料的设计、制备与性能,提出了模板法制备多种电极材料的工艺过程,并对电极性能进行了分析和表征,同时对过渡金属氧化物的氧空位调控方法进行了原创性的探讨,对相应的电极性能进行了测试与表征。

本书结合作者多年的科研成果,技术先进,实例丰富,数据翔实,为电池设计人员提供了指导。

**图书在版编目(CIP)数据**

碱金属离子电池负极材料/王志远等著. —北京:化学工业出版社,2021.12
ISBN 978-7-122-40162-5

Ⅰ.①碱… Ⅱ.①王… Ⅲ.①碱性蓄电池-材料
Ⅳ.①TM912.2

中国版本图书馆 CIP 数据核字(2021)第 225009 号

---

责任编辑:邢　涛　　　　　　　　　　文字编辑:师明远
责任校对:田睿涵　　　　　　　　　　装帧设计:韩　飞

---

出版发行:化学工业出版社(北京市东城区青年湖南街 13 号　邮政编码 100011)
印　　装:涿州市般润文化传播有限公司
710mm×1000mm　1/16　印张 19¾　字数 388 千字　　2021 年 12 月北京第 1 版第 1 次印刷

---

购书咨询:010-64518888　　　　　　　售后服务:010-64518899
网　　址:http://www.cip.com.cn
凡购买本书,如有缺损质量问题,本社销售中心负责调换。

---

定　　价:138.00 元　　　　　　　　　　　　　　　版权所有　违者必究

# 前　言

储能技术的发展对于推动高新科技的持续进步和实现清洁能源的高效利用起着关键作用。自 1991 年日本索尼公司将锂离子电池推向商业化市场以来，在三十年的发展中，锂离子电池已在手机、笔记本电脑等便携式电子产品领域占据主体市场，近年来在电动汽车行业也得到了飞速发展。电子设备的不断更迭对锂离子电池提出了越来越高的要求。世界各国对于新材料、新技术、新工艺、新设备的探索也在不断进行。与此同时，锂资源的储量和价格问题也促使研究人员寻找其他可替代的储能技术。与锂离子电池几乎同一时期发展起来的钠离子电池，由于钠离子半径较大，未能找到匹配的电极材料，发展一度滞缓；近年来随着电动汽车及大规模储能等技术的不断发展，具有资源和价格优势的钠离子电池又重新回到人们的视野，自 2010 年起被广泛关注，其相关材料和技术的报道层出不穷。相比之下，具有相似物理、化学性质和储能机制的钾离子电池受到的关注相对较少，但其较低的氧化还原电位、优良的钾离子导电性等优异的性能被逐渐挖掘，在储能领域表现出巨大的应用潜质。

对于碱金属离子电池体系来说，电极材料性能的优劣是决定其性能好坏最关键的因素之一，而负极材料更是具有极大的发展空间。本书基于国内外对储能材料的最新研究进展，聚焦当下储能负极材料的发展前沿，围绕碳基材料、合金基材料、过渡金属氧化物材料，全面系统地对其制备、结构表征、微观组织、储能特性、储能机制等进行了研究和阐述，提出采用模板法制备多孔碳负极材料、合金/碳复合材料，采用不同方法对过渡金属氧化物进行氧空位调控。上述工作为高性能碱金属离子电池电极材料的制备提供了新的有效途径。

参与本书编写人员有王志远（第 1 章、第 2 章、第 5 章 5.4～5.7 节），王丹（第 3 章、第 4 章、第 5 章 5.1～5.3 节），郑润国（第 6 章、第 7 章），全书由王志远负责统稿。在本书的撰写过程中，研究生董康泽、马群、田康辉、段婵琴、江楠、张万兴、万海成等做了大量的文献搜集、数据整理、图表绘制等工作，在此表示感谢。在本书编写过程中，还参考了国内外相关著作以及一些文献资料，部分文字、数据和图表引自相关著作及文献，在此向各位作者一并致以诚挚的谢意。

由于本书涉及内容非常广泛，受作者水平所限，如有疏漏和不当之处，敬请读者批评指正。

王志远

# 目 录

# · 第一章 ·

# 碱金属离子二次电池概述

人类历史的发展始终伴随着能源的更迭。工业革命以来，人们对于能源的需求急剧增加，化石燃料成为人们利用的主要能源。然而，作为非可再生能源，传统的化石燃料总量有限，随着消耗的不断增加，可供使用的储量越来越少；此外，化石燃料燃烧引发的环境问题也日益严重。因此，实现清洁、低碳发展既是当前社会的迫切需要，也是未来发展的必然趋势。目前使用的清洁、可再生能源主要有太阳能、风能、核能、潮汐能、地热能等，理论上这些能源都是取之不尽、用之不竭的，但是由于它们会受到昼夜更替、季节、地域等因素的限制，因此具有间歇式和空间分布不均的特点，需要经过有效的存储才能实现合理利用。电能是人类可利用的最便捷的能源，如果将可再生能源存储为电能，循环利用，将极大地提高能源的利用效率。

电化学储能装置发展到今天，已经从早期的一次电池逐步发展为铅酸电池、镍铬（镍铁）电池、镍氢电池、锂金属电池，以及现如今全面商业化的锂离子电池等二次电池。作为一种环境友好、可持续的电化学能源器件，锂离子电池具有工作电压高、能量密度大、循环寿命长、自放电率低、工作温度范围宽、无记忆效应等特点；在过去的几十年里，已在智能手机、笔记本电脑等便携式电子设备和微电子设备以及电动汽车等领域得到了非常广泛的应用。但是，随着电子设备和大规模储能技术的不断发展，人们对可充电电池的能量密度、循环寿命、安全性以及环保性等方面都提出了更高的要求；与此同时，锂矿资源储量告急及价格不断攀升的问题也日益凸显。钠离子电池和钾离子电池作为对锂离子电池的重要补充，具有与锂离子电池相似的储能机制，而且原材料储量丰富、价格低廉，近年来受到国内外研究者的广泛关注，未来有望在电动交通工具以及静态规模储能等领域实现应用。目前，寻找高性能的电极材料，构建合适的电池体系是推动储能技术发展的关键。

## 1.1　锂离子电池

### 1.1.1　锂离子电池发展历程

作为地壳中密度最小（$\rho = 0.534 \text{g} \cdot \text{cm}^{-3}$）、电极电位最负的金属元素（$-3.05 \text{V vs.}$ 标准氢电极），"锂"是二次电池的最佳选择。最早的锂电池是以金属锂或者锂铝合金作为负极制成的。然而这类锂电池有一个很大的弊端，那就是在充、放电的过程中，由于锂的不均匀沉积会产生锂"枝晶"，这些"枝晶"很容易刺破隔膜造成电池短路，进而导致电池发生爆炸等严重的安全问题。锂离子电池的突破性发展是在 1980 年，法国科学家 Michel Armand 教授首次提出了摇椅式电池（rocking chair battery）的概念，他提出采用低插锂电位的 $\text{Li}_y \text{M}_n \text{Y}_m$ 层间化合物代替锂负极，与具有高插锂电位的 $\text{A}_z \text{B}_w$ 正极组成没有金属锂的二次电池。在充、放电过程中锂离子在正极和负极之间可以来回地嵌入和脱出，这样就可以解决长期以来的锂"枝晶"问题。到了 1990 年，Akira Yoshino 教授与索尼公司科学家 Nishi Yoshio 团队合作推出了以石油焦 $\text{Li}_x \text{C}_6$ 为负极、$\text{LiCoO}_2$ 为正极的实用型锂离子电池，并实现了商业化生产，也首次提出了"锂离子电池"（lithium ion batteries，LIBs）这一全新的概念。现如今，锂离子电池迅猛发展，各种用于锂离子电池的正负极材料层出不穷。

### 1.1.2　锂离子电池的构造及工作原理

锂离子电池按类型可分为圆柱型电池、软包电池、扣式电池、方块型电池和薄片型电池。其主要组成部分有正极、负极、隔膜、电解质、集流体、外壳。其中正极用于提供可供传输的锂离子，一般由含锂的金属氧化物构成。通常需要其具有较高的质量比容量和体积比容量、较高的电压平台、稳定的晶体结构以及优异的导电性。目前常见的正极材料有钴酸锂、锰酸锂、二元/三元材料、磷酸铁锂等。负极则用于存储从正极脱出的锂离子，因此需要具有较低的工作电位以保障电池的高能量密度。主要负极材料有碳基材料、合金类材料、过渡金属氧化物等。隔膜通常使用具有微孔结构的高分子薄膜，它在允许离子自由传输的同时又能阻止电子的导通，防止正、负极因接触而短路。考虑到隔膜在孔径分布、柔韧性、化学稳定性、机械强度、电解液浸润能力等方面的需求，常使用聚乙烯（PE）和聚丙烯（PP）等聚烯烃类材料作为锂离子电池的隔膜。锂离子电池的电解液可分为液体、固体和熔融盐三类。当前商业化的锂离子电池主要使用的是液体电解液，一般是由锂盐（$\text{LiPF}_6$、$\text{LiAsF}_6$、$\text{LiClO}_4$、$\text{LiBF}_4$）作为电解质，由挥发性小、介电常数高的有机溶剂［如碳酸乙烯酯（EC）］和黏度低、易挥发的有机溶剂［如碳酸二乙酯（DEC）］的混合物作为溶剂。电解液起着在电池正、负极之间传输离子、传导电流的作用；一般需要具有较宽的电化学窗口、较高的离子电导率、较好的化学稳定性（副反应少、保质期久）和较高的介电常数。选用合适的电解液是保证锂离子电池高效存储的重要条件。锂离子电池外壳的作用是将电极和电解液封装起来，防止电极与空气或者水分接触而使电池失效。

锂离子电池实际上是一种浓差电池，其原理是以锂离子作为能量传输介质，将有一定电化学势差的正极与负极通过氧化还原反应实现能量的可逆释放以及存储。其充放电过程如图 1-1 所示。当以钴酸锂（$LiCoO_2$）为正极、石墨（C）为负极，对锂离子电池充电时，$Li^+$ 会从 $LiCoO_2$ 中脱出，经由隔膜、电解液到达负极，嵌入石墨层中去。正极失去电子，元素化合价升高（$Co^{3+} \rightarrow Co^{4+}$）；电子则从正极经过外电路流向负极 [式(1-1)]，这时负极处于富锂态，俘获由外电路传导过来的电子，元素化合价降低 [式(1-2)]。石墨层中嵌入的锂离子越多，电池的充电比容量则越高。整个过程中电能不断地转换为化学能，存储在电池中。

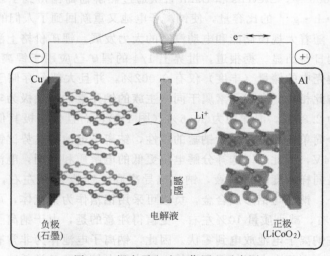

图 1-1　锂离子电池工作原理示意图

放电时，$Li^+$ 及电子的传输过程与充电过程相反，石墨层中的 $Li^+$ 会脱出，再经由隔膜、电解液回到正极，形成可逆回路。同样地，回到正极的 $Li^+$ 越多，电池的放电比容量就越高。电池通过化学能与电能的转换实现能量的存储与利用。

相应的电池充电时正、负极的电化学反应方程式如下：

正极反应：
$$LiCoO_2 \Longrightarrow Li_{1-x}CoO_2 + xLi^+ + xe^- \tag{1-1}$$

负极反应：
$$6C + xLi^+ + xe^- \Longrightarrow Li_xC_6 \tag{1-2}$$

全电池反应：
$$LiCoO_2 + 6C \Longrightarrow Li_{1-x}CoO_2 + Li_xC_6 \tag{1-3}$$

## 1.2 钠离子电池

### 1.2.1 钠离子电池发展历程

钠离子电池（sodium ion batteries，SIBs）的概念起步于 20 世纪 80 年代，与锂离子电池几乎是在同一时期发展起来的。1981 年，Delmas 首次报道了 $Na_xCoO_2$ 的电化学性能。随后，一系列层状氧化物 $Na_xMO_2$（M＝Ni、Ti、Nb、Cr、Mn）也被相继报道。但由于钠离子的质量和半径较大（$Na^+$：0.98Å❶；$Li^+$：0.69Å），因此其电池能量密度不及锂离子电池；而且由于钠离子不能像锂离子一样在石墨中形成稳定的 Na-C 相，很长时间内都没有找到合适的钠离子电池负极材料，而此时锂离子电池已经成功地实现了商业化应用，因此研究者们将更多的目光集中在了锂离子电池的研究上，致使钠离子电池发展相对滞后。直到 2000 年，Stevens 和 Dahn 首次通过热解葡萄糖得到了硬碳负极并获得了 $300mA \cdot h \cdot g^{-1}$ 的比容量，使钠离子电池又重新回到了人们的视野。

近年来，随着大规模储能和电动汽车的大力发展，锂矿价格上涨和全球锂资源匮乏的问题日益凸显。据报道，世界上 1/4 的锂矿已应用于锂离子电池领域，而锂元素在地壳中的储量（丰度）仅有 0.002％，并且大部分存储于不易开采的盐湖地带。与此相比，和锂元素属于同一主族的钠元素的储量极为丰富，其在地壳中的丰度为 2.83％，海洋中为 30.6％（图 1-2），而且价格极其低廉，获得钠的方法也十分简单。此外，由于钠盐的特性，钠离子电池的电势比锂离子电池的要高 0.3～0.4V，因此可以选择分解电位更低的电解质和溶剂，电池体系的安全性更高；而且同样浓度的电解液，钠盐电导率高于锂盐 20％ 左右，可进一步降低成本。另外，钠不与铝形成合金，负极可采用铝箔作为集流体，可以进一步降低成本 8％ 左右，减小质量 10％ 左右。更值得注意的是，由于钠离子电池无过放电特性，允许钠离子电池放电到零伏。因此，钠离子电池作为非常有发展潜力的储能体系，未来有望在电网储能和调峰、风力发电储能及各类低速电动车等领域获得广泛应用，与锂离子电池形成互补。由于 $Na^+$ 的质量和半径都比 $Li^+$ 大，致使 $Na^+$ 在电极材料中更难嵌/脱，同时钠离子电池也表现出不同于锂离子电池的动力学和热力学特性，因此，开发合适的钠离子电池正、负极材料是钠离子电池的研究重点。已开展的钠离子电池正极材料的研究包括层状和隧道型过渡金属氧化物、聚阴离子化合物、普鲁士蓝、有机物等；而负极材料的研究主要集中于碳材料、合金基材料、氧化物等。

---

❶ 1Å＝0.1nm。以下同。

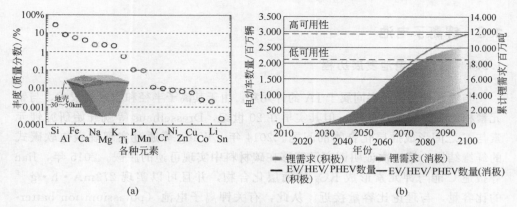

(a) (b)

图 1-2 （a）各元素在地表的丰度；（b）预测 EC 数量以及
对锂的需求量随时间的变化

### 1.2.2 钠离子电池工作原理

钠离子电池的工作原理与锂离子电池类似，是利用钠离子在正、负极之间的脱嵌过程实现充、放电。充电时，$Na^+$从正极（如层状过渡金属氧化物$NaMO_2$）中脱出，经过电解液和隔膜，嵌入负极（如硬碳C）中。同时，为了维持电荷平衡，电子从正极经由外电路流入负极，过渡金属 M 元素化合价升高。负极捕获电子和离子后，相应元素化合价降低。这个过程中，电能不断地转换为化学能，放电时则相反。其工作原理如图 1-3 所示。

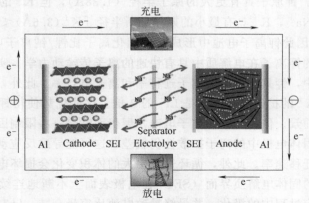

图 1-3 钠离子电池的工作原理图

钠离子电池充电时正、负极的电化学反应方程式可以表示为：

正极反应： $NaMO_2 - xNa^+ - xe^- \Longrightarrow Na_{1-x}MO_2$ (1-4)

负极反应： $C + xNa^+ + xe^- \Longrightarrow Na_xC$ (1-5)

## 1.3 钾离子电池

### 1.3.1 钾离子电池发展历程

与锂元素和钠元素同属于 IA 的钾元素，由于其离子半径和质量都较大，与钠元素相比受到的关注较少，但其实早在 20 世纪，Dresselhaus 等就开始研究钾元素与 C 之间形成插层化合物的问题。2014 年，Wang 等通过实现硬碳包软碳式的纤维结构，第一次证明钾离子能够在碳材料中实现可逆的脱嵌。2015 年，Jian 等报道 C 能与钾元素形成 $KC_8$ 的插层化合物，并且可以实现 $273mA \cdot h \cdot g^{-1}$ 的比容量，与理论比容量接近。从此，有关钾离子电池（potassium ion batterys，PIBs）研究的报道迅速增加。近期研究发现，钾离子电池在诸多方面都可以与锂离子电池以及钠离子电池相媲美。首先，钾元素在地壳中的质量分数为 2.09%，约为锂元素的 900 倍；而且作为电极原料的 $K_2CO_3$ 的价格与 $Na_2CO_3$ 相似，比 $Li_2CO_3$ 便宜得多。其次，铝箔可用作钾离子电池中的集流体而替代锂离子电池中的铜箔，这不仅可以显著降低钾离子电池的价格，还可以减轻集流体的质量并解决过放电问题；而且钾离子电池的氧化还原电势相对较低（$-2.93V$）；在碳酸丙烯酯（PC）中，$K^+/K$ 的标准电势低于 $Li^+/Li$ 和 $Na^+/Na$，即使在碳酸乙烯酯（EC）和碳酸二乙酯（DEC）的混合物中，$K^+/K$ 的氧化还原电势也比 $Li^+/Li$ 的标准电势低 $0.15V$，也就是说，理论上钾离子电池可以有更大的能量密度。除此之外，研究人员发现虽然与锂原子（0.68Å）和钠（0.97Å）相比，钾原子具有更大的原子半径（1.38Å），但 $K^+$ 的路易斯酸性能却弱于 $Li^+$ 和 $Na^+$，$K^+$ 具有最小的斯托克斯半径 [$K^+$（3.6Å）$<Na^+$（4.6Å）$<Li^+$（4.8Å）]，因此钾离子电池中形成的溶剂化离子比锂/钠离子电池中的更小，这就使溶剂化的钾离子在电解质中具有快速的离子传输动力学。实验表明，在碳酸亚丙酯溶剂中，钾具有最高的离子迁移率和离子电导率。此外，通过分子动力学模拟研究，$K^+$ 的扩散系数大约是 $Li^+$ 的 3 倍。这些优势使得钾离子电池显示出优越的发展前景。但目前，钾离子电池发展仍面临着一些限制因素。例如，在循环过程中，固体电极中的离子扩散性仍较差，这可能导致反应动力学迟缓，影响电池的离子迁移速率。此外，循环过程中大的体积变化会损坏电极的完整性并导致粉碎，新的固体电解质界面（SEI）在电极表面上不断地连续形成而消耗电解质，增加反应过程中的极化，并最终导致电池比容量衰减。针对上述问题对钾离子电池设计和改进的策略有：采用理论计算来预测最理想的电极材料，了解反应机理；通过纳米结构设计改善 $K^+$ 反应动力学；通过使用碳基质来缓冲体积变化并增强导电性；通过调节电子结构和增加杂原子掺杂的缺陷和空位来增强动力学；调控电解质添加剂，以最大限度地减少副反应；设计新型电池系统等。

目前钾离子电池的正极材料主要有聚阴离子型材料（$KM_x(XO_4)_y$，$M=$Fe、V、Mn等；$X=P$、S等）、金属层间化合物、硫化物等；负极材料主要有碳基材料、合金基材料、转换型材料、有机物等，如图1-4所示。电解液起到有效传输离子的作用；现阶段主要应用无机钾盐（六氟磷酸钾和高氯酸钾等）作为溶质，碳酸乙烯酯、碳酸丙烯酯和碳酸二乙酯等作为溶剂；隔膜通常为玻璃纤维。

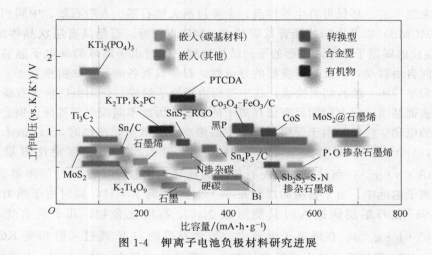

图1-4 钾离子电池负极材料研究进展

### 1.3.2 钾离子电池工作原理

钾离子电池的工作原理与锂离子电池和钠离子电池相似，在充电过程中钾离子从正极开始迁移，经由电解液，最终到达负极；放电过程中，钾离子向正极迁移，在电势差的作用下完成离子的迁移。

## 1.4 负极材料

作为碱金属离子电池的关键组成部分，负极材料对电池体系的电化学性能有着尤为重要的影响。理想的负极材料须具备以下特点：①比容量高；②嵌锂、钠、钾电位低；③体积变化小，结构稳定；④有稳定的电压平台；⑤导电性好；⑥与电解液相容性好；⑦材料来源广泛、无毒、无污染；⑧安全性好。

现有负极材料按反应机制不同可分为：嵌入/脱出型负极材料、合金型负极材料、转化型负极材料、复合型负极材料以及有机物等。

### 1.4.1 嵌入/脱出型负极材料

嵌入/脱出型负极材料的主要特点是在反应过程中材料的结构能保持稳定，相变小或者无相变，因此材料的循环稳定性好；但此类材料的比容量通常较小。代表性材料有碳材料、钛基氧化物等。作为碳基材料的典型代表，石墨类材料是最早应用于商业化锂离子电池的负极材料，具有结构稳定、导电性好、价格低廉、来源丰富、环保可再生等特点；主要包括天然石墨、人造石墨、中间相碳微球（MCMB）以及中间相沥青基碳纤维（MPCF）等。石墨具有层状晶体结构，$sp^2$ 杂化的碳原子按照六边形的平面结构排列；同时由于离域的 π 电子能够在石墨层间自由移动，因此具有良好的导电性。石墨具有各向异性，由垂直于 $c$ 轴的基面和平行于 $c$ 轴的端面构成，其中基面由碳原子组成，而端面则包含有碳原子及其表面基团，只有端面具有储存离子的性能，因此不同端面和基面比例会影响材料的电化学性能。由于受限于石墨中晶格空位的数量，放电时，$Li^+$ 嵌入石墨层间，1 个 $Li^+$ 只能对应 6 个 C，形成 $LiC_6$，因此石墨的理论比容量只有 $372mA \cdot h \cdot g^{-1}$；而且锂离子在石墨中的迁移速率较小，倍率性能不够理想。在钠离子电池中，由于石墨的层间距小于 $Na^+$ 的离子半径，同时由于热力学因素，$Na^+$ 在石墨层间嵌入时只能形成 $NaC_{64}$ 高阶化合物，几乎没有比容量（$35mA \cdot h \cdot g^{-1}$）。在钾离子电池中，虽然石墨能与 K 通过三阶相变 $KC_{24}$＞$KC_{16}$＞$KC_8$ 最终形成热力学稳定的 $KC_8$（理论比容量为 $279mA \cdot h \cdot g^{-1}$），但由于钾离子半径较大，在石墨中嵌入/脱出时会引起非常大的体积变化，导致材料结构破坏，电池比容量衰减迅速；而且大的离子半径导致离子扩散速率较慢，倍率性能不佳。

为解决上述问题，研究人员对其他形式的碳材料如无定型碳、石墨烯、碳纳米管等开展了广泛研究。其中无定型碳材料的碳原子同样按照六边形结构排列，但在 $c$ 轴方向的晶体有序度较低。无定型碳按照其被石墨化的难易程度，又可分为软碳和硬碳，其中，软碳指的是经过高温处理可以实现石墨化的碳材料，其石墨层以接近平行的方式进行排列，在碳化过程中易于形成 $c$ 轴方向的高有序度，实现石墨化；而在硬碳中，石墨层以交错、无序的结构排列，即使高达 2800℃的高温碳化处理仍难以消除这种无序排列，因此难以形成石墨结构；同时硬碳具有较大的缺陷且层间距较大。在无定型碳储锂过程中，锂离子可以嵌入石墨微晶层间，同时还可以进入石墨微晶区之间的微孔中。因此，为了增加无定型碳材料的储锂比容量，制备多孔碳材料是一种行之有效的方案。多孔碳发达的孔隙结构、较大的比表面积、优越的化学稳定性及结构稳定性使其在储能领域表现出优异的应用潜能；其多孔的结构不仅能为离子的扩散和电子的传输提供有效的通道，还能使电解液充分地浸润，保证电化学反应高效进行；其孔隙中的缺陷可以提供大量活性位点，增加离子的存储量。多孔碳的多孔结构还表现出良好的力学性能，这对释放离子在脱嵌过程中产生的应力有积极作用；同时多孔碳具有较高的电子电导率，非常有利于电子的快速传输，减小极化，继而提高电极材料的动力学反应速率。

利用不同的制备方法可获得不同形貌和结构的多孔碳，现有多孔碳的制备方法主要有活化法和模板法。活化法是指采用 $CO_2$ 或 $ZnCl_2$、$KOH$ 等对碳材料进行活化来增加其孔容的方法；工艺简单有效，可扩展性强，但所制备的多孔碳通常具有非均一的尺寸和孤立、不连通的孔结构，因此常被用来制备微孔活化碳。相对于活化法，模板法则可用于合成各种孔隙结构的多孔碳材料，可分为硬模板法、软模板法和混合模板法。硬模板法是通过复制模板来实现造孔的，即在模板的间隙形成碳层，随着模板的去除留下孔隙结构；通过选择模板可以获得不同孔隙的多孔材料。最早的多孔碳是以二氧化硅为模板合成的，表现出很强的限域效应，但经常需要面临模板去除的问题。相对来说，软模板法的制备工艺更加简单，客体材料会自组装成纳米介孔结构，在后续的高温煅烧过程中，随着活性剂分子的去除，多孔碳的结构得以形成。近期，纪效波课题组通过高温下的自组装合成了三维多孔碳结构，制备了含有富氧官能团的聚合碳点，该结构表现出了很高的储钠比容量和超长的循环寿命。混合模板法又称为软硬模板结合法，在制备分级多孔材料方面非常有效；胶体、泡沫、阳极氧化铝（AAO）和生物模板等已经成功用于大孔结构材料的制备。Chen 等采用硬-软双模板法对酚醛树脂、$Zn(NO_3)_2 \cdot 6H_2O$ 和聚乙烯醇缩丁醛在氩气气氛中碳化制备了多孔碳材料，该多孔碳材料的比表面积达 $864 m^2 \cdot g^{-1}$，孔体积达 $0.76 cm^3 \cdot g^{-1}$，表现出了优异的超电容性能。

除了构建多孔结构外，表面功能化能进一步改善多孔碳材料的电化学性能，在掺杂元素的选择上，通常需要考虑其外层电子数、电负性、元素尺寸等因素。常见的掺杂元素有 N、S、P、B、O 等。Liu 等通过 $CaCO_3$ 纳米模板法制备了连通多孔的富氮碳，在 $30 mA \cdot g^{-1}$ 的电流密度下，获得了高达 $338 mA \cdot h \cdot g^{-1}$ 的可逆比容量。Wang 等通过直接热解维生素 B 合成了由超薄纳米片组成的多孔氮掺杂的碳网，在 $100 mA \cdot g^{-1}$ 的电流密度下获得了高达 $335 mA \cdot h \cdot g^{-1}$ 的储钠比容量。Wang 等合成了硼掺杂的蚁穴状多孔碳，在 $0.5 A \cdot g^{-1}$ 的电流密度下，获得了高达 $109 mA \cdot h \cdot g^{-1}$ 的储钠比容量。Chen 等制备了氮掺杂碳微球材料，将其用于钾离子电池的负极，在 72 C（$1C = 168 mA \cdot g^{-1}$）的电流密度下表现出 $154 mA \cdot h \cdot g^{-1}$ 的倍率性能。Yang 等合成氮/氧双掺杂分级多孔硬碳材料，在电流密度为 $0.025 A \cdot g^{-1}$ 和 $3 A \cdot g^{-1}$ 时，电极材料能分别提供 $365 mA \cdot h \cdot g^{-1}$ 和 $118 mA \cdot h \cdot g^{-1}$ 的可逆储钾比容量。Zong 等制备了硫掺杂的中空碳材料，获得了 $581 mA \cdot h \cdot g^{-1}$（$0.025 A \cdot g^{-1}$）的储钾比容量；同时采用恒电流间歇滴定技术分析了电压依赖性 $K^+$ 扩散系数，其范围为 $10^{-12} \sim$

$10^{-10}\,\mathrm{cm^2 \cdot s^{-1}}$。Guo 课题组制备了硫氧共掺的多孔硬碳微球，由于分层多孔框架和 S/O 共掺，得到的多孔硬碳微球材料表现出无定形碳的性质，并且具有较大的层间距、较大的比表面积和明显的结构缺陷，最终表现出优异的倍率性能（在 $1\mathrm{A \cdot g^{-1}}$ 下 $158.1\mathrm{mA \cdot h \cdot g^{-1}}$）和循环性能。

钛酸盐（如 $\mathrm{Li_4Ti_5O_{12}}$）和二氧化钛（$\mathrm{TiO_2}$）是嵌入/脱出型负极材料的另一典型代表。1994 年，Ferg 等首次提出采用 $\mathrm{Li_4Ti_5O_{12}}$ 作为锂离子电池负极材料。$\mathrm{Li_4Ti_5O_{12}}$ 是由氧化物的晶格空位来提供锂离子嵌入位点的，因此嵌入的离子较少，理论比容量偏低（$175\mathrm{mA \cdot h \cdot g^{-1}}$），但也因此材料不会有明显的体积膨胀，循环稳定性好，被称为"零应变"材料。$\mathrm{Li_4Ti_5O_{12}}$ 有平稳的充放电平台，电压平台较高，因此能够提高电池的安全性；但也由于电位偏高（1.55V），能量密度不佳。$\mathrm{Li_4Ti_5O_{12}}$ 的电子导电性较差，而且离子扩散会发生弛豫，所以在高速充放电时会发生较大的极化，导致倍率性能不佳，通常采用纳米化、表面修饰、元素掺杂等方式进行改善。$\mathrm{Li_4Ti_5O_{12}}$ 是尖晶石结构，具有三维 $\mathrm{Li^+}$ 通道，而离子半径较大的 $\mathrm{Na^+}$、$\mathrm{K^+}$ 所构成的钛酸盐多为层状结构，如 $\mathrm{Na_2Ti_3O_7}$、$\mathrm{K_2Ti_8O_{17}}$。2011 年，Palacin 首次报道了 $\mathrm{Na_2Ti_3O_7}$ 用于钠离子电池，其电压平台为 0.3V，是目前氧化物中储钠电位最低的化合物，反应过程中有 2 个 $\mathrm{Na^+}$ 嵌入，理论比容量为 $200\mathrm{mA \cdot h \cdot g^{-1}}$。$\mathrm{K_2Ti_8O_{17}}$ 直接储钾能力不高，通过扩大层间距、制备纳米材料等手段，可有效改善其储钾性能。

$\mathrm{TiO_2}$ 按照其原子的空间排布可以分为：锐钛矿（Anatase）、金红石（Rutile）、青铜矿（$\mathrm{TiO_2}$-B）以及板钛矿（Brookite）4 种晶型（图 1-5）。这 4 种晶型的晶体参数如表 1-1 所示。

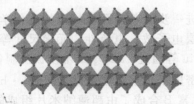
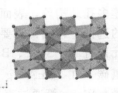

青铜矿[体积=0.85体积(Li⁺)，尺寸=1.01尺寸(Li⁺)]　　　板钛矿[体积=0.1体积(Li⁺)，尺寸=0.5尺寸(Li⁺)]

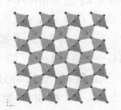

金红石[体积=0.1体积(Li⁺)，尺寸=0.75尺寸(Li⁺)]　　　锐钛矿[体积=0.5体积(Li⁺)，尺寸=0.85尺寸(Li⁺)]

图 1-5　$\mathrm{TiO_2}$ 4 种晶型结构

表 1-1　不同 $TiO_2$ 晶型结构参数

| 晶型结构 | 空间群 | 密度/(g·cm$^{-3}$) | 晶胞参数 |
|---|---|---|---|
| 金红石 | P42/mnm | 4.13 | $a=45.9, c=29.6$ |
| 锐钛矿 | I41/amd | 3.79 | $a=37.9, c=95.1$ |
| 板钛矿 | Pbca | 3.99 | $a=91.7, b=54.6, c=51.4$ |
| 青铜矿 | C2/m | 3.64 | $a=121.7, b=37.4, c=65.1$ |

其中金红石型 $TiO_2$ 具有良好的结晶态并且缺陷较少，热力学性质最稳定；但其内部晶格空间结构比较狭窄，因此 $Li^+$ 脱嵌比较困难，扩散系数很低，实际比容量较低。板钛矿型 $TiO_2$ 与金红石型 $TiO_2$ 的嵌锂机制相似，同样受到其结构的限制，电化学性能较差，而且结构不稳定，在高温状态下会发生不可逆转变。青铜矿型 $TiO_2$ 由于在垂直于（010）晶面上具有一维无限通道的特殊结构，可以有效地缓解体积膨胀，同时在各个坐标轴方向上都有嵌入通道，因此可逆比容量更高一些；其嵌锂机制是一个赝电容过程，这有利于提高材料的倍率性能，但是工作电压（1.55V vs $Li^+$/Li）比锐钛矿型 $TiO_2$ 略低；而且由于其是一种亚稳态结构，制备过程较为复杂。锐钛矿型 $TiO_2$ 由空间八面体的顶点相互连接而成，由 4 个 $TiO_2$ 分子组成 1 个晶胞，具有沿 $a$ 轴 [100] 和 $b$ 轴 [010] 的双扩散通道，这为锂离子的传输提供了更多途径；其晶格结构内部的缺陷和空位较多，可以捕获较多电子，具备更高的活性，因此具有更高的比容量，是研究得最多的一种结构。$TiO_2$ 表现出 335mA·h·g$^{-1}$ 的理论比容量。

## 1.4.2　合金型负极材料

合金型负极材料的反应属于多电子反应，具有导电性好、理论比容量高、工作电压较低的优点。目前已经有关于包括 Si、Ge、Sn、P、Sb 基等合金型负极材料的研究报道，如图 1-6、图 1-7。其中，硅（Si）基材料储量丰富，每个 Si 能与 4.4 个 $Li^+$ 形成 $Li_{4.4}Si$，质量比容量（4200mA·h·g$^{-1}$）和体积比容量（8344A·h·L$^{-1}$）都很高，是石墨的 15 倍左右。但是，硅基材料在 $Li^+$ 嵌入/脱出的过程中，晶胞体积和晶体对称性会发生明显变化，体积膨胀率高达 300%，循环稳定性能较差；此外，硅的导电性较差，需要通过与碳复合等方式进行改性；而硅在储钠时，1 个硅原子只能与 1 个钠原子形成合金，因此，其储钠理论比容量只有 954mA·h·g$^{-1}$。锗（Ge）在锂离子电池中具有突出的质量比容量（1642mA·h·g$^{-1}$）和体积比容量（7366A·h·L$^{-1}$），相比于硅，有更好的导电性，因此倍率性能优异。在钠离子电池中，锗只能与钠按照分子比 1:1 的形式进行储钠，其理论比容量只有 369mA·h·g$^{-1}$。虽然 Ge 在地壳中的丰度很高，但由于开发困难，价格不算低廉；另外，Ge 也面临着在循环过程中体积变化大的问题，循环稳定性欠佳。锡（Sn）能和 4.4 个 Li 形成 $Li_{4.4}Sn$，理论比容量为 $994mA \cdot h \cdot g^{-1}$，和 3.75 个 Na 合金化形成 $Na_{15}Sn_4$，理论比容量为 $847mA \cdot h \cdot g^{-1}$，和 1 个 K 发生合金化反应，理论比容量只有 $226mA \cdot h \cdot g^{-1}$。与 Si 和 Ge 相比，Sn 的理论比容量低一些，金属熔点也比较低，仅为 505.15K；但 Sn 的导电性更好，因此倍率性能优异。锡基材料的体积膨胀问题也是制约其发展的一个重要因素。磷（P）能与 3 个 Li 发生合金化反应，生成 $Li_3P$，其理论比容量高达 $2594mA \cdot h \cdot g^{-1}$，但其电导率相对较低，离子迁移率较差，而且也存在着严重的体积变化。与 Ge 和 Sn 比，Sb 的理论比容量较低，只有 $660mA \cdot h \cdot g^{-1}$，但其体积膨胀也相对较小。在 $Na^+$ 嵌入的过程中，Sb 先经过 $Na_xSb$ 无定型的中间相，再进一步形成六角的 $Na_3Sb$ 终产物。

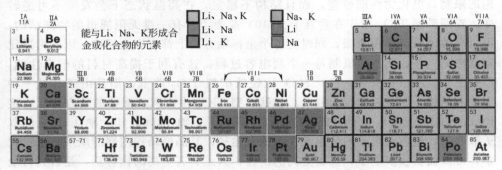

图 1-6　元素周期表显示能与锂、钠和钾形成合金或化合物的元素

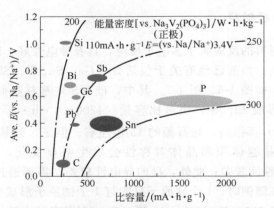

图 1-7　合金型负极材料与碳负极材料的能量密度

可见，合金材料虽然比容量较高，但普遍存在体积膨胀严重的问题，这会导致材料结构塌陷，电极发生破碎和粉化，从集流体剥离，活性物质之间的电接触变差。另外，由于合金材料电压较低，首次放电过程中会伴随电解液的分解，在

电极材料表面形成一层 SEI 膜（以锂电池为例，主要成分有 $Li_2CO_3$、$ROCO_2Li$、$LiF$、$Li_2O$ 以及绝缘的聚合物等），导致材料首次不可逆比容量较大；并且在随后的循环中，由于体积变化导致电极材料不断暴露出新的表面，SEI 膜越来越厚，导致电池阻抗增大，极化严重，同时电解液大量消耗，最终致使比容量迅速衰减，循环稳定性变差。在钠离子电池和钾离子电池中，由于钾离子和钠离子的路易斯酸性比锂离子要弱，导致钠离子或钾离子与阴离子或孤电子对的库伦力小于锂离子的，因此更容易溶解，导致 SEI 膜无法稳定存在，影响材料的循环稳定性。此外，由于巨大的体积变化，颗粒与颗粒之间会形成较大的应力，在这种应力的挤压作用下，较小的颗粒会聚集成较大的颗粒，导致锂离子扩散路径增大，反应越发地不完全，比容量下降。

为了克服合金材料的上述问题，主要的改性方案有：

① 将合金材料分散在电化学活性/非活性基质中，缓冲体积膨胀。但电化学非活性基质可能会阻碍离子或者电子的传输，使材料整体比容量下降；活性基质可利用反应电位不同，缓释体积膨胀。

② 将合金材料与碳复合，改善其电子传输动力学。很多材料由于电导率低，电化学反应不能完全进行，当增大电导率以后，比容量提升效果显著。碳也可以作为基质，抑制合金的体积膨胀；另外，碳材料还有离子电导率好、体积膨胀小、机械强度好、不易碎等优点。但由于比容量较小、首次库伦效率低，且过于蓬松，因此在复合时碳的含量不宜过高。

③ 形貌与尺寸控制。减小材料的颗粒尺寸可以使颗粒在体积变化时承受更大的应力而不粉碎；同时使离子和电子的扩散路径变短，使得材料反应更完全。如设计多孔结构来缓解体积膨胀，可增大电解液的接触面积，缩短离子的扩散路径。

### 1.4.3　转换型负极材料

铁、钴、镍、铜、钼、钌（Fe、Co、Ni、Cu、Mo、Ru）等过渡金属的氧化物、硫化物、氮化物、氟化物、磷化物等都属于转化型负极材料。转化型负极材料的反应多为多电子反应，因此比容量较高，是石墨的 2～3 倍。但转化型负极材料在循环过程中体积膨胀非常严重，有明显的比容量衰减；同时由于材料的电压平台较高（1.5～2.0V），导致电池体系的能量密度较低。转化型负极材料具有来源广泛、容易制取、环境友好等优点，在二次电池领域有很好的应用前景。

在过渡金属的此类化合物中，关于氧化物和硫化物的研究最为广泛。作为转换型负极材料的典型代表，氧化钴（$Co_3O_4$）的比容量可达 $950mA \cdot h \cdot g^{-1}$。在放电过程中，$Co^{3+}$ 被还原成钴单质，$O^{2-}$ 与 $Li^+$ 形成 $Li_2O$，完成储锂；充电时，随着电压升高，$Li_2O$ 分解，$Li^+$ 脱出，钴单质重新被氧化为 $Co_3O_4$。在首次放电过程中，由于生成的钴单质有很高的电催化活性，因此会使电解液分解，产生大量 SEI 膜，造成首次不可逆比容量。$Li_2O$ 的形成还会导致材料的结构发生不可逆变化，影响材料的循环性能。氧化铁（$Fe_2O_3$）具有资源丰富、价格低廉、容易制取等优势，其比容量可达 $1005mA \cdot h \cdot g^{-1}$，但由于体积膨胀的问题，也会导致循环比容量快速衰减。另外，$Fe_2O_3$ 的导电性较差，也需要与碳基材料复合来改善其电化学性能。

### 1.4.4　复合型负极材料

复合型负极材料是指在充放电过程中，同时具备两种或两种以上不同反应机理的负极材料。这类材料发生的反应一般是兼具转化型反应和合金型反应两类。其代表性材料有 $SnO_2$ 和 $SnS_2$，此类材料不仅储锂比容量高，而且合成简单、成本低，具备良好的应用前景。以 $SnO_2$ 为例，其电化学反应方程式为：

$$SnO_2 + 4Li^+ + 4e^- =\!=\!= Sn + 2Li_2O \tag{1-6}$$

$$Sn + 4.4Li^+ + 4e^- =\!=\!= Li_{4.4}Sn \tag{1-7}$$

$SnO_2$ 若仅按合金化反应来算，其可逆比容量为 $782mA \cdot h \cdot g^{-1}$。然而近年来，多个研究小组相继发现 $SnO_2$ 复合材料的可逆比容量远高于这一数值，因而提出了复合型反应机制，即材料中的转化反应也属于可逆过程，其比容量可达 $1494mA \cdot h \cdot g^{-1}$。由于氧化锡的转化和合金化过程都伴随着很大的体积膨胀，因此制备纳米材料、多孔材料或将其与碳复合是几种有效的改性手段。

### 1.4.5　有机类负极材料

有机类负极材料具有种类丰富、制备简单、结构灵活性高等优势，可通过调节活性基团数量实现多电子反应，从而调节比容量和反应电位；独特的嵌脱机制使其具有较快的钠离子迁移速率。但大部分有机类负极材料本征电子电导率低，一般需要与导电炭黑复合；而且有机类负极材料在电解液中溶解度较高，循环性能不佳。有机类负极材料主要包括羰基化合物（如对苯二酸二钠、对醌类化合物）、席夫碱类化合物、有机自由基化合物以及有机硫化物等。

## • 第二章 •

# 碱金属二次离子电池电极材料的表征方法

## 2.1 物理性能表征

### 2.1.1 场发射扫描电子显微镜（FESEM）

场发射扫描电子显微镜（FESEM）是通过阴极发射出高能量的电子束，经过物镜、聚光镜、光阑聚焦到样品上，使其发生弹性散射和非弹性散射，继而发射出二次电子、背散射电子、特征 X 射线等物理信号。借助扫描偏转线圈，经过探测器收集转化为光信号，再增强放大变为电信号，最后显示出与电子束作用同步的形貌衬度像。结合能谱仪（EDS）可以进行材料定性和半定量分析，以获取关于物质晶体结构、组成、电子结构等物理、化学性质的信息。SEM 是由真空系统、电子束系统以及成像系统组成的。实验时将少量经充分研磨、干燥后的粉末样品均匀地分散在碳导电胶上，利用 ZEISS SUPRA 55 场发射扫描电子显微镜对材料的微观形貌进行观察，工作电压设定为 15kV。

### 2.1.2 透射电子显微镜（TEM）

透射电子显微镜（TEM）通过电子枪发射出的电子束穿透样品成像来获取样品内部微观结构信息，确定材料的化学成分。将极少量的样品超声分散在乙醇中，用微栅承载样品，利用日本电子型号为 JEM 2100F 的透射电子显微镜，利用高分辨成像和选区电子衍射进行测试，对样品的微观形貌和结构进行表征。TEM 的加速电压是 200kV，点分辨率在 0.19nm，线分辨率在 0.14nm，最大放大倍数约为 100 万。

### 2.1.3 拉曼光谱（Raman spectra）

拉曼光谱是利用拉曼散射效应得出分子转动以及分子振动方面的信号对分子结构进行测定的一种方法，也是表征碳材料的一种重要手段。碳材料的拉曼光谱一般在 $1350cm^{-1}$ 和 $1580cm^{-1}$ 左右存在两个明显的特征峰（D峰和G峰），D峰主要由碳材料中的缺陷或无序诱导产生，G峰是由于 $sp^2$ 碳原子对的伸缩振动引起的，对应于石墨在 $E_{2g}$ 对称状态下的晶格振动。两峰的强度比 $I_D/I_G$ 通常表示碳材料的石墨化程度，比值越大，碳材料的石墨化程度越小。实验利用 Renishaw 生产的 InVia 型显微拉曼光谱仪来进行测试；采用 532nm 的 $Ar^+$ 激光为激发源，发射功率为 20mW，拉曼位移范围为 $1000cm^{-1}$ 到 $3500cm^{-1}$。

### 2.1.4 X射线光电子能谱（XPS）

X射线光电子能谱（XPS）分析是利用X射线照射样品，激发原子或分子的内层电子或者价电子，通过探测被激发出来的光电子的能量，绘制动能和相对强度的光电子能谱图，分析出样品的元素组成和价态等。实验采用 Thermo escalab 250XI 的 XPS，激发光源为 Al $K_\alpha$ 的X射线（1486.6eV），以 C 1s（284.6eV）为标准；能量分辨率大约是 0.48eV（Ag $3d_{5/2}$）。仪器的最小分析面积是 $20\mu m$，同时它的 XPS 成像空间分辨率是 $0.3\mu m$。在全谱扫描过程中，通能为 160eV；而在窄谱分析过程中，通能为 40eV。

### 2.1.5 X射线衍射（XRD）

X射线粉末衍射是通过X射线在晶体中的衍射来实现物质结构分析的测试手段。当一束特征X射线照射到晶体上时，受到晶体中原子的散射，每个原子都产生散射波，这些波互相干涉，在有些方向上相位得到加强，有些方向上则减弱，进而显示出与物质的晶体结构、物相成分相对应的X射线衍射现象。通过分析和计算衍射角度、峰型大小和衍射峰的强度值，与标准的 PDF 卡片进行对比，就可以对材料的晶体结构、粒径、结晶度以及分子结构进行定性分析。对于满足衍射条件的晶面，根据布拉格方程：

$$2d\sin\theta = n\lambda \tag{2-1}$$

由已知波长，通过测量 $\theta$ 角，可以计算出晶面间距 $d$。实验采用日本理学公司生产的 Smartlab（9）型X射线衍射仪，靶源为 Cu $K_\alpha$ 射线（$\lambda = 0.1504nm$），衍射角范围为 $10°\sim80°$，管电压为 45kV，管电流为 200mA，采用连续扫描模式，扫描速率为 $4°\cdot min^{-1}$。

### 2.1.6　热重分析（TGA）

热重分析（TGA）是通过对材料的物理和化学性质的变化进行测量，将其作为温度升高的函数，从而获得相关的物理、化学信息的一种分析方法。热重分析可用来测定物质中的水分、分解温度、高分子材料的热稳定性等。

采用北京恒久的 HCT-2 型综合热重分析仪测量材料的热力学性质，分析材料中金属和碳的含量。在空气中进行测试，升温速率为 10℃/min，终止温度为 1000℃。

### 2.1.7　比表面积及孔径分析

一定压力下，样品对气体分子的吸附达到平衡，通过测定不同相对压力下样品的氮气吸附量和脱附量，得到氮气在样品中的等温吸附-脱附曲线。实验采用 SSA 4300 型比表面积及孔径分析仪，以氮气作为吸附质，在 77K 的条件下对样品进行孔径和比表面积分析。通过测得的等温吸附-脱附曲线，结合 BET 和 BJH 方程，计算出样品的比表面积、孔容及平均孔径。

### 2.1.8　傅里叶变换红外光谱分析

采用型号为 Nicolet IS 10 的傅里叶变换红外光谱仪（FTIR）分析样品的结构组成及其表面官能团的情况。采用溴化钾压片法进行制样，测试的波数范围为 $400 \sim 4000 \mathrm{cm}^{-1}$。

## 2.2　电池的组装及其电化学性能测试

### 2.2.1　极片的制备

极片的制备：将活性材料、乙炔黑、聚偏氟乙烯按 8∶1∶1 的质量比混合，滴加 N-甲基吡咯烷酮为溶剂，磁力搅拌 3h 形成均匀的、具有一定流动性的浆料。用涂膜器将该浆料均匀地涂覆于铜箔上，再将极片放在 60℃ 的真空干燥箱中保持 24h，即得到负极极片。

### 2.2.2　扣式电池组装

锂离子电池半电池的组装：极片经 120℃ 真空烘干后，再通过对辊机辊压，用冲片机冲得直径为 12mm 的圆片，之后进行称量。活性物质负载量约为 $1.0 \mathrm{mg} \cdot \mathrm{cm}^{-2}$。然后放在氩气气氛手套箱里组装成 CR2032 的扣式电池：以聚四氟乙烯为隔膜，以六氟磷酸锂（$LiPF_6$）、碳酸乙烯酯（EC）、碳酸二甲酯（DMC）和碳酸二乙酯（DEC）的混合溶液为电解液，以锂片为对电极和参比电极。

钠离子电池半电池的组装：以玻璃纤维（GF/D）为隔膜，将 $NaClO_4$ 溶解在碳酸乙烯酯（EC）/碳酸二乙酯（DEC）/5％的氟代碳酸乙烯酯（FEC）中作为电解液；在手套箱中将钠块擀成薄片，用直径为 14mm 的冲头制成圆片，压平后作为对电极和参比电极；依次将电池壳、垫片、钠片、电解液、隔膜、负极极片、弹片、上盖组装好后，在封口机上密封，即可得 CR2032 型扣式电池。

钾离子电池半电池的组装：以玻璃纤维为隔膜，将 0.8mol/L $KPF_6$ 溶于体积比为 1∶1 的碳酸乙烯酯（EC）和碳酸二乙酯（DEC）混合溶液中，作为电解液，以钾片为对电极，在手套箱中组装成 2032 扣式电池。

## 2.2.3 电化学性能测试

### 2.2.3.1 恒流充放电测试

为测试电极材料的比容量特性、库伦效率、循环寿命和倍率性能，将组装好的扣式电池静置 24h，待电池稳定后，采用武汉蓝电电池测试系统（LAND CT-2100A）进行电化学测试。工作电压设置为 0.005～3.0V。

### 2.2.3.2 循环伏安测试（CV）

循环伏安法是通过控制电位和扫描速率，以三角波形多次反复扫描，记录相应的电流电压曲线来研究材料的氧化还原机理、电极表面的微观反应过程以及电极反应的可逆性的测试方法。实验采用上海辰华仪器有限公司的 CHI760E 型电化学工作站进行循环伏安测试，电压范围为 0.01～3.0V，扫描速率为 $0.1mV \cdot s^{-1}$。

### 2.2.3.3 电化学阻抗测试（EIS）

电化学阻抗测试是以不同频率的正弦波扰动电极系统并得到相应信号来分析电极的动力学过程的测试。电化学阻抗测试使用英国输力强公司的 Solar-tron1260＋1287 型综合电化学测试系统，正弦曲线振幅设定为 5mV，频率为 0.01Hz 到 100kHz；使用 Zview 软件对测得的结果进行拟合，并构建等效电路图对 SEI 膜阻抗、电荷转移电阻及 Warburg 阻抗等进行分析。

# 第三章

# 可溶盐模板可控制备异质原子掺杂多孔碳负极材料

多孔碳材料因其独特的结构特征和资源优势在储能领域表现出很好的应用前景。选择合适的多孔碳材料制备方法对材料的结构、性能都影响重大。近年来，水溶性模板法得到广泛关注，它是由可溶性盐（NaCl、$Na_2SiO_3$ 和 $Na_2CO_3$ 等）自组装成模板，经水洗去除，留下孔结构的一种制备方法。该方法具有模板容易去除、工艺简单的特点，在制备多孔碳材料方面具有突出的优势。除了形貌和结构外，多孔碳材料的导电性和表面性质对其电化学性能也有重要影响。在多孔碳材料中引入键长、价电子及原子半径等与碳原子有差异的杂原子（O、N、B、P、S 等），不仅可以改变相邻碳原子周围的电荷分布及自旋密度，改善碳材料的导电性能，还能改变材料的晶格结构，增加位错，产生缺陷和活性位点，进而提高材料的比容量。通过调节碳基材料表面的物理、化学性质，有望使多孔碳材料获得更佳的电化学性能。

本章我们将结构优化和杂原子掺杂相结合，采用空间限域的 NaCl 模板辅助-原位热解法合成了氮、硼、硫掺杂的三维多孔碳材料，研究了异质原子掺杂对电极材料的影响；利用第一性原理和密度泛函理论对氮、硫掺杂石墨烯的电子结构和吸附等性质进行计算，从理论上研究了掺杂对于石墨烯的导电性及其对钾原子吸附能力的改善作用，此外，还探究了碳化温度等因素对材料在形貌、结构、异质原子掺入量、电化学性能等方面的影响。

## 3.1 氮掺杂的多孔碳储钠性能研究

在碳基材料的掺杂改性中，氮原子（N）是被研究最多的一种异质掺杂原子。氮元素在元素周期表中与碳元素相邻，氮原子半径比碳原子略小，因此很容易替换晶格中的碳原子。此外，由于氮原子的外层电子数更多，电负性比碳原子要大，因此作为 N 型掺杂（也称多电子掺杂），氮原子的引入会使相邻碳原子的电荷密度增大，进而改变电荷分布，调节电子结构，提高碳材料的导电性。杂原子的引入还能诱发更多的缺陷产生，继而增加反应活性位点，改善碳材料的电化学性能。本节将采用模板辅助-原位热解法合成氮掺杂的三维多孔碳材料，深入研究氮掺杂对电极材料的形貌、结构、储钠性能和储钠机制的影响。

### 3.1.1　材料的制备

制备过程如图 3-1 所示，将柠檬酸（1.25g）、尿素（1.25g）、氯化钠（20.64g）同时溶解在 75mL 的去离子水中，持续搅拌以形成均匀的混合溶液；将混合溶液在冰箱中冷冻 48h 后放置在冷冻干燥机中去除水分；将冻干后的粉末样品在氩气/氢气的气氛下以 $10℃ \cdot min^{-1}$ 的升温速率升温至 750℃，保温 2h；之后用去离子水清洗煅烧后的样品以彻底去除氯化钠模板；将洗涤后的样品放在 100℃ 的真空干燥箱中干燥 12h，即可获得氮掺杂的三维多孔碳材料，命名为 NING-N。为研究氮掺杂对多孔碳材料的影响，作为对比，用相同的实验工艺制备了未加尿素（氮源）的多孔碳材料，命名为 NING。

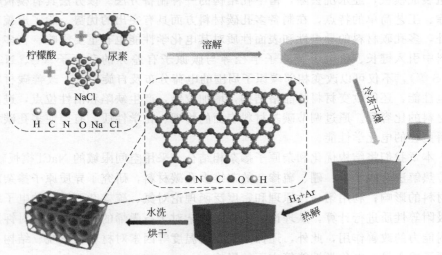

图 3-1　氮掺杂的三维多孔碳制备流程图（NING-N）

### 3.1.2　结构与形貌表征

使用场发射扫描电镜（FESEM）和透射电镜（TEM）来观察 NING-N 的形貌和微结构。从图 3-2（a）中可以看到，大量超薄碳胞连接成互相连通的碳网；单个碳胞直径为 $1 \sim 2 \mu m$。可溶性的碳源、氮源和氯化钠模板在溶解过程中实现了原子级水平的互溶，这为 N 的均匀掺入奠定了基础。氯化钠在溶液中的浓度较大，因此，会优先析出晶体；此后，混合均匀的柠檬酸和尿素会在其表面析晶。在冷冻干燥过程中，随着水分的快速蒸发，氯化钠的三维立方体结构被保存下来；经过烧结，氯化钠晶化为立方的小颗粒；与此同时，包覆在氯化钠表面的柠檬酸和尿素会发生原位热解；其间，H 以 $H_2O$ 的形式离开，留下 N 均匀地渗入 C 中，形成多种形式的 N—C 键。当 NaCl 被水洗移除后，氮掺杂的碳继承了 NaCl 的模板形态，表现为连通的超薄三维碳网络结构。

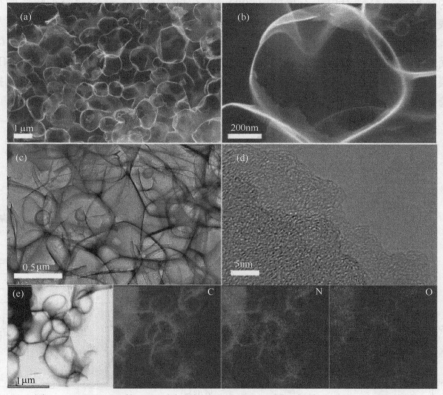

图 3-2　NING-N 的 SEM 图（a）、（b）；TEM 图（c）、（d）；（e）EDS 图

由于碳层形成于氯化钠颗粒的表面，因此这种水溶性的模板也能像硬模板一样，在一定程度上起到空间限域的作用。将图像放大［图 3-2(b)］，可以观察到一个透明的、超薄的、有大孔结构的碳胞；这些孔是在氯化钠被移除时产生的。图 3-2(c) 中 NING-N 的 TEM 图也表现出超薄的碳胞结构。图 3-2(d) 所示的 NING-N 的 TEM 图像中，未观察到明显的晶格条纹，表明该碳材料是一种无序结构的非晶碳。相比于石墨化碳，非晶碳具有更大的层间距，更有利于半径较大的钠离子的脱嵌，能表现出更好的结构稳定性。此外，非晶碳中存在大量缺陷，这对于提高碳材料的导电性，增加碳材料表面的活性位点，进而改善其储钠性能

有重要意义。后续 XRD 测试也进一步证实了 NING-N 的非晶结构。NING-N 的能谱图［图 3-2（e）］证明了 C、N 和 O 都是均匀分布的，这与合成过程中原料的均匀混合和原位热解的制备方法密切相关。

使用 X 射线衍射分析法对 NING-N 和 NING 进行结构分析。图 3-3（a）为 NING-N 和 NING 的 XRD 图谱，两个样品的谱图相似，表明 N 掺杂对多孔碳的物相结构和结晶性影响不大。在两个谱图中，位于 25°和 44°的位置均出现两个宽的衍射峰，分别对应于石墨的（002）和（100）晶面。这种"馒头状"的衍射峰表明碳材料的结晶度较低，呈现出非晶的状态。这种非晶碳的形成一方面与碳源有关，另一方面与热解温度较低有关。与石墨标准卡片相比，样品中（002）晶面对应的衍射峰有轻微的偏移。根据布拉格方程计算可知，NING-N 和 NING 的层间距要比石墨大一些。较大的层间距有利于钠离子的脱嵌，能很好地保持结构稳定性。XRD 谱图中未观察到其他衍射峰，证明没有其他物相存在。

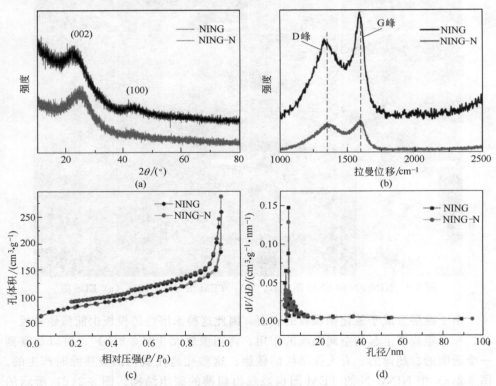

图 3-3　NING-N 和 NING 的 XRD 谱图（a）；拉曼光谱（b）；
N₂ 吸脱附曲线（c）；孔径分布（d）

为进一步了解碳的无序程度，对 NING-N 和 NING 进行了拉曼光谱的测试，如图 3-3（b）所示。在 NING-N 和 NING 的谱峰中，可以观察到两个明显的特征

峰分别位于 $1356.6cm^{-1}$ 和 $1601cm^{-1}$ 处，对应于 D 峰和 G 峰。通常认为 D 峰与无序碳的伸缩振动有关，G 峰与碳原子的 $sp^2$ 杂化轨道的有序振动有关，可以反映材料的石墨化程度。D 峰与 G 峰的强度比 $R(I_D/I_G)$ 反映材料的无序程度。NING-N 和 NING 的 $I_D/I_G$ 值分别为 0.935 和 0.81。这表明 NING-N 的无序度更高，这也证实了氮掺杂使碳材料的缺陷增加。这些缺陷不仅可以改善材料的导电性，而且为钠离子的氧化还原反应提供了更多的反应位点。

采用氮气吸脱附测试对 NING-N 和 NING 的比表面积和孔结构进行表征。如图 3-3(c) 所示，NING-N 和 NING 的 $N_2$ 吸脱附曲线形状相近，相对压强在 0.46～1.0 的区域，均表现出明显的毛细管冷凝现象，属于典型的 Ⅳ 型等温线。从图 3-3(c) 中可以观察到两个样品都有明显的滞后环，表明样品中有中孔结构存在；但滞后环相对较窄，表明材料中同时有大孔结构存在。通过 BET 方程计算 NING 和 NING-N 的比表面积分别为 $265.61m^2 \cdot g^{-1}$ 和 $282.78m^2 \cdot g^{-1}$，可见氮掺杂有利于增加三维多孔碳的比表面积。图 3-3(d) 为 NING-N 和 NING 的孔径分布图，可以看到孔径的尺寸主要分布在 10nm 之内，主要以中孔的形式存在。通过 BJH 方程计算 NING-N 和 NING 的孔体积分别为 $0.451cm^3 \cdot g^{-1}$ 和 $0.405cm^3 \cdot g^{-1}$。较大的比表面积和孔体积不仅有利于电解液的充分浸润，降低电极与电解液的界面阻抗，而且能缩短离子和电子的扩散路径，进而增加电极材料的动力学反应速率。

通过 X 射线光电子能谱（XPS）测定 NING-N 的元素组成和化学键。如图 3-4(a) 所示，NING-N 由 C、N、O 三种元素组成。这一结果再次证明杂原子 N 在原位热解过程中成功地掺入碳材料中。C、N、O 在 NING-N 中的原子百分比分别为 80.88%、12.44%、6.68%。氮掺杂含量的多少与材料的缺陷及导电性有重要的关系，因此，高含量的氮掺杂对获得高性能的负极材料有重要意义。图 3-4(b) 显示了拟合后的 NING-N 的 C 1s 光谱图，位于 284.71eV、285.9eV、286eV、289eV 位置的特征峰分别对应于 C—C、C—N、C—O 和 C＝O 键。图 3-4(c) 显示了拟合后的 N 1s 谱图，位于 398.4eV、400.21eV、400.86eV 的特征峰分别对应于吡啶 N（N-6）、吡咯 N（N-5）和石墨 N。

如图 3-5，其中，吡啶 N 主要存在于材料的边缘及缺陷处，配位数多为 3。这种氮原子除了给共轭 π 键体系提供一个 p 电子外，还能提供一对孤对电子，属于 $sp^2$ 杂化；吡咯 N 主要存在于碳五元环中，在共轭体系中提供两个 p 电子，属于 $sp^3$ 杂化；在石墨结构中，氮原子直接取代碳原子所形成的是石墨 N，其配位数与碳原子相同；石墨 N 可以增加离域 π 体系中的额外电荷数，也属于 $sp^2$ 杂化。吡咯 N 和吡啶 N 都具有较高的化学活性，可引入更多缺陷，进而提高碳材料的比容量。吡啶 N 和石墨 N 的存在可产生一定的赝电容效应，在提高材料导电性的同时，还能提高材料的氧化还原催化性能。如图 3-4(c) 所示，吡啶 N 的含量最高，这对提高材料的吸附比容量，改善钠离子电池的存储性能有积极影

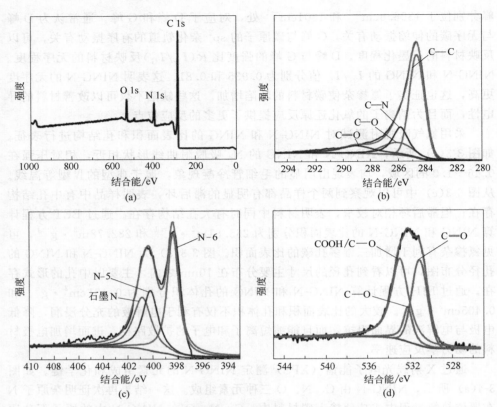

图 3-4　NING-N 的 XPS 光谱（a）；高分辨率的 C 1s、N 1s 和 O 1s 光谱（b）～（d）

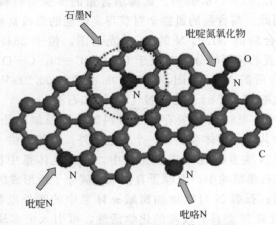

图 3-5　氮掺杂碳材料的结构示意图

响。图 3-4(d) 显示了拟合后的 O 1s 光谱，图中的三个峰分别对应于 COOH/
C—O（531.1eV）、C＝O（532eV）和 C—O（533eV）三种键。这一结果表明

在热解过程中产生了一些含氧官能团，这些含氧官能团非常有利于电极表面对电解液的吸附以及赝电容的产生。

综上，本实验制备的 N、O 共掺杂的三维多孔碳材料具有丰富的多孔结构、较大的比表面积以及高含量的氮掺杂，这对于改善材料表面的物理、化学性质，增加电极和电解液界面的浸润性，提高材料的导电性以及促进钠离子的扩散和电子的传输有积极作用，有望获得优异的电化学性能。

### 3.1.3 电化学储钠性能

通过循环伏安测试（CV）研究了 NING-N 和 NING 的氧化还原反应过程，如图 3-6（a）、（c）所示，电压设定为 0.005～3V，扫描速率为 $0.1mV \cdot s^{-1}$。从图 3-6（a）中可以看出，两者均表现出典型的非晶碳储钠的循环伏安特性。NING-N 的 CV 曲线的首周和第 2、3 周有明显差异，首次 CV 曲线中三个明显的还原峰在后续循环中都逐渐消失，这是由于首次反应中存在较大的不可逆反应。首先，电解液的分解产生大量固态电解质膜（SEI 膜：主要含有碳酸锂、氟化锂、氧化锂、各种烷基锂和导电高分子等），这一过程消耗了大量电解液和钠离子。其次，钠离子在微孔和缺陷中的不可逆嵌入也导致首次不可逆比容量的产生。经过第 1 周 CV 测试后，NING-N 后 2 周的 CV 曲线基本重合，峰位和峰面积均不再发生明显变化，这表明稳定的 SEI 膜形成后，NING-N 的储钠过程表现出高度的可逆性。相比于此，NING 的 CV 曲线在第 1 周只有一个较大的还原峰，且在后续循环中消失，这主要与 SEI 膜的生成有关。可见，氮的掺入增加了大量的反应活性位点，虽然首次不可逆比容量较大，但对于获得更高的比容量有积极作用。NING-N 和 NING 的 CV 曲线在低电压区（0.005～0.2V）都显示出一对尖锐的氧化还原峰，这与钠离子在碳层间的脱嵌有关。在 0.2V 到 1.5V 显示一个驼峰，这与钠离子在电极表面的吸附或者赝电容有关。

图 3-6（b）、（d）显示了 NING-N 和 NING 在 $0.1A \cdot g^{-1}$ 电流密度下，0.005～3V 前 3 周的充放电曲线。在两个样品的充放电曲线中，第 1 周循环中均

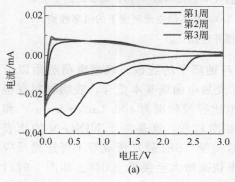 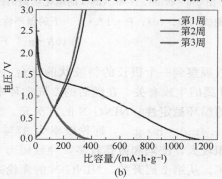

图 3-6

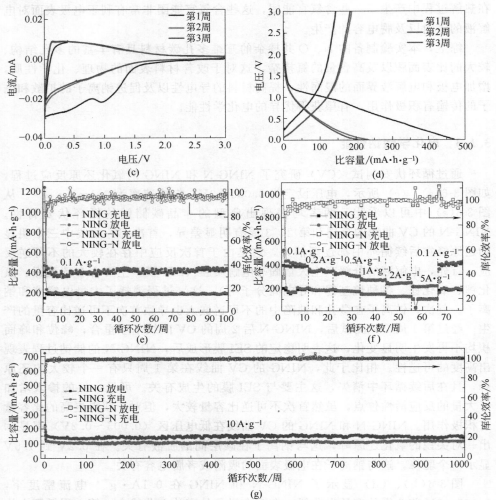

图 3-6　NING-N 和 NING 的电化学储钠性能：CV 曲线 (a)、(c)；前 3 周的充放电
曲线 (b)、(d)；在 0.1A·g$^{-1}$ 下的循环性能 (e)；在不同电流密度下的倍率性能 (f)；
在 10A·g$^{-1}$ 下的循环性能 (g)

可以观察到一个很长的斜坡状的平台，这与钠离子的脱嵌、表面电荷吸附以及 SEI 膜的生成有关。在随后的 2 周循环中，充放电曲线基本重合，表明材料有很好的循环稳定性。NING-N 的首次充、放电比容量分别为 402.1mA·h·g$^{-1}$ 和 1241.4mA·h·g$^{-1}$，库伦效率为 37%，相对较低；这是由于 NING-N 的比表面积较大，缺陷和微孔较多，导致固态电解质膜（SEI 膜）形成等不可逆副反应较多。从第 2 周开始，NING-N 的库伦效率快速增大至接近 100%。如图 3-6(e) 所示，在 0.1A·g$^{-1}$ 的电流密度下，经过 100 周循环后 NING-N 仍然保持

$416mA \cdot h \cdot g^{-1}$ 的可逆比容量，且相对于第 1 周，比容量反而有少量增加，这是由于无序碳在循环过程中经过逐渐活化，产生了更多活性位点。相比于 NING，NING-N 的放电平台更长，可逆比容量更高，证明氮掺杂有利于钠离子的存储，可以有效地改善材料的电化学性能。

图 3-6(f) 为 NING-N 和 NING 的倍率性能曲线。NING-N 在 $0.1A \cdot g^{-1}$、$0.2A \cdot g^{-1}$、$0.5A \cdot g^{-1}$、$1A \cdot g^{-1}$、$2A \cdot g^{-1}$ 和 $5A \cdot g^{-1}$ 的电流密度下的比容量分别为 $402mA \cdot h \cdot g^{-1}$、$333mA \cdot h \cdot g^{-1}$、$296mA \cdot h \cdot g^{-1}$、$264mA \cdot h \cdot g^{-1}$、$240mA \cdot h \cdot g^{-1}$ 和 $213.8mA \cdot h \cdot g^{-1}$。随着电流密度的增大，NING-N 的比容量略有衰减，但衰减并不严重。当电流密度重新回到 $0.1A \cdot g^{-1}$，NING-N 仍能获得高达 $409mA \cdot h \cdot g^{-1}$ 的比容量，表现出良好的循环稳定性和高度可逆性。从图 3-6(e)~(g) 中可以发现，NING-N 的比容量在任何电流密度下都高于 NING 的，可见氮掺杂确实提供了更多钠离子存储位点，提高了材料的导电性。如图 3-6(g)，对 NING-N 和 NING 在 $10A \cdot g^{-1}$ 的大电流密度下进行了 1000 周的超长充放电循环性能测试，NING-N 循环后比容量保持率可达 94%，证明了 NING-N 具有非常优异的电化学循环稳定性。NING 在长循环中的可逆比容量与 NING-N 的非常接近，表明三维多孔的结构是碳材料在多次循环中能保持很好的结构稳定性的重要原因。

图 3-7 为充放电之前 NING 和 NING-N 在振幅为 5mV、频率从 0.01Hz 到 100kHz 的阻抗测试。NING 和 NING-N 的阻抗测试图均由一个中低频区的半圆和高频区的斜线组成。一般认为半圆与 SEI 膜阻抗、电极和电解液界面的电荷转移阻抗有关，而斜线与钠离子在电极中的扩散速率有关。从图中可知，氮掺杂的样品表现为更小的膜阻抗和电荷转移阻抗，这可能与氮掺杂增加了更多的缺陷和活性位点有关，这些缺陷有利于离子在界面的快速传输。掺杂氮后斜线的斜率变大，表明钠离子的扩散动力学得到了提升。

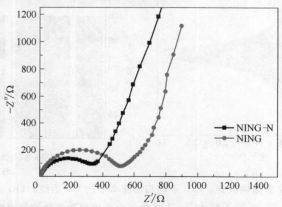

图 3-7　NING 和 NING-N 在充放电循环前的阻抗图

为了进一步研究 NING-N 的储钠机制，在不同扫描速率下（0.2～5mV·s$^{-1}$）对样品进行了 CV 测试。从图 3-8（a）CV 曲线的形状可以看出，NING-N 表现出很明显的赝电容特性。随着扫描速率的增加，CV 曲线的形状没有发生明显变化，但由于极化作用，阳极峰轻微地向高电压方向移动，阴极峰向低电压方向移动。在 0～1.5V 有一对明显的氧化还原峰，它们除了反映钠离子在石墨层间的嵌入、脱出外，也与碳材料表面的吸附反应有关，这对提升材料的倍率性能有非常积极的作用。为了了解电容的贡献率，对 CV 曲线进行拟合，如图 3-8（b），电流可以基于等式 $I = k_1 v + k_2 v^{1/2}$ 进行划分，$k_1$ 代表电容过程，$k_2$ 代表扩散控制过程。图 3-8（b）显示了 $I/v^{1/2}$ 与 $v^{1/2}$ 的线性相关，从斜率中可求出 $k_1$ 值。如图 3-8（c）所示，在 5mV·s$^{-1}$ 的扫描速率下，NING-N 的电容贡献为 80%。也就是说，当 NING-N 经历大电流充放电时，由于钠离子来不及在体相中快速脱嵌，凭借表面的电容效应，NING-N 存储了大量电荷，表现出了优异的倍率性能。图 3-8（d）总结了 NING-N 在不同扫描速率下的电容贡献率，可

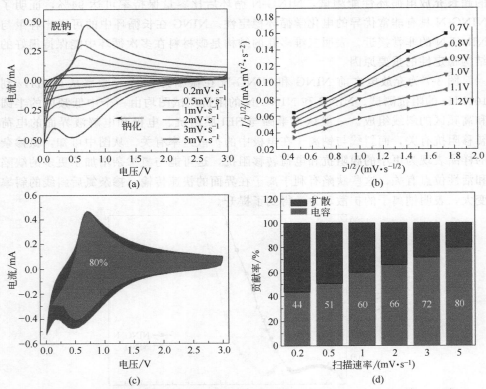

图 3-8 NING-N 的储钠机制：（a）不同扫描速率下的 CV 曲线；（b）$I/v^{1/2}$ 与 $v^{1/2}$ 的线性关系；（c）在 5mV·s$^{-1}$ 条件下电容贡献和扩散控制贡献比例；（d）不同扫描速率下电容贡献和扩散控制贡献的比例

以看到随着扫描速率的增大，电容贡献率也在逐渐增大。这一现象与 NING-N 较高的比表面积、良好的电子导电性以及高含量的氮掺杂提供的丰富的活性位点密切相关。因此，氮掺杂的三维多孔碳材料的充放电机制可以理解为：由扩散控制的感应电流贡献的钠离子插入机制和由电容效应贡献的电荷存储机制两部分构成。这很好地解释了 NING-N 优异的倍率性能。

## 3.2　氮掺杂的多孔碳储钾性能研究

将氮掺杂的多孔碳用于钾离子电池负极也具有极佳的应用前景。本节利用密度泛函理论对氮掺杂石墨烯的基本性质进行了计算，并分析了氮掺杂量对于多孔碳材料形貌、结构和电化学性能的影响，最终确定了最佳氮掺杂量。

### 3.2.1　氮掺杂石墨烯第一性原理研究

#### 3.2.1.1　计算参数设置

计算使用 Material Studio 8.0 中基于密度泛函理论（DFT）的 CASTEP 软件包。模型结构优化计算过程中，交换关联函数选用广义梯度近似（GGA）下的 PBE 交换关联函数。材料间的范德华力的相互作用也被考虑其中（DFT-D），赝势采用超软赝势，平面波截断能为 $E_{cut}=460eV$，布里渊区的数值积分计算选用 Monkhorst-Pack 取样方案，K 点选取为 $4\times4\times2$ 的 K 网格，原始模型采用 $4\times4\times1$ 的超胞。在原子赝势计算中价电子构型为 $2s^2 2p^2$(C)。

计算采用 BFGS 算法，结构优化过程中寻找能量最低的几何结构，收敛标准为：能量自洽收敛值为 $1.0\times10^{-5}eV$，原子间相互作用力的收敛阈值为 $0.3eV\cdot nm^{-1}$，原子位移的收敛阈值为 $1.0\times10^{-4}nm$，晶体内应力的收敛标准为 $5.0\times10^{-2}GPa$。

#### 3.2.1.2　计算模型

本征石墨烯（又称原始石墨烯）模型及氮掺杂石墨烯的三种模型（石墨氮石墨烯、吡啶氮石墨烯、吡咯氮石墨烯）如图 3-9 所示，首先对以上几种掺氮石墨烯结构及原始石墨烯结构进行优化并将石墨氮、吡咯氮和吡啶氮分别命名为 NG1、NG2 和 NG3。有研究表明吡啶氮的构型在单缺陷出现时才能稳定存在，吡咯氮则在双缺陷处能量上更有利。因此 NG2 模型是通过一个氮原子替换一个碳原子并且删除一个碳原子来创建单缺陷建立的，NG3 模型是通过一个氮原子替换一个碳原子形成五元环，同时除去一个碳原子以产生双空穴缺陷建立的。由于氮的价电子构型为 $2s^2 2p^3$，在石墨氮（NG1）中，这些价电子中的三个电子与相邻的碳原子形成三个 σ 键, 剩余的两个电子: 一个参与 π 键的形成, 一个部分参与导带的 π* 态。

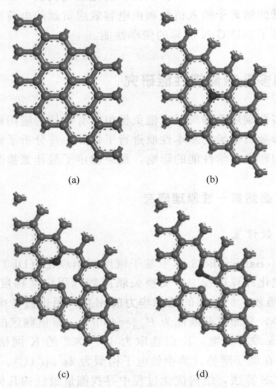

(a)                                    (b)

(c)                                    (d)

图 3-9  本征石墨烯与氮掺杂石墨烯的结构示意图
(a) 本征石墨烯; (b) 石墨氮石墨烯; (c) 吡啶氮石墨烯; (d) 吡咯氮石墨烯;
黑色原子为氮原子, 灰色原子为碳原子

### 3.2.1.3  电子结构

对以上四种计算模型进行态密度 (density of states, DOS) 计算, 图 3-10 所示为计算得到的 DOS 图。图 3-10 (b) 为 NG1 的态密度图, 与本征石墨烯的 DOS [图 3-10 (a)] 相比, 其主要的波数段向价带移动, 并且由于额外的 p 电子, 费米能级向导带方向移动, 从而改变了导电行为到 n 型。在 NG2 和 NG3 中, 费米能级稍微偏移到价带, 缺陷通过提取石墨烯中的电子而产生 p 型效应。在导带顶部的费米能级负极的局域受体类峰表明 NG2 和 NG3 具有在其缺陷位点吸引电子的能力。

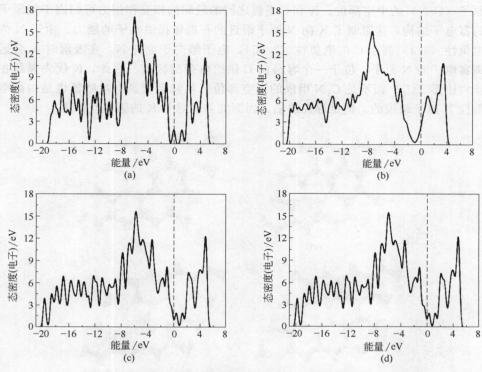

图 3-10　总态密度图：本征石墨烯（a）；石墨氮石墨烯（b）；

吡啶氮石墨烯（c）；吡咯氮石墨烯（d）

### 3.2.1.4　钾原子吸附位点及吸附能

为研究钾原子在石墨烯表面的吸附行为，根据公式（3-1）计算了吸附能。其中，$E_{总}$ 为钾原子吸附到石墨烯表面后的总能量；$E_{石墨烯}$ 为石墨烯的能量；$E_{K}$ 为单个 K 原子的能量；$n_{K}$ 为吸附钾原子的数量。根据定义可知吸附能负值越大表明吸附能越大，而钾原子在石墨烯表面的吸附能力也越强；相反，吸附能负值越小则钾原子在石墨烯表面的吸附能力越弱。计算模型及对 K 的吸附能总结如图 3-11 和表 3-1 所示。

$$E_{ads} = E_{总} - (E_{石墨烯} + nE_{K})/n_{K} \tag{3-1}$$

从表 3-1 可以看出，与未掺杂的石墨烯相比，吡啶氮石墨烯和吡咯氮石墨烯表现出更高的吸附能，分别为 -2.78eV 和 -2.70eV。在这两种结构中，K 原子在缺陷中心保持稳定（图 3-11），因为空位形成引起的表面悬空键会对 K 原子产生强烈吸引。此外，石墨氮石墨烯在所有掺杂石墨烯结构中表现出最弱的吸附能为 -0.94eV。有趣的是，K 原子仍完全被 C 原子（C₆）包围，而不是在含有氮原子（$C_5N$）的中空部位。K 和石墨氮之间的较弱的相互作用力可归因于氮原子的富电子结构，这限制了 K 向 N 原子附近的石墨烯提供电子的能力。由于 N 的电负性（3.4）高于 C 的电负性（2.55），电子倾向于流向 N，在吸附时 K 会远离富电子的 N 原子，位于一个容易向 C 供给电荷的区域。因此，K 优先保留在碳六边形（$C_6$）而不是 $C_5N$ 组成的中空部位。虽然吡啶氮与吡咯氮也是由高电负性 N 原子组成的，但是存在缺陷，因而能够诱导与 K 的强相互作用。

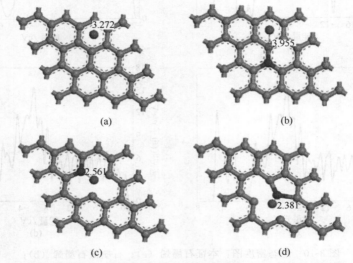

图 3-11　钾原子吸附后的结构模型：本征石墨烯（a）；石墨氮石墨烯（b）；
吡啶氮石墨烯（c）；吡咯氮石墨烯（d）

表 3-1　不同氮掺杂位点（吡啶氮、吡咯氮和石墨氮）的相关吸附能

| 结构 | 吸附能/eV | 文献参考值 |
| --- | --- | --- |
| 石墨烯 | −1.44 | −1.93 |
| 石墨氮 | −0.94 | −0.86 |
| 吡啶氮 | −2.78 | −2.68 |
| 吡咯氮 | −2.70 | −2.38 |

### 3.2.1.5　钾原子吸附氮掺杂石墨烯后的电子结构

为了进一步了解 K 和主体材料的吸附机理，计算 K 吸附氮掺杂石墨烯结构的不同原子态的分态密度（partial density of states，PDOS），如图 3-12 所示。

K 的 4s 峰出现在费米能级之上，PDOS 仅对导带有贡献，这表明 K 是完全电离的。在本征石墨烯和石墨氮石墨烯中 K 的 4s 峰几乎处于相同的位置，同样位于费米能级之上，进一步证实了这些体系相似的吸附能，导致对 K 较差的吸

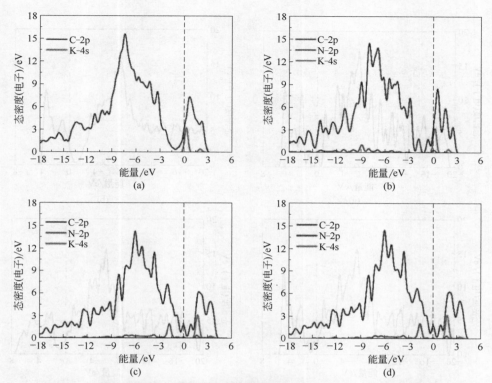

图 3-12　K 吸附氮掺杂石墨烯结构的不同原子态的分态密度：本征石墨烯（a）；
石墨氮石墨烯（b）；吡啶氮石墨烯（c）；吡咯氮石墨烯（d）

附能力。然而，其他所有氮掺杂石墨烯结构的 K 的 4s 峰都远远高于费米能级，表现出强吸附能。吡啶氮、吡咯氮中的 N 的 2p 峰与 K 的 4s 峰之间没有重叠，也更进一步证明对于 K 较强的吸附行为是由于库仑相互作用力引起的。

　　K 吸附氮掺杂石墨烯的总态密度（DOS）如图 3-13 所示。从总态密度图可以看出，与原始石墨烯相比，吡啶氮石墨烯和吡咯氮石墨烯的总态密度向费米面附近移动，表明吡啶氮和吡咯氮类型的掺杂有利于提高电子导电性，表现出对 K 原子更高的亲和力。然而，石墨氮石墨烯的总态密度与原始石墨烯相比向价带方向移动，这对于提升电子导电性是不利的。

　　循环稳定性是评价钾离子电池材料电化学性能的关键因素。在钾离子脱嵌过程中阳极材料的过度变形可能导致比容量的急剧下降。因此，对石墨烯吸附钾原子前后 N—C 键和 C—C 键的长度进行测量，以评估变形程度，测量数据如表 3-2。从表可以看到 C—C 键长度几乎不变，仅仅变化 0.001nm，掺杂 N 和 C 之间也产生非常小的位移。掺杂 N 后的石墨烯结构由于 N 半径与周围的 C 半径相差无几，因而保持平面结构，继而保持石墨烯结构的完整性。

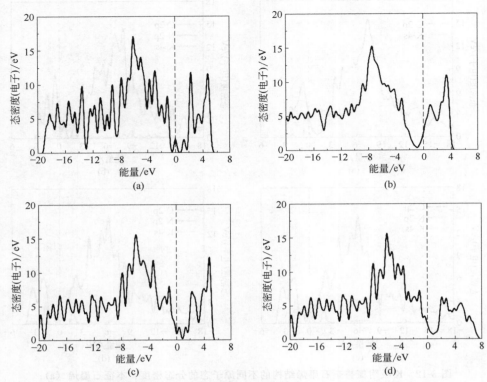

图 3-13  K 吸附后样品的总态密度图：原始石墨烯（a）；石墨氮石墨烯（b）；
吡啶氮石墨烯（c）；吡咯氮石墨烯（d）

表 3-2  对石墨烯吸附钾原子前后 C—C 键和 C—N 键的键长  单位：nm

| 名称 | 吸附前 | | 吸附后 | |
|---|---|---|---|---|
| | $d$(C—N) | $d$(C—C) | $d$(C—N) | $d$(C—C) |
| NG1 | 0.142 | 0.142 | 0.142 | 0.142 |
| NG2 | 0.132 | 0.141 | 0.133 | 0.141 |
| NG3 | 0.175 | 0.142 | 0.176 | 0.141 |

### 3.2.2  材料的制备

具体制备流程与 3.1.1 相同，为了研究氮含量对于多孔碳材料的影响，取 1.0g、2.5g、5.0g 和 8.0g 尿素以及 20.6g 氯化钠、2.5g 柠檬酸为原料，制得的 N 掺杂的多孔碳材料命名为 NPC-1、NPC-2、NPC-3 和 NPC-4；纯多孔碳材料命名为 PC。

### 3.2.3　结构与形貌表征

从图 3-14(a)～(f) 的 SEM 和 TEM 图可以看出，无论是氮掺杂的多孔碳材料（NPC-1、NPC-2、NPC-3 和 NPC-4）还是未掺杂的多孔碳材料（PC）都表现出发达的连续多孔结构，NPC-3 和 NPC-4 的孔结构均出现轻微坍塌。这种多孔结构可以为钾离子的脱/嵌提供更大的空间以适应体积变化，并促进电子与离子的快速传输。从图 3-14(g) 中可以看出碳层中没有明显的晶格条纹，表明 NPC-2 的结构高度无序，这有利于钾离子脱嵌并且保持多孔碳材料良好的结构稳定性。图 3-14(h) 为 NPC-2 的元素分布（EDS）图，从图中可以看出 C、N、O 元素均匀分布。

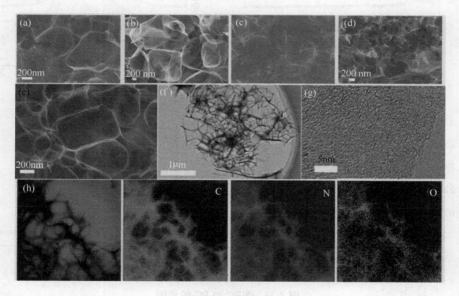

图 3-14　SEM 图

(a)～(d) NPC-1、NPC-2、NPC-3、NPC-4 的 SEM 图；(e) PC 的 SEM 图；
(f)～(g) NPC-2 的 TEM 图；(h) EDS 图

图 3-15(a) 显示了五种样品的 XRD 图谱，所有样品都存在两个宽峰，分别位于 25° 和 44°，对应于 C 的（002）晶面和（100）晶面，其衍射峰不明显，表明碳的无序结构，这是由于碳的热解温度低造成的。基于布拉格方程（$2d\sin\theta = n\lambda$）计算的 NPC-1、NPC-2、NPC-3、NPC-4 和 PC 的层间距（$d_{002}$）分别为 0.342nm、0.343nm、0.350nm、0.363nm 和 0.337nm，均大于碳的层间距（$d_{002}=0.335$nm），这有利于离子在层间自由脱嵌并且提高结构的稳定性。从图谱上没有看到其他衍射峰，证明没有其他杂质产生。

拉曼光谱用于进一步研究多孔碳材料的结构，如图 3-15(b) 所示。在拉曼图谱中，有两个宽峰被识别为 D 峰（1345cm$^{-1}$）和 G 峰（1601cm$^{-1}$），$I_D : I_G$ 的比值分别为 NPC-1（0.98）、NPC-2（0.96）、NPC-3（0.97）、NPC-4（0.98），都比 PC（0.75）的值大，表明氮掺杂增加了碳的无序性。此外，与 PC 相比，NPC-1、NPC-2、NPC-3、NPC-4 中 G 峰发生蓝移，这表明掺杂载流子浓度增大。以上结果均表明氮掺杂会增大碳材料的缺陷，这些缺陷可以提供更多活性位点，有利于增加材料的导电性和比容量。

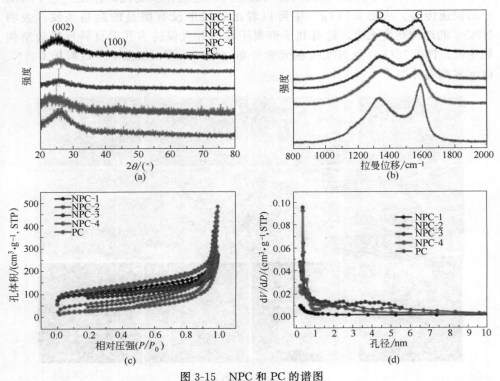

图 3-15　NPC 和 PC 的谱图

（a）XRD 图谱；（b）拉曼图谱；（c）N$_2$ 吸脱附曲线；（d）孔径分布

NPC 和 PC 的比表面积和相应的孔径分布，如图 3-15(c)、(d) 所示。五种样品的 N$_2$ 吸脱附曲线类型相似，相对压强处于 0.2～1.0，都显示出毛细管冷凝现象，属于典型的Ⅳ型曲线，中孔、大孔同时存在。根据 N$_2$ 吸脱附曲线 [图 3-15(c)]，利用 BET 方法计算出样品 NPC-1、NPC-2、NPC-3、NPC-4 和 PC 的比表面积分别为 320 m$^2 \cdot$ g$^{-1}$、331 m$^2 \cdot$ g$^{-1}$、220 m$^2 \cdot$ g$^{-1}$、184 m$^2 \cdot$ g$^{-1}$ 和 208 m$^2 \cdot$ g$^{-1}$。NPC-1 和 NPC-2 的比表面积比未掺杂多孔碳的比表面积大，这是由于氮掺杂会引入额外的缺陷。但 NPC 的比表面积并没有随着氮含量的增大而增大，从 NPC-3 开始，材料的比表面积有所下降，NPC-4 比表面积最小，甚至低于 PC。这可能是由于氮的过量掺杂会导致孔结构破坏。较高的比表面积可以提供更多化学活性位点，同时有利于电解液渗透。如图 3-15（d）所示，五种样品孔径分布在 1～50nm，大部分孔径处于 10nm 内，这表明中孔的比例较大。多级孔的结构有利于减小离子扩散距离，从而提高离子的动力学速率。

由图 3-16（a）的 XPS 全谱图可知，在 NPC 中存在 C、N、O，而在 PC 中仅存在 C 和 O 两种元素。根据峰面积计算的元素组成见表 3-3。从 NPC-1 到 NPC-4 氮含量逐渐增加，可见通过控制氮源的质量可以调控掺氮水平，并能获得高的掺氮量。图 3-16（b）为 NPC-2 的 C 1s 谱图，结合能 284eV、285.9eV、287.2eV和 291.2eV 处有四个峰，分别对应 C—C 键、C—N 键、C—O 键和 C ═O 键，C—N 键的出现再一次证明氮原子的成功掺入。图 3-16（c）PC 的 C 1s 谱图中，有三个特征峰，分别对应 C—O 键、C ═O 键和 C—C 键。图 3-16（d）所示为所有样品的 N 1s 谱图，在结合能为 394～410eV 范围内，出现三个峰，依次为石墨氮（400.42eV）、吡啶氮（398.32eV）和吡咯氮（404.23eV），其相对比例如表 3-3 所示。石墨氮是通过将 N 原子直接替换 C 原子得到的，吡啶氮存在于单

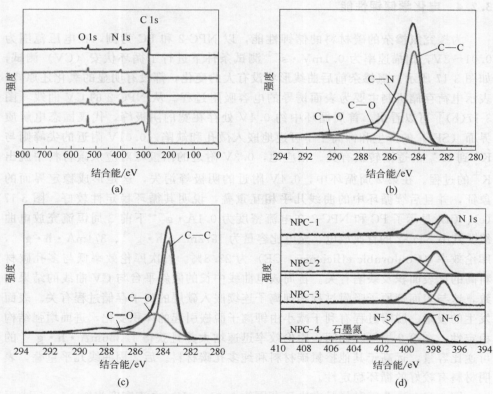

图 3-16　NPC-1、NPC-2、NPC-3、NPC-4 和 PC 的表面元素分析
（a）XPS 全谱图；（b）NPC-2 的 C 1s 高分辨图；（c）PC 的 C 1s 高分辨图；
（d）所有样品的 N 1s 高分辨图

个碳缺陷的含 N 六元环中，吡咯氮存在于双缺陷的含 N 五元环中。其中吡咯氮和吡啶氮均存在于缺陷碳中，故可以引入缺陷，吸引和存储更多离子，提高碳材料的比容量；而且吡咯氮和吡啶氮可以产生部分赝电容，加快动力学速率。

表 3-3　NPC-1、NPC-2、NPC-3、NPC-4 和 PC 的结构特征和表面化学元素

| 样品 | 比表面积（BET）/ $(m^2 \cdot g^{-1})$ | 元素含量（原子百分比）/% | | | N 1s 百分比/% | | |
|---|---|---|---|---|---|---|---|
| | | C | N | O | 吡啶氮 | 吡咯氮 | 石墨氮 |
| NPC-1 | 320 | 83.32 | 10.01 | 6.67 | 41.63 | 47.94 | 10.43 |
| NPC-2 | 331 | 80.88 | 12.44 | 6.68 | 37.00 | 53.31 | 9.69 |
| NPC-3 | 220 | 80.90 | 13.01 | 6.09 | 45.03 | 46.20 | 8.77 |
| NPC-4 | 184 | 80.25 | 13.80 | 5.95 | 43.17 | 47.73 | 9.10 |
| PC | 208 | 94.05 | — | 5.95 | | | |

### 3.2.4　电化学储钾性能

为探究氮掺杂的碳材料的储钾性能，以 NPC-2 和 PC 为例，在电压范围为 $0.01 \sim 3V$，扫描速率为 $0.1mV \cdot s^{-1}$ 测试条件下进行了循环伏安（CV）测试，如图 3-17 所示。氮掺杂前后曲线形状没有大的变化，都没有明显的氧化还原峰，表示电荷存储机制主要为表面诱导的电容吸附过程。从 NPC-2 的 CV 曲线 ［图 3-17(b)］ 可以看出，首周循环中约 0.4V 处存在宽的阴极峰，代表固态电解质界面（SEI）的产生和钾离子不可逆地嵌入微孔和缺陷。0.01V 附近的尖峰则与 $K^+$ 到 $KC_8$ 的逐渐转换有关。相应地，0.3V 附近的阳极峰对应从碳材料中脱出 $K^+$ 的过程。在第 2 周循环中，0.4V 附近的阴极峰消失，这是形成稳定界面的象征，并且后续循环中的曲线几乎相互重叠，说明其循环稳定性较好。图 3-17(c)、(d) 显示了 PC 和 NPC-2 在电流密度为 $0.1A \cdot g^{-1}$ 下前 3 周恒流充放电曲线。其中 NPC-2 的首次放电、充电比容量为 $1572mA \cdot h \cdot g^{-1}$、$374mA \cdot h \cdot g^{-1}$，库伦效率（Coulornbic efficiency，CE）为 23.8%。首次库伦效率低与多孔碳材料高的比表面积及缺陷有关。首周放电曲线中长的倾斜平台与 CV 曲线的结果一致，这与表面钾原子吸附过程和钾离子连续嵌入碳层的离子存储过程有关。表面发生的吸附、脱附过程有利于减小由钾离子脱嵌引起的体积变化，进而增强结构稳定性。在第 2 周循环期间，库伦效率迅速增大并且获得了 $356mA \cdot h \cdot g^{-1}$ 的可逆比容量，远高于其他掺氮碳材料和纯多孔碳材料。后 2 周曲线几乎重叠，表明材料有较好的循环稳定性。

图 3-18(a) 为五种样品在电压范围为 $0.01 \sim 3V$，电流密度为 $0.1A \cdot g^{-1}$ 下的循环性能。从图中可以看出，与 PC 相比，氮掺杂多孔碳材料均表现出更优异的循环稳定性和更高的比容量，这与 N 掺杂产生更多活跃的反应位点有关。然而，

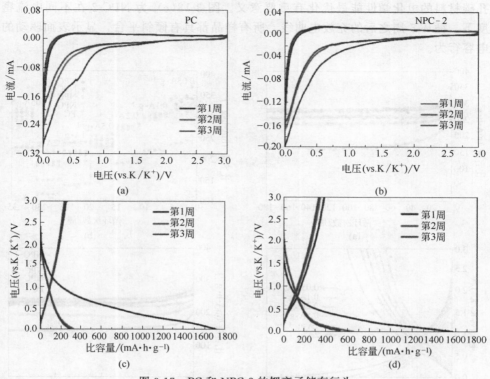

图 3-17　PC 和 NPC-2 的钾离子储存行为
（a），（b）CV 曲线；（c），（d）前 3 周的恒流充放电曲线

NPC 系列的比容量并不是随着 N 含量的增加而增加；其中 NPC-2 的表现最好，循环 180 周后可逆比容量达到 $282mA \cdot h \cdot g^{-1}$，比容量保持率为 75%，高于 NPC-1（$272mA \cdot h \cdot g^{-1}$）、NPC-3（$240mA \cdot h \cdot g^{-1}$）、NPC-4（$226mA \cdot h \cdot g^{-1}$）和 PC（$160mA \cdot h \cdot g^{-1}$）的可逆比容量，这可能与材料的比表面积和氮掺入量有关。NPC-2 更大的比表面积及适当的缺陷程度对表面驱动电容行为有积极的影响。图 3-18（b）为五种样品的倍率性能图。NPC-2 电极在电流密度为 $0.05A \cdot g^{-1}$、$0.1A \cdot g^{-1}$、$0.2A \cdot g^{-1}$、$0.5A \cdot g^{-1}$、$1A \cdot g^{-1}$ 和 $2A \cdot g^{-1}$ 的比容量分别为 $385mA \cdot h \cdot g^{-1}$、$305mA \cdot h \cdot g^{-1}$、$281mA \cdot h \cdot g^{-1}$、$258mA \cdot h \cdot g^{-1}$、$240mA \cdot h \cdot g^{-1}$ 和 $218mA \cdot h \cdot g^{-1}$，即使在高的电流密度下也能保持较高的比容量，当电流密度恢复到 $0.05A \cdot g^{-1}$ 时，NPC-2 的比容量可达 $318mA \cdot h \cdot g^{-1}$，表现出良好的可逆性。NPC-2 优异的倍率性能主要与其独特的多孔结构以及氮的掺杂有关。在任何电流密度下，掺氮后多孔碳材料的比容量都要高于纯多孔碳材料，这表明倍率性能的改善也与氮的掺杂有关。NPC-2 的比容量高于 NPC-1、NPC-3 和 NPC-4 的比容量，可见合理控制氮含量对实现多

孔碳材料的电化学性能最优化有重要意义。图 3-18（c）为 NPC-2 在不同电流密度下，循环 5 周之后的充放电曲线。所有样品都具有倾斜平台，显示表面驱动的电容行为。

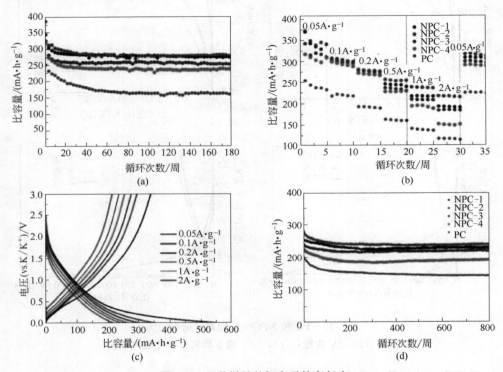

图 3-18　5 种样品的钾离子储存行为

（a）在电流密度为 0.1A·g$^{-1}$ 的循环稳定性；（b）倍率性能；（c）NPC-2 在不同电流密度下的充放电曲线；（d）在电流密度为 0.5A·g$^{-1}$ 循环 800 周的长循环稳定性

此外，对五种样品在电流密度为 0.5A·g$^{-1}$ 条件下进行长循环性能测试，如图 3-18（d）。NPC-2 保持最高的比容量，在循环 800 周后，仍保持 242mA·h·g$^{-1}$ 的比容量，比容量保持率为 65%。NPC-2 优异的长循环稳定性可归因于其独特的多孔结构和合适的氮掺杂量，这不仅使电解质完全渗透并提供大量的活性位点和缺陷，而且具有优化的电子结构，增强扩散动力学。NPC-3 以及 NPC-4 的电化学性能相对较差的原因可能在于在掺杂过程中孔结构的破坏，造成比表面积减小，赝电容贡献减小。

对上述五种样品在处于循环前的状态下进行阻抗测试，振幅为 5mV，频率范围为 0.1Hz～100kHz，测得的 EIS 图谱如图 3-19 所示。从图 3-19（a）上可以看出，所有的阻抗谱均由半圆和斜线组成，通常中高频区域的半圆与 SEI 膜阻抗、高频接触电阻以及电荷转移阻抗相关，而低频区域的斜线表示韦伯阻抗，其与电极中的离子传输有关。值得注意的是，NPC 的中高频区域的半圆直径均小于 PC 的半圆直径，这表明 N 的掺杂促进了电极与电解质之间的充分接触，并通过引入缺陷和含氧官能团促进了离子或电子的传输，这一现象也可以从理论计算中氮掺杂碳材料后对 K 有更强的亲和力上得以验证。同时 NPC-2 在中高频区域的电荷转移阻抗最小，这可以解释其优异的倍率性能。从图 3-19（b）上可以看到氮掺杂对钾离子扩散速率的影响。

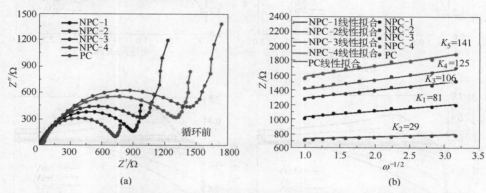

(a)　　　　　　　　　　　　　(b)

图 3-19　扩散速率分析：（a）样品阻抗谱；（b）低频下 $Z$ 和 $\omega^{-1/2}$ 的关系

为进一步了解多孔碳材料的储钾行为，对五种样品进行了不同扫描速率的 CV 测试，扫描速率分别为 $0.1\mathrm{mV \cdot s^{-1}}$、$0.3\mathrm{mV \cdot s^{-1}}$、$0.5\mathrm{mV \cdot s^{-1}}$、$1\mathrm{mV \cdot s^{-1}}$、$3\mathrm{mV \cdot s^{-1}}$ 和 $5\mathrm{mV \cdot s^{-1}}$，如图 3-20 所示，当扫描速率不断变化时，CV 曲线的轮廓并没有发生大的变化，当扫描速率逐渐增大时，阳极峰的位置不断向高电压方向移动，这表明发生了小的极化现象。一般来说，电荷存储贡献可以分为电容机制和扩散机制，这两种机制的贡献率可由式（3-2）分析。

$$I = av^b \tag{3-2}$$

式中，$I$ 为电流，$v$ 为扫描速率，$a$ 和 $b$ 均为常数。当 $b = 0.5$ 时，表示完全扩散控制的过程，而当 $b = 1.0$ 时，表示完全的电容过程。当 $b$ 值处于 $0.5 \sim 1$ 时，代表两种机制都存在。图 3-20（f）为基于 $\lg I$ 与 $\lg v$ 的斜率计算得到的 $b$ 值，NPC-1、NPC-2、NPC-3、NPC-4 和 PC 的 $b$ 值依次为 0.96、0.97、0.95、0.96 和 0.94，以上 $b$ 值均处于 $0.5 \sim 1$，这说明五种样品的储钾行为均是由两种机制共同控制的，其中表面驱动电容过程起到主要作用。

此外，基于式（3-3）可以定量地计算出固定电压下的扩散控制和电容控制的贡献率。其中，$k_1 v_1$ 代表的是扩散控制过程，$k_2 v^{1/2}$ 代表的是表面驱动过程。

$$I(V) = k_1 v + k_2 v^{1/2} \tag{3-3}$$

对五种样品在 $0.1 \sim 5\mathrm{mV \cdot s^{-1}}$ 不同扫描速率下的容量贡献率进行计算，并将在扫描速率为 $5\mathrm{mV \cdot s^{-1}}$ 条件下得到的容量贡献率绘制成图。从图 3-21 中可

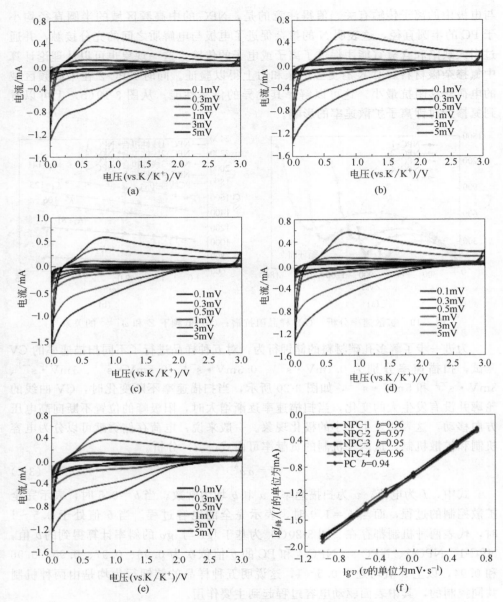

图 3-20  扫描速率为 $0.1\sim5\mathrm{mV\cdot s^{-1}}$ 的 CV 曲线
(a) NPC-1；(b) NPC-2；(c) NPC-3；(d) NPC-4；(e) PC；(f) $b$ 值

以看出，NPC-2 在扫描速率为 $5\mathrm{mV\cdot s^{-1}}$ 时电容贡献率最大，高达 88%，仅有
12% 的扩散贡献率。这是因为在大电流充放电过程中，$\mathrm{K^+}$ 来不及在碳层间快速
脱嵌，只能通过表面吸附的方式产生电容效应，故在多孔碳上积累了大量电荷，

因而表现出良好的倍率性能。其他样品电容贡献率均超过 50%，这说明电容贡献起主要作用，与 $b$ 值计算结果相吻合。可见，上述材料的容量贡献由扩散机制和电容机制共同作用，且电容机制起主导作用，这很好地解释了材料优异的倍率性能。

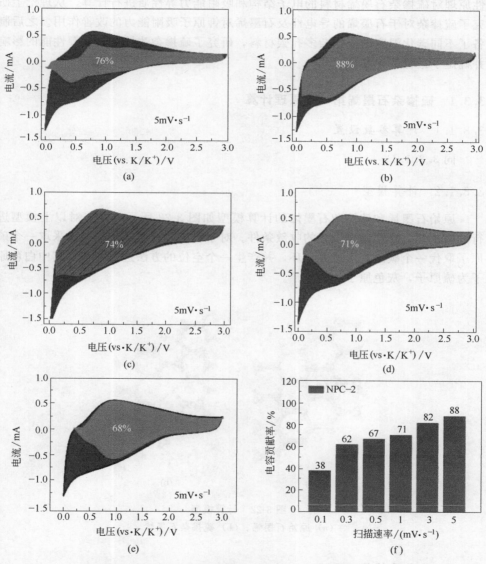

图 3-21　五种样品在扫描速率为 $5mV \cdot s^{-1}$ 下的比容量贡献率

（a）NPC-1；（b）NPC-2；（c）NPC-3；（d）NPC-4；（e）PC；（f）NPC-2 的电容贡献率

## 3.3 硫掺杂的多孔碳储钾性能研究

S 与 C 的电负性相似，原子半径略大于 C 的原子半径，易于取代部分 C 形成掺杂型碳材料。S 掺杂能有效改善电极材料的电化学性能。本节首先利用第一性原理对硫掺杂石墨烯材料的电子结构和吸附能力等性质进行计算，从理论上研究了硫掺杂对于石墨烯的导电性及石墨烯对钾原子吸附能力的改善作用。之后制备了不同碳化温度的硫掺杂多孔碳材料，研究了硫掺杂改性对其储钾性能的影响并确定了最佳碳化温度。

### 3.3.1 硫掺杂石墨烯第一性原理计算

#### 3.3.1.1 计算参数设置

同 3.2.1.1。

#### 3.3.1.2 计算模型

原始石墨烯和硫掺杂石墨烯的计算模型如图 3-22 所示，首先对以上模型进行几何优化，直至满足设置的收敛条件。对于硫掺杂石墨烯的模型，采取一个硫原子取代一个碳原子形成五元环，并产生一个空位的方法进行模拟，其中白色原子为硫原子，灰色原子为碳原子。

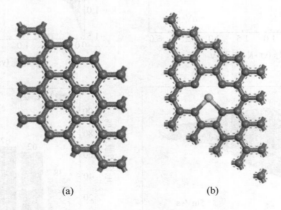

(a)                    (b)

图 3-22   计算模型

（a）原始石墨烯；（b）硫掺杂石墨烯

#### 3.3.1.3 电子结构

对以上模型进行 DOS 计算，图 3-23 所示为计算得到的 DOS 图。图 3-23(a) 为原始石墨烯态密度图，（b）为硫掺杂石墨烯的态密度图，掺硫石墨烯的态密度整体向费米面附近移动，改变原始导电行为到 p 型，p 型掺杂有利于增强材料的导电性。

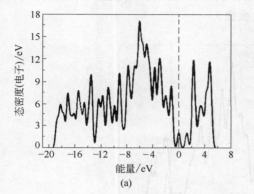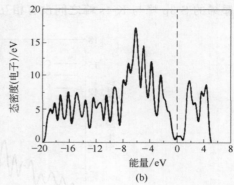

图 3-23　态密度

（a）原始石墨烯；（b）硫掺杂石墨烯

### 3.3.1.4　钾原子吸附位点及吸附能

为研究钾原子在石墨烯表面的吸附行为，使用吸附能来表示掺杂前后石墨烯吸附能力的变化。计算吸附模型及得到的吸附能如图 3-24 所示。吸附能为负值表示石墨烯吸附行为在能量上是有利的，并且负值越大表明吸附能力越强。与原始石墨烯吸附能（－1.44eV）相比较，硫掺杂后的石墨烯吸附能达到－4.13eV，这说明硫掺杂后石墨烯对 K 吸引力变强，且 K 原子在缺陷位置处能够保持稳定。

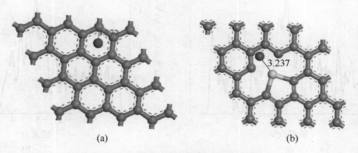

图 3-24　钾原子吸附后的结构模型

（a）石墨烯；（b）硫掺杂石墨烯

### 3.3.1.5　钾原子吸附石墨烯的电子结构

为了进一步了解 K 与主体材料的吸附机理，计算了 K 吸附到硫掺杂石墨烯

后不同原子态的 PDOS，如图 3-25 所示。K 3s 峰出现在费米能级之上，PDOS
仅对导带有贡献，这清晰地表明 K 是完全处于电离状态的。与原始石墨烯相比，
硫掺杂石墨烯的 K 4s 峰远高于费米能级，表现出较强的吸附能，并且硫掺杂石
墨烯的 S 3p 峰与 K 4s 峰之间没有相互重叠。

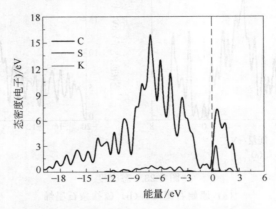

图 3-25  K 吸附硫掺杂石墨烯的不同原子态的分态密度（PDOS）

K 吸附硫掺杂石墨烯的 DOS 如图 3-26 所示。从总态密度图中可以看出，与
原始石墨烯相比，硫掺杂石墨烯的总态密度向费米面附近移动，并在费米能级处
DOS 增加，这表明硫掺杂有利于提高电子导电性，表现出对 K 原子更高的亲
和力。

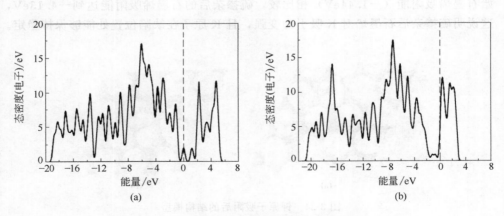

图 3-26  钾原子吸附后样品的总态密度图
(a) 石墨烯；(b) 硫掺杂石墨烯

循环稳定性是评价钾离子电池材料电化学性能的关键因素。在钾离子脱嵌过
程中阳极材料的过度变形常会导致比容量的急剧下降，因此测量了 K 原子吸附

前后材料中 C—C 键和 C—S 键的长度，用以评估材料的变形程度。钾原子吸附前，$d$（C—S）和 $d$（C—C）分别为 1.864 和 1.421，吸附后分别为 1.870 和 1.425，可见，C—C 键长度几乎不变，仅仅变化 0.004nm。掺杂硫原子和碳原子之间的距离也经历非常小的位移。掺杂 S 后的石墨烯由于 S 原子半径与周围 C 原子半径相差无几，因而保持平面结构，因此掺杂硫原子与相邻碳原子之间的键长在吸附 K 原子后不会发生显著变化，因而保持石墨烯结构的完整性。

### 3.3.2　材料的制备

取 2.5g 柠檬酸、20.6g 氯化钠为原料，利用上节相同制备方法制备三维多孔碳材料，命名为 PC-600。将得到的多孔碳与硫粉以质量比 7∶1 的比例进行混合，之后 400℃ 保温 2h，加热速率为 $5℃ \cdot min^{-1}$，得到硫掺杂多孔碳材料，命名为 SPC-600。为了研究不同热处理温度对材料结构及性能的影响，分别在 500℃、600℃ 和 700℃ 下制备了多孔碳材料，命名为 PC-500、PC-600、PC-700；并对不同温度下制备的多孔碳材料进行后期掺硫，得到的样品依次命名为 SPC-500、SPC-600、SPC-700。

### 3.3.3　结构与形貌表征

图 3-27 为样品 PC、SPC 的 SEM 图。从图中可以看出样品均呈现出均匀、连续的三维孔结构。并且不同温度下，碳的孔结构变化不大，均保持良好的网状结构。硫掺杂后碳材料形貌也没有明显变化。

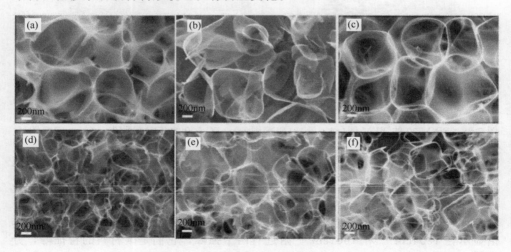

图 3-27　SEM 图

(a) PC-500；(b) PC-600；(c) PC-700；(d) SPC-500；(e) SPC-600；(f) SPC-700

图 3-28（a）为 SPC-600 的 TEM 图，从图中可以观察到丰富的多孔结构。从图 3-28（b）中没有观察到明显的晶格条纹，表明 SPC-600 的结构处于高度无序的状态。图 3-28（c）为 SPC-600 的元素分布图。

从图中可以看到元素均匀分布，且 S 元素成功地掺入多孔碳材料中。

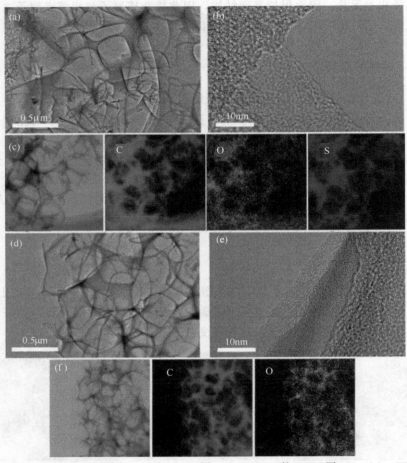

图 3-28　SPC-600 的 TEM 图（a）、（b）；EDS 图（c）；PC-600 的 TEM 图（d）、（e）；EDS 图（f）

图 3-29（a）为 PC-500 和 SPC-500 的 XRD 图谱。从图中可以观察到两个宽峰，分别位于 25°和 44°，与 C 的（002）和（100）晶面相对应，衍射峰呈现"馒头状"，表明 PC-500 和 SPC-500 均为无序结构。图谱中没有看到其他衍射峰，证明样品中没有其他杂质。图 3-29（b）所示的 PC-500 和 SPC-500 的拉曼光谱显示在 $1354cm^{-1}$ 和 $1601cm^{-1}$ 附近有两个强峰，它们是碳材料的特征峰，分别为 D 峰和 G 峰。通过计算可以得到 SPC-500 中的 $I_D:I_G=0.807$，PC-500 中的 $I_D:I_G=0.778$；可见硫掺杂会引起结构变化，产生更多缺陷，继而可以有效

改善材料嵌脱钾的能力。图 3-29（c）所示的 SPC-500 和 PC-500 的 $N_2$ 吸脱附曲线表现出相似趋势，相对压强处于 $1.0\sim0.2$，表现出毛细管冷凝现象，属于 Ⅳ 型曲线。由于曲线在相对压力较大时，存在明显滞后现象，滞后环的出现表明中孔存在，滞后环形状较窄表明大孔存在，可见在样品中中孔和大孔同时存在。根据图 3-29（c）和 BET 方程得出，PC-500 的比表面积为 $248\,m^2 \cdot g^{-1}$，SPC-500 的比表面积为 $144\,m^2 \cdot g^{-1}$，硫掺杂多孔碳材料的比表面积有所减小，这可能与硫在升华过程中将原来的部分空隙堵塞有关。从孔径分布上看，大部分孔径处于 20nm 之内，表明中孔比例较大。这种多级孔结构能够减小离子扩散距离，从而有利于提高离子动力学速率。

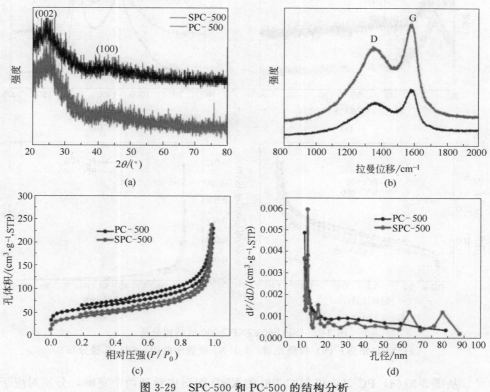

图 3-29  SPC-500 和 PC-500 的结构分析

（a）XRD 图谱；（b）拉曼光谱；（c）$N_2$ 吸脱附曲线；（d）孔径分布

同样对 PC-600/SPC-600 和 PC-700/SPC-700 也进行了结构分析。如图 3-30（a）所示，600℃下制备的样品的 XRD 图中也观察到对应于 C 的（002）和（100）晶面的两个宽峰，显示 PC-600 和 SPC-600 为无序碳材料。PC-600 和 SPC-600 的层间距分别为 0.337nm 和 0.352nm，可见硫掺杂会使碳层间距变大。从图 3-30（b）的拉曼光谱中，可以观察到 D 峰（$1345\,cm^{-1}$）和 G 峰

（1601cm$^{-1}$）；在 PC-600 中 $I_D:I_G=0.92$，SPC-600 中 $I_D:I_G=0.75$，可见硫掺杂后碳材料缺陷增多，碳的无序性增强。图 3-30（c）中 PC-600 和 SPC-600 的 $N_2$ 吸脱附曲线都属于 Ⅳ 曲线，根据图 3-30（c）和 BET 方程得出，PC-600、SPC-600 的比表面积为 208m$^2$·g$^{-1}$ 和 116m$^2$·g$^{-1}$，硫掺杂后碳材料的比表面积减小。PC-600 和 SPC-600 的孔径分布在 1～50nm，其中大部分孔径处于 10nm 之内，证明中孔、大孔共存［图 3-30（d）］。

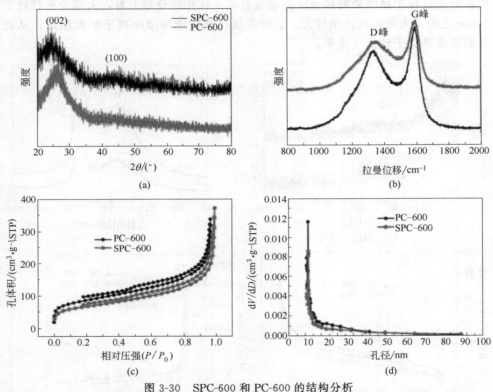

图 3-30　SPC-600 和 PC-600 的结构分析
（a）XRD 图谱；（b）拉曼光谱；（c）$N_2$ 吸脱附曲线；（d）孔径分布

从图 3-31（a）PC-700 和 SPC-700 的 XRD 图谱中看到两个宽峰，分别对应于 C 的（002）和（100）晶面，证明 PC-700 和 SPC-700 为无序结构。拉曼光谱中 PC-700 和 SPC-700 的 $I_D$ 与 $I_G$ 的比值分别为 0.899 和 0.826，硫掺杂后碳材料的 $I_D$ 与 $I_G$ 的比值更大［图 3-31（b）］。如图 3-31（c）和（d），PC-700 和 SPC-700 $N_2$ 吸脱附曲线属于 Ⅳ 型，中孔、大孔同时存在，根据 BET 方程计算得到 PC-700 和 SPC-700 的比表面积分别为 228m$^2$·g$^{-1}$ 和 133m$^2$·g$^{-1}$，硫掺杂后碳材料比表面积减小。从孔径分布上看，大部分孔径分布在 1～20nm。

图 3-32（a）为四种样品的 XPS 全谱图，从图中可以看到 PC-600 中仅含有

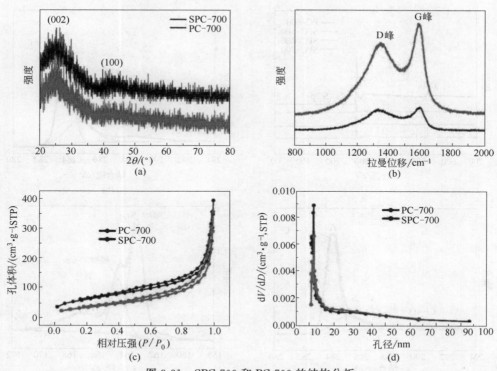

图 3-31　SPC-700 和 PC-700 的结构分析
（a）XRD 图谱；（b）拉曼光谱；（c）N$_2$ 吸脱附曲线；（d）孔径分布

O、C 两种元素，SPC 中含有 S、O、C 三种元素，表明 S 成功地掺入多孔碳中。SPC-500、SPC-600、SPC-700 中掺硫量（质量分数）分别为 4.90%、4.36%、2.65%，随着温度的升高，掺硫量逐渐减小。图 3-32（b）、（c）为 PC-600 和 SPC-600 的 C 1s 峰，SPC-600 的 C 1s 峰被分为 C—C 键、C—S 键、C—O 键、C═O 键对应的四个峰，且与 PC-600 相比，SPC-600 的 C—O 键对应的特征峰的峰强度随着 C—S 键的出现而减小，这是因为掺杂硫原子后 S 会取代原来 O 的位置。图 3-32（d）为 SPC-600 的 S 2p 峰，其被分为三个峰，分别为噻吩-S$_{1/2}$、噻吩-S$_{3/2}$ 和氧化-S。

### 3.3.4　电化学储钾性能

对 PC-500 和 SPC-500 进行了循环伏安测试，电压范围为 0.01~3V（vs. K/K$^+$），扫描速率为 0.1mV·s$^{-1}$，如图 3-33（a）、（b）所示。在 PC-500 的 CV 曲线中，位于 0.3V 处的阴极峰来源于电解质的不可逆分解和 SEI 膜的形成，以及钾离子不可逆地嵌入微孔和缺陷；在 0.01V 附近的峰则与 KC$_8$ 的形成有关。

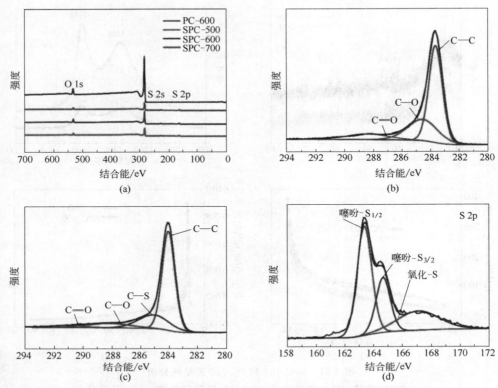

图 3-32    PC-600、SPC-500、SPC-600 和 SPC-700 的 XPS 分析

（a）全谱图；（b）PC-600 的 C1s 峰；（c）SPC-600 的 C1s 峰；（d）SPC-600 的 S 2p 峰

在第 2 周 CV 曲线中，在 0.3V 附近出现阴极峰，相比于第 1 周，这个峰有向高电压方向移动的趋势，当循环至第 3 周时，此处的阴极峰已经消失，这表明已经形成了稳定的界面。SPC-500 的 CV 曲线与 PC-500 的相似，但是在 2V 附近出现新的阳极峰，这与硫掺杂的多孔碳中硫的还原有关。从 CV 曲线上可以看出，硫掺杂有利于提高样品的比容量；而且，在 LIB 和 NIB 中已经得到证实，当与 $Li^+$、$Na^+$ 反应时，S 比 O 的氧化还原反应更加可逆。

图 3-33(c)、(d) 显示了 SPC-500 和 PC-500 在电流密度为 $0.1A \cdot g^{-1}$ 下的储钾性能。PC-500 的初始放电、充电比容量为 $1400mA \cdot h \cdot g^{-1}$、$244mA \cdot h \cdot g^{-1}$，在循环 100 周后充电比容量保持在 $197mA \cdot h \cdot g^{-1}$。如此高的初始放电比容量与其大比表面积和多孔结构有关，因此会产生更多 SEI 膜和其他不可逆的电化学吸附，导致首次库伦效率较低。在 SPC-500 中初始充电比容量为 $352mA \cdot h \cdot g^{-1}$，循环 100 周后可逆比容量能保持在 $240mA \cdot h \cdot g^{-1}$，比容量保持率为 68%，SPC-500 的电化学性能在硫掺杂后得到改善，这与硫掺杂引起的结构畸变有关。掺入的噻吩硫可以给碳材料提供更大的空间以减小体积膨胀，

并且在储钾过程中有更低的吸附能，因此硫掺杂有利于提高碳材料对于 K 的吸附能力，增加比容量，改善结构稳定性并使循环寿命延长。

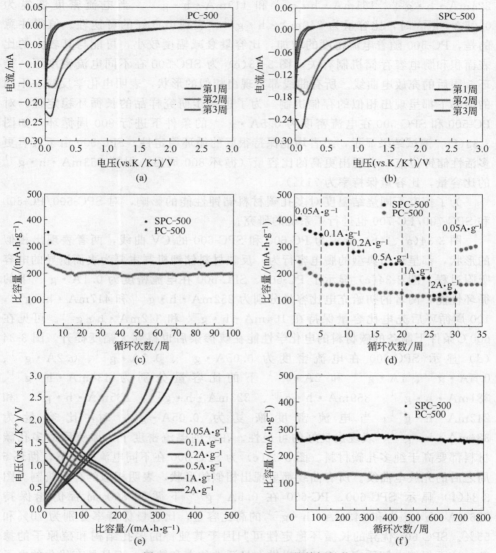

图 3-33　SPC-500 和 PC-500 的储钾性能

（a）、（b）CV 曲线；（c）在 0.1A·g⁻¹ 下的循环稳定性；（d）倍率性能图；
（e）不同电流密度下的充放电曲线；（f）在 0.5A·g⁻¹ 下的长循环稳定性

图 3-33（d）为 PC-500 和 SPC-500 在钾离子电池中的倍率性能图；在任何电流密度下，与 PC-500 相比，SPC-500 均表现出更优异的储钾性能。SPC-500 在

电流密度为 $0.05A \cdot g^{-1}$、$0.1A \cdot g^{-1}$、$0.2A \cdot g^{-1}$、$0.5A \cdot g^{-1}$、$1A \cdot g^{-1}$ 和 $2A \cdot g^{-1}$ 下的比容量为 $400mA \cdot h \cdot g^{-1}$、$309mA \cdot h \cdot g^{-1}$、$281mA \cdot h \cdot g^{-1}$、$224mA \cdot h \cdot g^{-1}$、$161mA \cdot h \cdot g^{-1}$ 和 $119mA \cdot h \cdot g^{-1}$，当电流密度恢复为 $0.05A \cdot g^{-1}$ 时，比容量为 $340mA \cdot h \cdot g^{-1}$，表现出良好的可逆性。值得注意的是，PC-500 随着电流密度的增加，比容量衰减幅度较小，可能与其较大的比表面积和赝电容存储机制有关。图 3-33（e）为 SPC-500 在不同电流密度下，循环 5 周后的充放电曲线。所有曲线都呈现出相似的形状，表明电化学反应在不同的倍率下都呈现出相似的存储机制。为了进一步研究样品的长循环稳定性，对 PC-500 和 SPC-500 在电流密度为 $0.5A \cdot g^{-1}$ 的条件下进行 800 周循环，如图 3-33（f）。测试结果显示，二者均能保持很好的循环稳定性，SPC-500 由于具有更多活性储钾位点，表现出更高的比容量（循环 800 周后，保持 $253mA \cdot h \cdot g^{-1}$ 的比容量，比容量保持率为 71%）。

为了探究不同烧结温度对多孔碳材料储钾性能的影响，对 SPC-600/PC-600 和 SPC-700/PC-700 也进行了系统的研究。

图 3-34（a）、（b）所示为 PC-600 和 SPC-600 的 CV 曲线，两者表现出相似的形状，都呈现出典型的赝电容行为，反映材料储钾机制主要为表面诱导的电容吸附过程。图 3-34（c）显示了 PC-600、SPC-600 在电流密度为 $0.1A \cdot g^{-1}$ 下的循环性能，两者的初始充电比容量分别为 $252mA \cdot h \cdot g^{-1}$ 和 $417mA \cdot h \cdot g^{-1}$，100 周循环后充电比容量保持在 $164mA \cdot h \cdot g^{-1}$ 和 $342mA \cdot h \cdot g^{-1}$。可见在 600℃ 条件下制备的碳材料的电化学性能在硫掺杂后也得到大幅度提升。图 3-34（d）显示 SPC-600 在电流密度为 $0.05A \cdot g^{-1}$、$0.1A \cdot g^{-1}$、$0.2A \cdot g^{-1}$、$0.5A \cdot g^{-1}$、$1A \cdot g^{-1}$ 和 $2A \cdot g^{-1}$ 下的比容量分别为 $434mA \cdot h \cdot g^{-1}$、$381mA \cdot h \cdot g^{-1}$、$359mA \cdot h \cdot g^{-1}$、$323mA \cdot h \cdot g^{-1}$、$285mA \cdot h \cdot g^{-1}$ 和 $242mA \cdot h \cdot g^{-1}$；当电流密度恢复为 $0.05A \cdot g^{-1}$ 时，比容量为 $384mA \cdot h \cdot g^{-1}$，表现出良好的可逆性。在任何电流密度下，掺硫后的多孔碳材料都要高于纯多孔碳材料。图 3-34（e）为 SPC-600 在不同电流密度下，循环 5 周之后的充放电曲线。所有曲线都呈现出相似的形状，表明相似的存储机制。图 3-34（f）显示 SPC-600、PC-600 在 $0.5A \cdot g^{-1}$ 下循环 800 周后仍能保持 $286mA \cdot h \cdot g^{-1}$ 和 $143mA \cdot h \cdot g^{-1}$ 的高比容量，比容量保持率分别为 70% 和 55%。SPC-600 优异的长循环稳定性可归因于其独特的多孔结构和硫原子的掺杂，这不仅使电解质完全渗透并提供大量活性位点和缺陷，而且具有优化的电子结构，优异的扩散动力学速率。

图 3-35（a）、（b）为 PC-700 和 SPC-700 的 CV 曲线，同样地，两者首次较大的不可逆反应与其多孔结构和较多缺陷有关。如图 3-35（c）所示，PC-700、SPC-700 的初始充电比容量为 $280mA \cdot h \cdot g^{-1}$ 和 $357mA \cdot h \cdot g^{-1}$，在循环 100 周后充电比容量保持在 $153mA \cdot h \cdot g^{-1}$ 和 $188mA \cdot h \cdot g^{-1}$，SPC-700 的电化

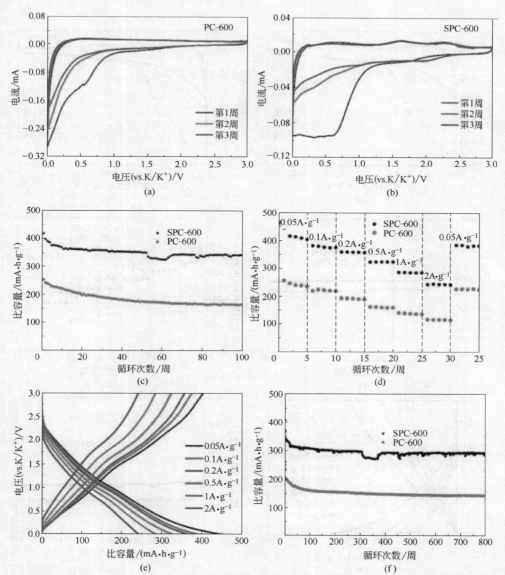

图 3-34 PC-600 和 SPC-600 的 CV 曲线（a）、（b）；SPC-600 和 PC-600 在电流密度为 $0.1A \cdot g^{-1}$ 的循环稳定性（c）；SPC-600 和 PC-600 倍率图（d）；SPC-600 在不同电流密度下的充放电曲线（e）；SPC-600 和 PC-600 在电流密度为 $0.5A \cdot g^{-1}$ 循环 800 周的长循环稳定性（f）

学性能在硫掺杂后得到大幅度改善。如图 3-35（d），SPC-700 在电流密度为 $0.05A \cdot g^{-1}$、$0.1A \cdot g^{-1}$、$0.2A \cdot g^{-1}$、$0.5A \cdot g^{-1}$ 和 $1A \cdot g^{-1}$ 的比容量为 $370mA \cdot h \cdot g^{-1}$、 $341mA \cdot h \cdot g^{-1}$、 $300mA \cdot h \cdot g^{-1}$、 $268mA \cdot h \cdot g^{-1}$、

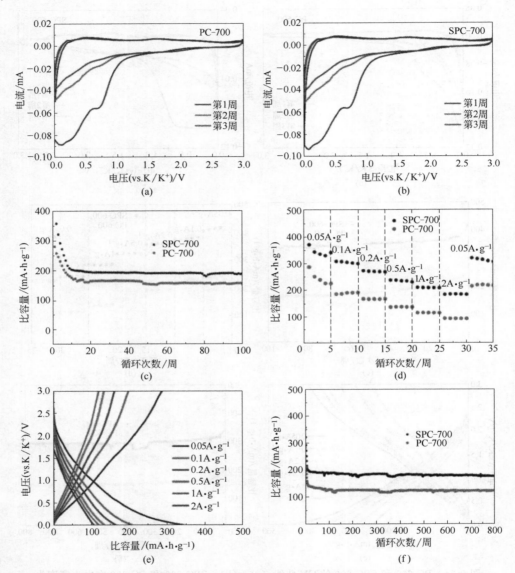

图 3-35　PC-700 和 SPC-700 的 CV 曲线（a）、（b）；SPC-700 和 PC-700 在0.1A·g⁻¹ 下的
循环曲线（c）；SPC-700 和 PC-700 倍率性能图（d）；SPC-700 在不同电流密度下的
充放电曲线（e）；SPC-700 和 PC-700 在0.5A·g⁻¹ 下的长循环稳定性（f）

$230mA \cdot h \cdot g^{-1}$ 和 $208mA \cdot h \cdot g^{-1}$，电流密度为 $2A \cdot g^{-1}$ 时，比容量也能达到 $184mA \cdot h \cdot g^{-1}$，表明其具有良好的倍率性能。当电流密度恢复为 $0.05A \cdot g^{-1}$ 时，比容量为 $320mA \cdot h \cdot g^{-1}$，表现出良好的可逆性。图 3-35（e）

为 SPC-700 在不同电流密度下循环 5 周之后的充放电曲线,所有曲线都呈现出相似的形状。图 3-35(f)为 SPC-700 和 PC-700 在电流密度为 0.5A·g$^{-1}$ 条件下的长循环测试,SPC-700、PC-700 在循环 800 周后,比容量能保持在 176mA·h·g$^{-1}$ 和 122mA·h·g$^{-1}$,比容量保持率分别为 50% 和 43%,可见两者在脱嵌钾过程中都保持了良好的稳定性,SPC-700 的性能更为突出。

从以上测试结果可以看出,硫掺杂后的多孔碳的电化学储钾性能得到大幅提升,且相比于 SPC-600,SPC-500 和 SPC-700 的比容量高。这是由于 SPC-500 的热处理温度相对较低,碳化过程不够彻底,随着碳化温度的不断升高,SPC-600 的可逆比容量明显增加,但当热处理温度继续升高时,SPC-700 表现出比 SPC-600 更低的比容量,一方面这可能与减少的掺硫量有关;另一方面高温处理会增加还原度,因此会使层间距减小,导致钾离子的迁移减少。

为了进一步了解多孔碳的储钾行为,对 SPC-600 和 PC-600 进行了不同扫描速率的 CV 测试,扫描速率分别为 0.1mV·s$^{-1}$、0.3mV·s$^{-1}$、0.5mV·s$^{-1}$、1mV·s$^{-1}$、3mV·s$^{-1}$ 和 5mV·s$^{-1}$,所获得的一系列 CV 曲线如图 3-36 所示。从图中可以看出,当扫描速率不断变化时,CV 曲线的轮廓并没有发生大的变化;只是随着扫描速率逐渐增大,阳极峰的位置不断向高电压方向移动,表示发生了轻微的极化现象。

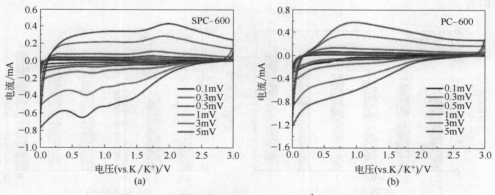

图 3-36 扫描速率为 0.1～5mV·s$^{-1}$ 的 CV 曲线

(a) SPC-600;(b) PC-600

根据文献研究,具有大比表面积的多孔碳材料的电荷存储贡献可以分为两种机制:电容机制和扩散机制。当 $b=0.5$ 时,表示完全扩散控制的过程,而当 $b=1$ 时,表示完全的电容过程。当 $b$ 值处于 0.5 与 1 之间时,代表两种机制都存在。图 3-37 显示了 SPC-600 根据 $\lg I$ 与 $\lg v$ 的斜率计算得到的 $b$ 值。计算的 $b$ 值为 0.9,处于 0.5 与 1 之间,这表明多孔碳材料的储钾行为是由两种机制共同控制的,并且表面驱动电容过程起主要作用。

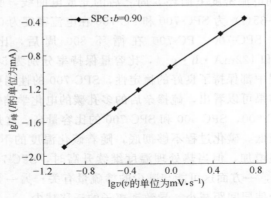

图 3-37　计算得到的 $b$ 值

对 SPC-600 和 PC-600 在 $0.1 \sim 5\,\mathrm{mV \cdot s^{-1}}$ 的扫描速率下的容量贡献进行计算，如图 3-38 所示，两者的容量贡献均由扩散机制和电容机制共同作用，且电容贡献率均随着扫描速率的不断增加而增加，这是由于在大电流充放电过程中，$K^+$ 来不及在碳层间快速脱嵌，只能通过表面吸附的电容效应实现电荷存储。相比之下，SPC-600 电容贡献率更高，这与硫掺杂增加了缺陷结构有关。

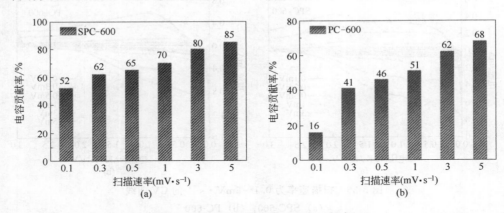

图 3-38　不同扫描速率下电容贡献率

(a) SPC-600；(b) PC-600

图 3-39 为扫描速率为 $5\,\mathrm{mV \cdot s^{-1}}$ 条件下得到的 SPC-600 和 PC-600 的电容贡献率图，SPC-600 在扫描速率为 $5\,\mathrm{mV \cdot s^{-1}}$ 时电容贡献率高达 85%，仅有 15% 的扩散贡献率，而 PC-600 在扫描速率为 $5\,\mathrm{mV \cdot s^{-1}}$ 时电容贡献率为 68%。SPC-600 和 PC-600 的电容贡献都起着主导作用，很好地解释了其优异的倍率性能。

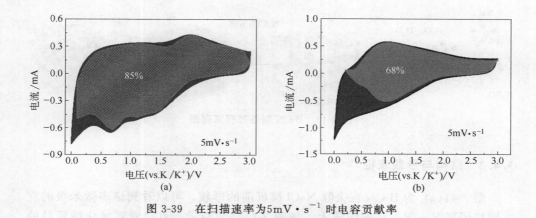

图 3-39　在扫描速率为5mV・s⁻¹时电容贡献率
(a) SPC-600；(b) PC-600

## 3.4　硼掺杂的多孔碳储锂、储钠性能研究

硼元素在元素周期表中也与碳元素相邻，作为少电子掺杂（p型掺杂），能够使费米能级向导带偏移，进而增加碳材料的导电性。此外，硼掺杂还可以增加碳材料的面内局部缺陷，这是由于在没有路易斯碱的条件下，在碳结构中只能形成三键的硼，因此硼最有可能在石墨层的平面内发生取代。有计算表明，硼掺杂可以显著提高石墨烯作为钠离子电池负极的电化学性能。此外，碳材料表面含氧官能团的存在还可以改善电极表面与电解液的浸润性，创造更多活性位点。本节将通过 NaCl 模板辅助-原位热解法，同时利用硼酸的二级模板作用，制备硼掺杂的分级多孔碳负极材料，研究硼掺杂对电极材料的形貌、结构、电化学性能和储锂、储钠机制的影响。

### 3.4.1　材料的制备

如图 3-40 所示，将柠檬酸（2.500g）、氯化钠（20.684g）、硼酸（1.287g）溶解在 70mL 的去离子水中，充分搅拌使其达到分子级水平的混合。冻实后经冷冻干燥去除水分，在氩气气氛下煅烧至 600℃，保温 2h。在烧结过程中，柠檬酸分解成 C，包覆在 NaCl 模板上；硼酸分解为 B，掺入 C 的晶格中。将煅烧后的粉末水洗去除 NaCl 模板，烘干后即可得到硼掺杂的三维多孔碳，命名为 B-CN。为研究 B 掺杂对碳材料的影响，用同样的方法制备了没有 B 掺杂的碳材料，命名为 CN。

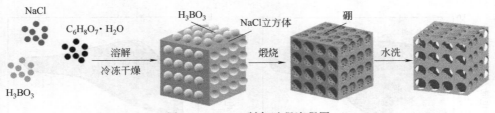

图 3-40　B-CN 制备过程流程图

## 3.4.2　结构与形貌表征

图 3-41（a）为 B-CN 在去除 NaCl 模板前的形貌，可以看到诸多微米级的立方颗粒团聚在一起。将图像放大，如图 3-41（b）所示，可以看到氯化钠颗粒的表面存在很多密集的小孔；与此相比，未添加硼酸的 CN 表面则非常光滑（图3-42），未见类似小孔结构。该类孔结构的出现与硼酸的热解过程有关，随着硼酸在高温下的熔融和挥发，在 NaCl 的表面会留下大量孔洞。当将 NaCl 移除后，如图 3-41（c）、（d），B-CN 继承了氯化钠和硼酸的模板结构（包含氯化钠留下的互相连通的大孔和硼酸在碳层表面留下的许多微孔结构），形成了具有分级多孔结构的三维碳网。由于分级多孔结构的形成与 B 的掺杂同步完成，B 能够实现在多孔碳表面的均匀分布。图 3-41（e）、（f）为 B-CN 的 TEM 图，在其碳层的表面存在很多微孔，这些微孔可以让电解液更充分地浸渍，同时还能有效地缓解在钠离子脱嵌过程中材料的体积膨胀。TEM 结果显示碳层中没有观察到明显的晶格条纹，表明碳是以无定形的形式存在的。B-CN 的无序结构在 XRD 图谱和拉曼光谱中得到了进一步证实。EDS 结果显示［图 3-41（g）］B 能够均匀地分布在 C 的结构中，这与 B-CN 原位热解的制备过程密切相关。

在图 3-43（a）B-CN 和 CN 的拉曼光谱中，位于 1332cm$^{-1}$ 和 1595cm$^{-1}$ 处有两个明显的特征峰，分别对应于 D 峰和 G 峰，B-CN 和 CN 的 $I_D/I_G$ 值分别为 0.89 和 0.81，表明 B 掺杂使碳材料的结构无序度和缺陷增加。图 3-43（b）为硼掺杂前后 B-CN 和 CN 的 XRD 图谱，两种样品均在 23°和 43°的位置出现了两个低强度的、"馒头状"的衍射峰，对应于石墨的（002）和（100）晶面，材料呈现无序状态，且硼掺杂没有明显改变碳材料的晶体结构。与石墨相比，B-CN 中（002）和（100）晶面对应的衍射峰略有偏移，基于石墨的（002）晶面，根据布拉格方程计算得 B-CN 和 CN 的平均层间距分别为 0.39nm 和 0.385nm，可见硼掺杂使碳材料的层间距增大。图 3-43（c）为 B-CN 的 B 1s XPS 谱。在191.5eV 处的单峰，对应于 B—C 键；B 的原子百分比为 2.74%，B 的掺入可以在 C 中产生缺陷，使费米能级向导带迁移，改善材料的导电性。图 3-43（d）为B-CN 的 C 1s XPS 谱，有三个特征峰位于 284.8eV、286.6eV、290eV，分别对

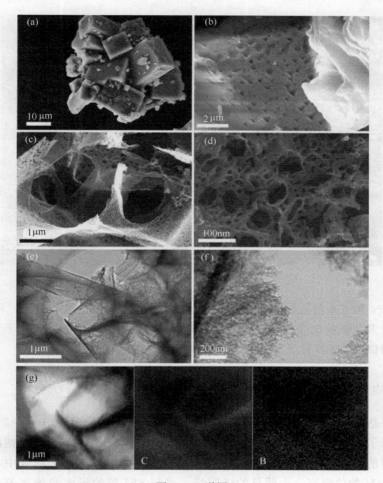

图 3-41 谱图

(a)、(b) B-CN 前驱体的 SEM 图；(c)、(d) B-CN 的 SEM 图；

(e)、(f) B-CN 的 TEM 图、STEM 图；(g) EDS 图

应 C—C、C—O 和 O ═C 三个键。B-CN 中存在的含氧官能团不仅可以在碳材料中引入更多活性位点，还能改善电解液的浸润性，提高电极材料的利用率。

从图 3-43(e) 中可以看出，B-CN 和 CN 的 $N_2$ 吸脱附曲线都属于典型的 IV 类等温线，即有明显的滞后环。一般认为这种滞后环与材料的介孔结构有关。很明显，B-CN 中的滞后环范围更大，表明其孔结构更丰富，这是由于硼酸的第二模板作用。根据 BET 方程计算了 B-CN 和 CN 的比表面积，分别为 $480 \mathrm{m}^2 \cdot \mathrm{g}^{-1}$ 和 $280 \mathrm{m}^2 \cdot \mathrm{g}^{-1}$。图 3-43(f) 为 B-CN 和 CN 的孔径分布图，与 CN 相比，B-CN 在 18nm 处还有一个峰，这与硼酸热解时产生的孔隙有关。通过 BJH 方程计算

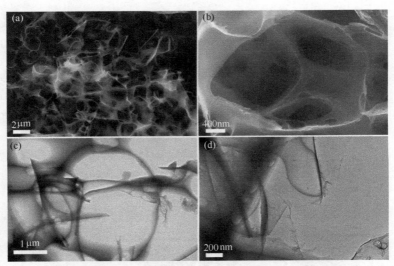

图 3-42　CN 的 SEM 图（a）、（b）和 HRTEM 图（c）、（d）

得出 B-CN 和 CN 的孔体积分别为 $1.28cm^3 \cdot g^{-1}$ 和 $0.98cm^3 \cdot g^{-1}$。可见 B 掺杂使三维多孔碳的比表面积和孔体积都有一定增大。大的比表面积、丰富的分级多孔结构促使 B-CN 能充分地发挥出多孔碳材料的电化学性能。

### 3.4.3　电化学储锂、储钠性能

为评估 B-CN 和 CN 的储锂、储钠性能以及储能机制，在 $0.005\sim3V$ 的电压范围进行了循环伏安测试和恒流充放电测试。图 3-44（a）为 B-CN 在钠离子电池中前 3 周的 CV 曲线，扫描速率为 $0.1mV \cdot s^{-1}$。在第 1 周 CV 曲线中，可以看到在 1.04V 的位置有一个明显的还原峰，这与 SEI 膜的形成和钠离子在一些微孔或者缺陷中的不可逆脱嵌有关。从第 2 周开始，这个峰消失了，并且后 2 周的 CV 曲线高度重合，表明 B-CN 具有良好的可逆性和循环稳定性。在图 3-44（a）中的低电压区，还可以看到一个氧化峰，一般认为这与钠离子从 B-CN 中脱出的过程有关。随着循环的进行，还原峰向低电压轻微地偏移，这可能是由于随着 B-CN 被电解液充分浸润，极化强度发生了改变。另外，从 CV 曲线的形状可以看到 B-CN 也表现出一些电容的特性。这是由于 B-CN 具有丰富的分级多孔结构、很大的比表面积；同时 B 掺杂产生了大量缺陷、活性位点以及含氧官能团，这些特性都促使材料表面能够发生快速氧化还原反应，产生赝电容。图 3-44（b）为 B-CN 在电流密度为 $0.1A \cdot g^{-1}$ 时前 3 周的充放电曲线。从图中可以看到，B-CN 的放电曲线由一个平台和一个斜坡组成。通常认为斜坡与 B-CN 的电容特性有关，而平台则反映钠离子在电极体相中的脱嵌。在首次放电曲线

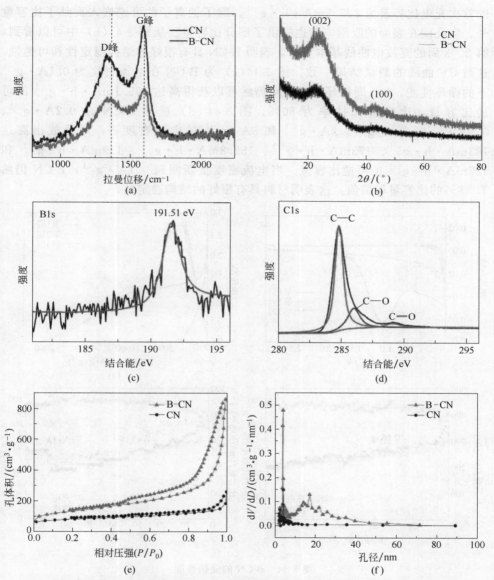

图 3-43　B-CN 和 CN 的拉曼光谱（a）、XRD 谱图（b）；B-CN 的 XPS B 1s 谱（c）、
C 1s 谱（d）、B-CN 和 CN 的 $N_2$ 吸脱附曲线（e）和孔径分布（f）

中，在 1V 电压附近有一个很长的平台，对应于一个很高的放电比容量
（2030.6mA·h·$g^{-1}$）。这个放电平台除了与钠离子在碳层中的嵌入有关外，还
与 SEI 膜的形成和一些不可逆的副反应有关。在随后的循环中，放电曲线的平
台变短，库伦效率增加。这表明稳定的 SEI 膜形成后，没有破碎和再生。B-CN

的首次充电比容量为 $325.5mA \cdot h \cdot g^{-1}$。除了钠离子的可逆嵌入贡献了比容量外，多孔碳在表面的吸附电荷也提供了部分比容量。从图 3-44（b）中可以看到，第 2、3 周的充放电曲线基本重合，表明 B-CN 具有很好的结构稳定性和可逆性，这与 CV 曲线的测试结果一致。图 3-44（c）为 B-CN 在电流密度为 $0.1A \cdot g^{-1}$ 下的循环性能，100 周循环后 B-CN 仍然可以获得高达 $195.1mA \cdot h \cdot g^{-1}$ 的可逆比容量，比容量保持率为 60%。图 3-44（d）显示 B-CN 在 $0.2A \cdot g^{-1}$、$0.5A \cdot g^{-1}$、$1A \cdot g^{-1}$、$2A \cdot g^{-1}$ 和 $5A \cdot g^{-1}$ 的电流密度下，可释放出高达 $183mA \cdot h \cdot g^{-1}$、$173mA \cdot h \cdot g^{-1}$、$152.8mA \cdot h \cdot g^{-1}$、$139mA \cdot h \cdot g^{-1}$ 和 $127mA \cdot h \cdot g^{-1}$ 的可逆比容量。当电流密度重新回到 $0.1A \cdot g^{-1}$，B-CN 仍然有 88% 的比容量保留值，这表明材料具有很好的结构稳定性。

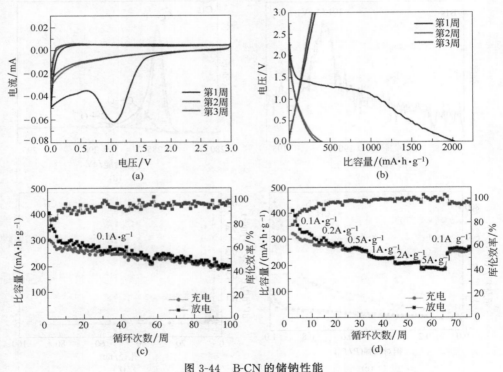

图 3-44　B-CN 的储钠性能

（a）CV 曲线；（b）前 3 周充放电曲线；（c）循环性能和（d）倍率性能

为了研究硼掺杂对电极材料电化学性能的影响，还对未掺杂硼的三维多孔碳 CN 进行了电化学性能测试，结果如图 3-45 所示。从 CN 的 CV 曲线中可以看出，位于 1V 附近的还原峰相比于 B-CN 要小，这可能是由于 B 掺杂产生了更多微孔和缺陷，导致 B-CN 产生了更多不可逆比容量。B-CN 的比容量在任何电流下都比 CN 高一些，表明 B 掺杂确实可以改善电极材料的电化学性能。

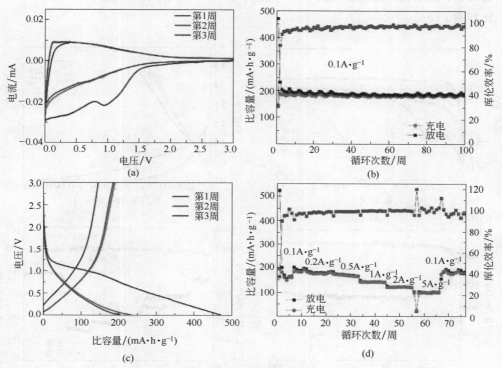

图 3-45　CN 的储钠性能

（a）CV 曲线；（b）循环性能；（c）前 3 周充放电曲线；（d）倍率性能

　　将 B-CN 用于锂离子电池负极时，电池表现出了更加优越的电化学性能。如图 3-46（a）所示，与钠离子电池的 CV 曲线类似，在第一周的 CV 曲线中，B-CN 在 0.56V 的电压范围附近出现了一个明显的还原峰，并且在随后的循环过程中消失，这个峰与 SEI 膜的形成等不可逆反应有关。经历了首次不可逆反应后，在随后的循环中，B-CN 的 CV 曲线的面积和峰位都基本保持不变，表明电极材料有很好的可逆性和结构稳定性。将电池在 0.1A·g$^{-1}$ 的电流条件下进行恒电流充放电，如图 3-46（b），B-CN 显示出远高于钠离子电池的放电和充电比容量，分别为 1612mA·h·g$^{-1}$ 和 696mA·h·g$^{-1}$。这是由于 Li$^+$ 的离子半径比 Na$^+$ 的小，因此 Li$^+$ 在 B-CN 中更容易脱嵌，其扩散动力学速率更快。如图 3-46（c）所示，当经历了 100 周循环后，B-CN 仍然能获得高达 460mA·h·g$^{-1}$ 的可逆比容量。另外，B-CN 在锂离子电池中也表现出了优异的倍率性能。在 0.1A·g$^{-1}$、0.2A·g$^{-1}$、0.5A·g$^{-1}$、1A·g$^{-1}$、2A·g$^{-1}$ 和 5A·g$^{-1}$ 电流密度下，B-CN 可以获得 526mA·h·g$^{-1}$、432mA·h·g$^{-1}$、390mA·h·g$^{-1}$、317mA·h·g$^{-1}$、268mA·h·g$^{-1}$ 和 220mA·h·g$^{-1}$ 的可逆比容量。当电流密度重新回到 $0.1A \cdot g^{-1}$ 时，B-CN 仍能保持 $470mA \cdot h \cdot g^{-1}$ 的比容量。

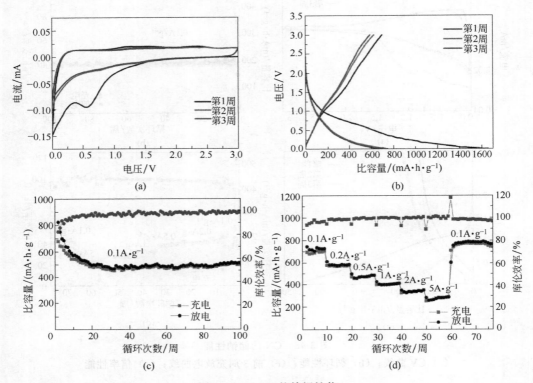

图 3-46　B-CN 的储锂性能

(a) CV 曲线；(b) 前 3 周的充放电曲线；(c) 循环性能；(d) 倍率性能

　　为了研究 B 掺杂对三维多孔碳材料电化学性能的影响，对未掺杂硼样品 CN 的储锂性能进行了研究。图 3-47(a) 为 CN 的 CV 曲线，在第 1 周循环中，位于 1.7V 和 0.6V 处有两个明显的还原峰，这两个峰与电解液的分解、SEI 膜的形成等不可逆反应有关，在第 2 周循环中快速消失。而且从第 2 周开始，CV 曲线的形状和峰位都没有明显变化，这与充放电曲线的测试结果一致，表明材料有很好的结构稳定性。将 CN 在 $0.1A \cdot g^{-1}$ 的电流密度下充放电 100 周，如图 3-47(c)，发现 CN 在循环后期比容量下降较明显。然而相比于此，B-CN 在经历了 100 周循环后比容量依然很高，没有下降的趋势。B 在 C 中的掺杂引入了大量的缺陷和活性位点，使材料的比容量有所提升；同时硼酸的模板作用还使其在 C 中产生了很多中孔和微孔，这些孔隙可以缓解循环过程中的体积膨胀，促进电解液的浸润和离子、电子的传输，继而促使 B-CN 能很好地保持结构稳定性。图 3-47(d)

为 CN 在不同电流密度下的倍率性能。从图中可以看出，随着电流密度的增加，CN 的比容量会略有衰减。但即便如此，在 $5A \cdot g^{-1}$ 的电流密度下，CN 仍能获得高达 $200mA \cdot h \cdot g^{-1}$ 的比容量，与 B-CN 结果相近。这说明 B-CN 和 CN 在大倍率下优异的性能主要取决于三维多孔的碳网络结构。这种独特的结构优势可以促使锂离子和电子快速传输，同时在碳材料表面产生电容效应，继而获得优异的倍率性能。

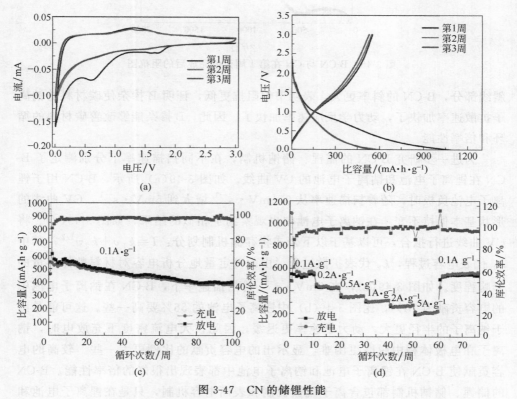

图 3-47　CN 的储锂性能

（a）CV 曲线；（b）充放电曲线；（c）循环性能；（d）倍率性能

对 B-CN 和 CN 作为负极构成的扣式电池进行了阻抗测试，如图 3-48 所示。图中两个样品的能斯特曲线形状相似，均由一个中高频区的半圆和低频区的斜线组成。一般认为半圆代表 SEI 膜阻抗和电荷转移阻抗，与钠离子在 SEI 膜中的扩散和在电极/电解液界面的电荷转移有关；而斜线代表韦伯阻抗，与钠离子在电极中的扩散有关。如图 3-48 所示，B-CN 比 CN 的半圆直径要小一些，表明 B-CN 的电荷转移阻抗比 CN 低，证明 B 掺杂改善了碳材料的导电性。在低频区的

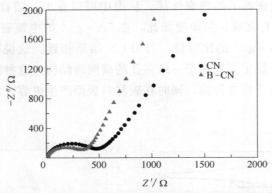

图 3-48　B-CN 与 CN 在第 1 周充电完成后的阻抗图

斜线部分，B-CN 的斜率更大，表明韦伯阻抗更低，证明 B 掺杂使碳材料的钠离子扩散速率加快了，动力学反应速率加快了。因此，B 掺杂能够改善碳材料的循环和倍率性能。

为进一步研究 B-CN 的储锂、储钠机制，在不同扫描速率下分别测定了 B-CN 在锂离子电池和钠离子电池的 CV 曲线。如图 3-49(a) 所示，B-CN 用于锂离子电池负极时，随着扫描速率从 $0.1\text{mV} \cdot \text{s}^{-1}$ 增大到 $5\text{mV} \cdot \text{s}^{-1}$，CV 曲线的形状基本保持不变。在钠离子电池中也观察到了相似的结果，如图 3-49(d)。将 CV 曲线进行拟合，可以基于以下公式将存储机制划分：$I = k_1 v + k_2 v^{1/2}$；其中 $k_1$ 代表电容过程，$k_2$ 代表扩散过程，由此可定量地分析电容对材料整体容量的影响程度。如图 3-49(e)，在 $5\text{mV} \cdot \text{s}^{-1}$ 的扫描速率下，B-CN 在钠离子电池中的电容贡献为 78%，比图 3-49(b) 中锂离子电池的 56% 要高一些。这可能是由于钠离子的半径更大，动力学速率更迟缓，因此在大电流密度下充放电时，钠离子在电极体相中脱嵌更困难，显示出的电容贡献的比例更大一些。较高的电容贡献使 B-CN 在锂离子电池和钠离子电池中都表现出很好的倍率性能。B-CN 的储锂、储钠机制都包含离子脱嵌机制和表面电容机制，只是在锂离子电池和钠离子电池中电容贡献的比例有所不同。图 3-49(b) 和图 3-49(e) 总结了 B-CN 在锂离子电池和钠离子电池中不同扫描速率下的电容贡献。在每个固定扫描速率下，B-CN 在钠离子电池中的电容贡献均高于在锂离子电池中的电容贡献。这证明了 B-CN 在高倍率下的储钠主要是由电容机制控制的电荷存储。然而在锂离子电池中，因为锂离子的半径更小一些，因此与锂离子脱嵌相关的扩散控制过程占有更大的比重。这种显著的电容贡献效应，与材料大的比表面积、很好的电子导电性、丰富的活性位点有关，这对于获得材料优异的倍率性能非常重要。

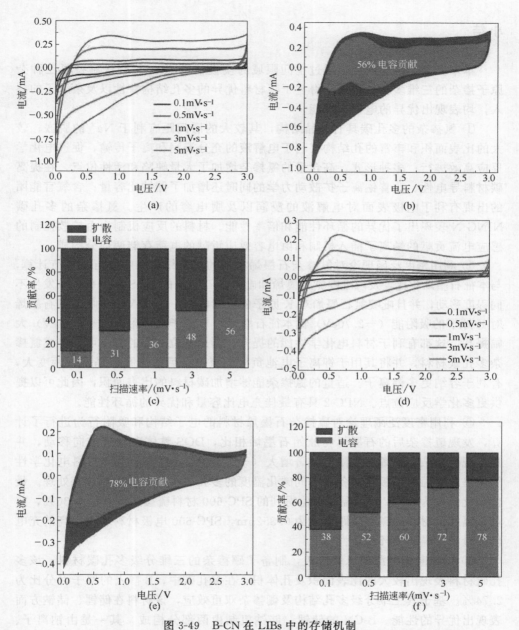

图 3-49　B-CN 在 LIBs 中的存储机制

（a）CV 曲线；（b）电容贡献和扩散贡献；（c）不同扫描速率下的电容贡献率；
B-CN 在 NIBs 中的存储机制：（d）CV 曲线；（e）电容贡献和扩散贡献；
（f）不同扫描速率下的电容贡献率

## 小结

本章以氯化钠为模板，通过空间限域的模板辅助-原位热解法制备了三种杂原子掺杂的三维多孔碳材料。得益于碳材料优异的多孔结构特性以及杂原子的掺入，均表现出优异的电化学性能。

① 氮掺杂的多孔碳具有非晶结构，其较大的层间距有利于 $Na^+$ 的脱嵌；较大的比表面积和丰富的孔结构有利于电解液的充分浸润和离子传输，促进电化学反应高效进行；多种形式、高含量的氮掺杂增加了大量缺陷和活性位点，在提高碳材料导电性、改善钠离子扩散动力学的同时还增加了储钠比容量；含氧官能团的出现有利于电极表面对电解液的浸润以及赝电容的产生。氮掺杂的多孔碳 NING-N 表现出了优异的循环性能和倍率性能。材料的反应机制为由扩散控制的感应电流贡献的钠离子插入机制和由电容效应贡献的电荷存储两部分构成。

② 利用密度泛函理论对氮掺杂石墨烯材料的电子结构和吸附行为进行计算，与本征石墨烯相比，发现吡啶氮石墨烯和吡咯氮石墨烯的 DOS 均向费米面发生不同程度移动，并且吡啶氮石墨烯对 K 原子的吸附能（－2.78eV）与吡咯氮石墨烯对 K 原子的吸附能（－2.70eV）比本征石墨烯对 K 原子的吸附能（－1.44eV）大幅提高，这都有利于材料电化学性能的提升。利用原位热解的方法可控合成氮掺杂多孔碳材料，并将其用于钾离子电池负极。氮掺杂后的多孔碳晶面间距变大，有利于容纳更多钾离子。适量的氮掺杂能够增加碳材料的比表面积，因此可以提供更多化学反应位点。NPC-2 具有最佳充电比容量和优异的循环性能。

③ 利用密度泛函理论对硫掺杂石墨烯材料的电子结构和吸附行为进行了计算，发现硫掺杂后的石墨烯与原始石墨烯相比，DOS 整体向导带方向移动，并且发现硫掺杂石墨烯的吸附能显著增大（－4.13eV），这都有利于材料电化学性能的提升。通过模板法制备了不同碳化温度的多孔碳，并对其进行掺硫处理。最佳碳化温度为 600℃，该温度硫化得到的 SPC-600 材料硫掺杂量高达 4.36%，并且该温度下材料的碳层间距增大为 0.352nm，SPC-600 电极材料表现出高的充电比容量和优异的循环稳定性。

④ 以硼酸为硼源和二级模板，制备了硼掺杂的三维分级多孔碳材料。该多孔碳材料表现出较大的比表面积及孔体积。在多孔碳中，B 掺入的原子百分比为 2.74%。基于其三维分级多孔结构及硼掺杂双重效应，该材料在储锂、储钠方面表现出优异的性能。B-CN 的储锂、储钠机制由两部分构成，其一是由钠离子、锂离子在电极体相中的脱嵌机制提供容量；其二是由表面电荷吸附或氧化还原赝电容贡献的电容机制存储电荷，在大的电流密度下，电容贡献的比例更大。同样条件下，B-CN 在钠离子电池中表现出更大的电容效应，这与钠离子具有更大的离子半径有关。

上一章中通过对多孔碳进一步掺杂改性，获得了一系列性能优异的碳负极材料。但受限于其理论比容量，碳基材料仍难以满足新兴技术对高能量密度、高功率密度的储能需求。合金材料由于具有多电子反应机制，理论比容量普遍较高，极具开发潜质。其中，金属锡（Sn）作为合金基材料的典型代表，具有工作电压低、比容量高、制备方法简便、环境友好等优点。但由于 Sn 在合金化过程中会产生非常大的体积膨胀，易导致电极材料在循环过程中粉化和剥离，失去电接触，造成比容量损失；同时，Sn 自身较差的导电性也限制了其倍率性能的发挥。

为解决上述问题，制备纳米锡基材料和锡基合金以及构建 Sn/C 复合材料是三种常用的手段。首先，制备纳米锡基材料（如纳米颗粒、纳米球、纳米棒、纳米线等）可以有效地缩短离子的扩散路径，进而提高材料的电化学反应动力学速率；同时减小单个颗粒的绝对应力应变，释放机械应力，在一定程度上缓解材料的体积变化，改善电极的循环稳定性；还可以增大材料的比表面积，使电解液充分浸润，减小传质阻抗。然而，纳米 Sn 通常不稳定，表面活性很大，容易团聚，使电极对离子的传输造成不利影响。因此，开发简单可控的方法实现纳米 Sn 基负极材料的形貌调控及高度分散成为提高其循环稳定性的关键。此外，通过引入第二元素与 Sn 形成合金也是有效缓解其体积膨胀的重要途径。将 Sn 均匀地分布在惰性基体 M 中，不仅可以缓冲离子脱嵌引起的体积变化，还可以抑制 Sn 团聚、增强其电子导电性，显著改善合金负极材料的循环性能。但该合金化过程中惰性成分的过量引入将导致电极整体比容量降低。因此，另一种有效方法是将 Sn 与一种活性金属成分进行组合形成双活性组分合金，如 SnSb、SnGe 等。由于两种活性金属反应电位不同，当一种金属发生反应时，另一种金属充当基体抑制体积变化。双活性组分合金中，两种金属可以互为缓冲基体对体积变化起到抑制作用，同时又都能够贡献容量。韩伟强课题组研究了单分散的 M-Sn

（M＝Fe、Co、Ni、Cu）和新相 M-Sn$_5$（M＝Fe、Co 和 FeCo）纳米球的储锂性能。Fe$_{0.35}$Co$_{0.35}$Sn$_5$ 经 100 周循环后保持 736mA·h·g$^{-1}$ 的比容量，比容量保持率达 92.7％。C. B. Mullin 课题组采用液相同时还原 Sn$^{2+}$ 和 Cu$^{2+}$ 的方法制备了 Sn$_{0.9}$Cu$_{0.1}$ 纳米颗粒，材料显示出了良好的循环稳定性。D. Mitlin 课题组研究了 SnGeSb 三元合金的储钠性质，其中 Sn$_{50}$Ge$_{25}$Sb$_{25}$ 表现出最佳的电化学性能。此外，将纳米 Sn 分散在碳基体上也可以显著缓解其团聚现象；同时碳基体还能为 Sn 的体积膨胀提供足够的缓冲空间，保持结构稳定性并增强复合电极的导电性，改善材料的循环和倍率性能。Bruno Scrosati 报道了纳米结构的 Sn-C 复合材料，比容量为 500mA·h·g$^{-1}$，并在 200 多周循环中保持稳定。Wang 课题组合成了纳米 Sn/C 复合材料，在 0.25C 电流密度下循环 130 周还可保持较高的比容量。通过原位化学气相沉积（CVD）技术合成的 Sn@石墨烯锚定的石墨烯网络也表现出了出色的电化学性能。南开大学陈军课题组合成了超细的锡纳米颗粒内嵌于氮掺杂多孔碳、球形碳和碳纤维三种复合材料；其中，锡纳米颗粒内嵌于氮掺杂多孔碳复合材料（5-Sn/C）作为锂离子电池负极时，首次放电比容量高达 1014mA·h·g$^{-1}$，在 0.2A·g$^{-1}$ 的电流条件下循环 200 周后，比容量保持在 722mA·h·g$^{-1}$。此外，锡内嵌于球形碳的复合材料用于钠离子电池负极时，其首次放电比容量达 493.6mA·h·g$^{-1}$，500 周循环后比容量保持在 425mA·h·g$^{-1}$。复合材料优异的性能得益于其超细的锡纳米颗粒和碳基体的协同效应。

上述研究报道为锡基负极材料实现其在碱金属离子电池中的应用提供了优良的思路和方法。然而，目前关于 Sn 颗粒的尺寸及分散性的控制、Sn 与碳材料界面结合力以及材料的结构稳定性等方面的问题仍需深入研究。例如，现有文献报道的 Sn 纳米颗粒的尺度较大且分布不均匀，不足以抑制电极的体积膨胀；Sn 纳米颗粒通常负载在石墨烯层间，与石墨烯之间的作用力太弱，很难在充放电过程中保持结构的稳定性。此外，由于范德华力，颗粒间存在不可避免的团聚。同时，石墨烯在反复循环过程中会发生重组，这将严重影响 Sn 的均匀分散。另外，现有的方法耗时耗能，制备过程烦琐，大大限制了锡基材料的实际应用。因此，设计和开发可控制备、结构合理的锡基合金/碳复合材料仍然是目前亟待解决的课题。

基于前一章的研究基础和锡基材料特性，我们将纳米化、合金化与碳复合三种改性方法结合起来，选取综合性能优异的三维多孔碳为基体，以无毒、低成本的水溶性氯化钠为模板，通过自组装模板辅助的冷冻干燥-原位热解法，制备了一系列锡基合金/氧化物与三维多孔碳的复合材料（NiSn/C、CoSn/C、CuSn/C、SnO$_2$/C），基于多重优势的协同作用，所获得的材料有望表现出优异的储能特性。

## 4.1　$Ni_3Sn_2/C$ 和 $Ni_3Sn_4/C$ 复合材料储锂性能研究

Ni 作为非活性添加元素，能有效缓解 Sn 的体积膨胀。Bruno Scrosati 合成的纳米 NiSn 合金在 200 周循环后仍能获得稳定的比容量。三维多孔碳作为支撑基体，其连续的碳网络具有优良的导电性；其多孔结构及大的比表面积对电解质离子利用率的提升有积极影响；有望作为一种高强度、高导电性、高效能的支撑材料解决锡基合金负极材料体积变化大的关键问题。成会明课题组以泡沫镍为基体，采用 CVD 法合成了三维石墨烯，并证明该三维石墨烯具有很强的韧性和高的导电性。

本节采用模板辅助的冷冻干燥-原位热解法制备了具有纳米核壳结构的 Ni-Sn 合金与三维多孔碳的复合材料（$Ni_3Sn_2/C$ 和 $Ni_3Sn_4/C$），利用其独特的结构优势有望全面提升锡基材料的电化学性能。

### 4.1.1　材料的制备

如图 4-1 所示。将 2.50g 柠檬酸（碳源，也提供酸性环境抑制 $Sn^{2+}$ 水解）、20.65g 氯化钠、氯化亚锡、硝酸镍 [$n(SnCl_2 \cdot H_2O) : n(Ni(NO_3)_2 \cdot 6H_2O) = 2:3、4:3$；金属离子与碳原子的物质的量比为 1:40] 溶解在 75mL 去离子水中，搅拌均匀后放置到冰箱中冷冻，之后用冷冻干燥机冻干。在冷冻过程中，NaCl 会优先析出结晶，自组装为三维的立方体结构；$SnCl_2$、$Ni(NO_3)_2$ 和 $C_6H_8O_7$ 覆盖在其表面，如图 4-1(b)。之后将样品置于管式炉中，以 10℃ · $min^{-1}$ 的升温速率升温至 750℃，保温 2h，气氛设定为：$V(Ar) : V(H_2) = 1:2$。在烧结过程中，氯化钠发生晶化，柠檬酸热解成碳，$Ni^{3+}$ 和 $Sn^{2+}$ 还原形成

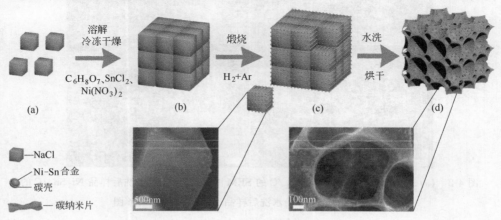

图 4-1　样品 $Ni_3Sn_2/C$ 和 $Ni_3Sn_4/C$ 的制备过程

Ni-Sn 合金纳米颗粒，均匀地分布在碳网中，如图 4-1(c)。随后，将 NaCl 水洗移除，烘干。当 NaCl 移除后，合金颗粒保持在原位，但是碳网会由于 NaCl 的移除而轻微塌陷，形成碳笼，如图 4-1(d)。最终得到内嵌有 Ni-Sn 合金纳米颗粒的三维多孔碳网（$Ni_3Sn_2/C$ 和 $Ni_3Sn_4/C$）。作为对比，用同样的方法制备了单质 Sn 与三维多孔碳的复合材料 Sn/C。

### 4.1.2 结构与形貌表征

图 4-2 显示了 NaCl 模板移除前、后的 $Ni_3Sn_2/C$ 和 $Ni_3Sn_4/C$ 的 SEM 图。如图 4-2(a)、(b) 所示，立方的 NaCl（500nm～2μm）颗粒自组装为三维的团聚体，表面均匀分散着纳米级的 Ni-Sn 合金颗粒。将 $Ni_3Sn_4/C$ 水洗后，能谱结果显示产物中残留的 $Na^+$ 和 $Cl^-$ 很少，如图 4-3 所示，表明 NaCl 已经被移除。相比于硬模板法，NaCl 模板的去除非常简单，而且不会产生环境污染等问题。

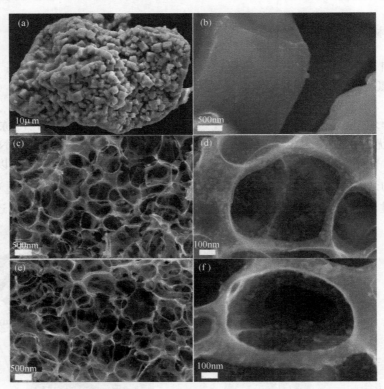

图 4-2 （a）、（b）水洗前样品 $Ni_3Sn_2/C$ 的 SEM 图；（c）、（d）水洗后样品 $Ni_3Sn_2/C$ 的
SEM 图；（e）、（f）水洗后样品 $Ni_3Sn_4/C$ 的 SEM 图

从图 4-2(c)～(e) 中可以看到，$Ni_3Sn_2/C$ 和 $Ni_3Sn_4/C$ 都是由封装有 Ni-Sn

合金纳米颗粒的三维多孔碳网构成的。其结构中存在着大量的中孔和大孔，这些孔结构继承了 NaCl 模板的形貌，孔径尺寸为 300nm～1μm。在高倍 SEM 图中[图 4-2(d) 和 (f)]，可以看到均匀分布的 Ni-Sn 合金颗粒，尺寸均小于 30nm。这种纳米尺寸的 Ni-Sn 合金不仅可以大大缩短锂离子的扩散路径，还能降低材料的应力，抑制电极材料的粉化和剥落，有助于改善锡基材料的结构稳定性。独特的三维多孔网络结构可以提供弹性缓冲空间以容纳锡基合金的体积变化，连通的碳网作为一个连续的导电网络，有利于电子和离子的传输。另外，所制得的 Sn/C 材料与 $Ni_3Sn_2$/C 和 $Ni_3Sn_4$/C 形貌相似，如图 4-11(b)。

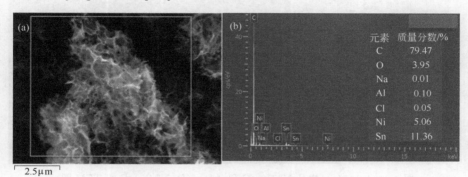

| 元素 | 质量分数/% |
| --- | --- |
| C | 79.47 |
| O | 3.95 |
| Na | 0.01 |
| Al | 0.10 |
| Cl | 0.05 |
| Ni | 5.06 |
| Sn | 11.36 |

图 4-3　水洗后样品 $Ni_3Sn_4$/C 的 SEM 图和 EDS 图

采用 TEM 和 HRTEM 进一步研究了 $Ni_3Sn_2$/C 和 $Ni_3Sn_4$/C 的形貌和微区结构。从图 4-4(a)、(b)、(d)、(e) 中可以看到，Ni-Sn 合金纳米颗粒均匀地分散在三维多孔碳网上，合金颗粒尺寸为 10～30nm，与 SEM 的结果相符。

从图 4-4(b)、(e) 中看到有少量的 Ni-Sn 合金纳米颗粒脱离了碳网，留下孔洞，这是由于样品超声分散制备过程中，少量的颗粒脱落。但是绝大部分的 Ni-Sn 合金纳米颗粒还是能完好地封装于碳网中，表明 Ni-Sn 合金纳米颗粒与碳之间有很强的结合力。这种强的结合力主要归功于 Ni-Sn 合金在碳层中原位生长的制备过程。从图 4-4(c)、(f) 中可以看出，两个样品中的合金纳米颗粒都表现出了高度有序的晶格条纹，层间距分别为 0.29nm 和 0.30nm，分别与 $Ni_3Sn_2$ 的 (101) 晶面和 $Ni_3Sn_4$ 的 (111) 晶面相匹配，说明合金颗粒分别为 $Ni_3Sn_2$ 和 $Ni_3Sn_4$ 合金，该结果与 XRD 的物相分析结果一致。仔细观察图 4-4(c)、(f) 和图 4-5，在 Ni-Sn 合金纳米颗粒的表面包覆着一个石墨化的碳壳（$d=0.34$nm）。碳壳的产生与 Ni-Sn 合金在高温条件下对碳的催化效应有关。因此，石墨化碳只出现在 Ni-Sn 合金颗粒的表面，而三维碳网仍然是非晶的。STEM-EDS 谱图[图 4-4(g)～(j)] 显示 $Ni_3Sn_4$/C 中的 Sn 和 Ni 都能够均匀地分布在碳网中。

采用 TEM 对 $Ni_3Sn_4$/C 进行观察，发现大部分区域都形成了 Ni-Sn@C 的核壳结构（图 4-5）。这种核壳结构的形成机制可解释为：在烧结过程中，随着样

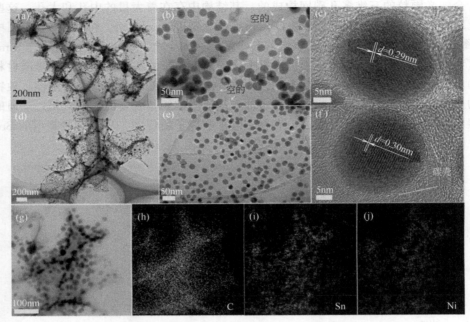

图 4-4 (a)~(c) 样品 $Ni_3Sn_2/C$ 和 (d)~(f) $Ni_3Sn_4/C$ 的 TEM 图；
(g)~(j) $Ni_3Sn_4/C$ 的 STEM-EDS 图

品的快速冷却，原本扩散到合金中的碳会快速析出结晶，形成碳壳。这种石墨化的碳包覆外壳有三方面的优势：①碳的包覆可以很大程度上抑制 Ni-Sn 颗粒的生长和团聚；从图 4-5(d) 中可以看到，没有碳包覆层的 Ni-Sn 颗粒很容易融合在一起形成大颗粒，而颗粒的生长和团聚会导致应力集中，使电极材料的体积膨胀加剧。②石墨化的碳结晶度高，具有很好的导电性；因此，Ni-Sn 表面包覆碳壳能有效促进电子的传输，提高反应动力学速率。③这种 Ni-Sn 合金石墨化的碳壳非晶碳网结构不同于简单的颗粒负载，其强大的结合力可以保障 Ni-Sn 颗粒在反复循环过程中不会轻易从碳层上脱落，保持良好的循环稳定性。为证明这一点，在 $Ni_3Sn_4/C$ 完成 200 周循环后，对其进行了 SEM 和 TEM 测试。如图 4-6 所示，虽然由于不可避免的电解液分解在 $Ni_3Sn_4/C$ 表面生成了一层 SEI 膜，但 $Ni_3Sn_4/C$ 的三维多孔结构几乎保持原状。而且由于碳壳的限域作用，Ni-Sn 合金纳米颗粒在 200 周循环后，并没有明显的长大和团聚，直径仍为 10~30nm，牢固地封装在三维多孔碳网中。这一结果充分证明 $Ni_3Sn_4/C$ 具有很好的结构稳定性。

综上所述，Ni-Sn/C 复合材料兼具柔性的三维多孔碳网络结构、均匀分布的 Ni-Sn 纳米合金、均匀包覆的碳壳，同时 Ni-Sn 合金与碳网之间表现出强大的结合力。在这些优势的协同作用下，Ni-Sn/C 能很好地缓解合金材料的体积膨胀，

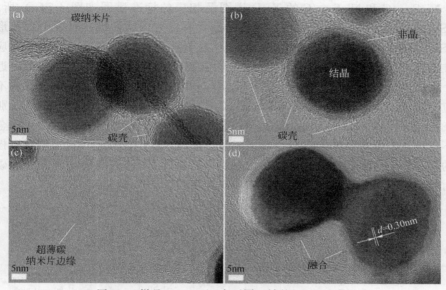

图 4-5　样品 $Ni_3Sn_4/C$ 中不同区域的 HRTEM 图

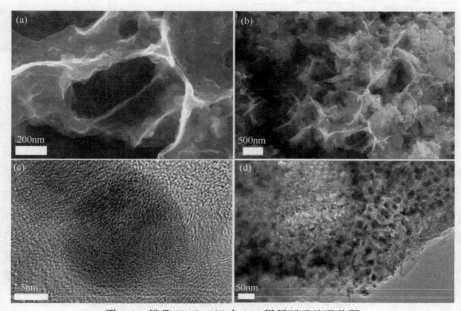

图 4-6　样品 $Ni_3Sn_4/C$ 在 200 周循环后的形貌图

（a）、（b）SEM 图；（c）、（d）TEM 图

加速了锂离子和电子的传输，有望获得优异的电化学性能。

Ni$_3$Sn$_2$/C 和 Ni$_3$Sn$_4$/C 的 XRD 谱图及相应的标准谱图如图 4-7（a）所示。Ni$_3$Sn$_2$/C 表现出很强的衍射峰，表明样品具有良好的结晶性，对应于六角形的 Ni$_3$Sn$_2$（PDF 06-0414）。样品 Ni$_3$Sn$_4$/C 与单斜的 Ni$_3$Sn$_4$ 匹配性良好，对应于标准卡片 PDF 04-0845。在 Ni$_3$Sn$_4$/C 的 XRD 谱图中，可以看到在 30°附近有一个很强的衍射峰发生了宽化，这一现象与晶粒尺寸的减小和微晶中存在的不均匀应力有关。根据谢乐公式计算，Ni$_3$Sn$_2$ 和 Ni$_3$Sn$_4$ 的平均颗粒尺寸分别为 18.8nm 和 17.9nm，与 SEM 和 TEM 观察结果相符。纳米尺寸的 Ni-Sn 合金颗粒不仅可以降低材料的绝对应力，还能缩短锂离子的扩散路径，进而缓解电极材料的体积膨胀，提高其电化学性能。在两个样品的 XRD 谱图中均未观察到碳的衍射峰，可以推断碳主要是以非晶的形式存在的。

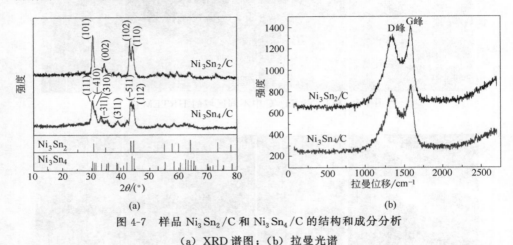

图 4-7 样品 Ni$_3$Sn$_2$/C 和 Ni$_3$Sn$_4$/C 的结构和成分分析
（a）XRD 谱图；（b）拉曼光谱

采用拉曼光谱对 Ni$_3$Sn$_2$/C 和 Ni$_3$Sn$_4$/C 中碳的无序程度进行了表征。如图 4-7(b)，在 1357cm$^{-1}$ 和 1591cm$^{-1}$ 的位置有两个明显的特征峰，分别对应于碳的 D 峰和 G 峰。Ni$_3$Sn$_2$/C 和 Ni$_3$Sn$_4$/C 的 $I_D/I_G$ 值分别为 0.93 和 0.90，都表现出较高的无序性。无序的碳结构不仅能为离子的脱嵌提供更大的层间距，同时还能产生大量的缺陷，提供更多的储锂活性位点，有利于获得更高的比容量。图谱中未观察到其他物相的衍射峰，表明所合成的镍锡合金没有被氧化，纯度较高。从图 4-11(a) Sn/C 的 XRD 谱图中也观察到材料有很高的结晶性，与单质 Sn 的标准卡片相符。

采用 TG-DTA 来确定 Ni$_3$Sn$_2$/C 和 Ni$_3$Sn$_4$/C 复合材料中合金的含量，结果如图 4-8 所示。将样品加热到 1000℃，Ni-Sn 合金氧化为 NiO 和 SnO$_2$，碳被氧化为 CO$_2$。基于剩余质量（NiO 和 SnO$_2$）和 TG-DTA 曲线，计算得出 Ni$_3$Sn$_2$ 和 Ni$_3$Sn$_4$ 的原始质量分数分别为 47.2% 和 57.7%，与设计理论值相吻合

$[m(\text{Ni}_3\text{Sn}_2):m(\text{C})=1:40,\ w(\text{Ni}_3\text{Sn}_2)=46.3\%;\ m(\text{Ni}_3\text{Sn}_4):m(\text{C})=1:40,$
$w(\text{Ni}_3\text{Sn}_2)=57.5\%]$。

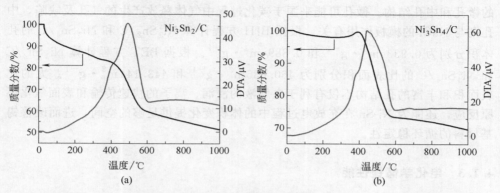

图 4-8　(a) $\text{Ni}_3\text{Sn}_2$/C 的 TG-DTA 曲线和 (b) $\text{Ni}_3\text{Sn}_4$/C 的 TG-DTA 曲线

　　采用氮气吸脱附曲线来研究 $\text{Ni}_3\text{Sn}_2$/C 和 $\text{Ni}_3\text{Sn}_4$/C 的比表面积和孔径分布。如图 4-9 所示。

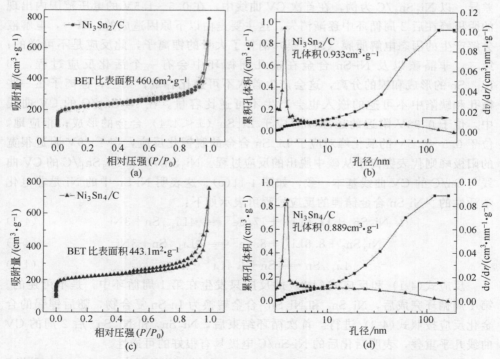

图 4-9　$\text{Ni}_3\text{Sn}_2$/C (a)、(b) 和 $\text{Ni}_3\text{Sn}_4$/C (c)、(d) 的氮气吸脱附曲线和孔径分布

　　如图 4-9(a)、(c) 所示，两者都属于典型的 Ⅳ 型等温线，在 0.5～0.95 的相

对压强范围内可以观察到明显的滞后环，表明 Ni-Sn/C 中有中孔存在。图 4-9 (b)、(d) 孔径分析显示样品在 2nm 附近有一个明显的峰，表明材料中存在大量的微孔和中孔结构。微孔可能来源于碳化过程中气体释放产生的气孔及缺陷，中孔则与 NaCl 的模板作用有关。根据 BJH 方程计算 $Ni_3Sn_2/C$ 和 $Ni_3Sn_4/C$ 的孔体积分别为 $0.933\,cm^3 \cdot g^{-1}$ 和 $0.889\,cm^3 \cdot g^{-1}$。根据 BET 方程计算 $Ni_3Sn_2/C$ 和 $Ni_3Sn_4/C$ 的比表面积分别为 $460.635\,m^2 \cdot g^{-1}$ 和 $443.144\,m^2 \cdot g^{-1}$。大的比表面积和丰富的孔结构不仅有利于电解液的浸润、离子的快速传输和表面氧化还原反应，还能为 Ni-Sn 在充放电过程中的体积变化提供足够的空间，进而改善锡基材料的循环稳定性。

### 4.1.3 电化学储锂性能

图 4-10(a)、(b) 显示了在扫描速度为 $0.1\,mV \cdot s^{-1}$、电压为 $0.005 \sim 3V$ (vs. $Li/Li^+$) 的条件下测得的 $Ni_3Sn_2/C$ 和 $Ni_3Sn_4/C$ 前 3 周的 CV 曲线。从图中可以看到，$Ni_3Sn_2/C$ 和 $Ni_3Sn_4/C$ 的首次 CV 曲线和后 2 周的 CV 曲线有较大差异。以 $Ni_3Sn_2/C$ 为例，在首次 CV 曲线中，在 $0.5 \sim 1.5V$ 的电压范围内出现的阴极峰在后 2 周循环中逐渐消失。这主要是由以下原因造成的：第一，电解液分解产生的固态电解质膜（SEI 膜）消耗了大量的锂离子，此反应是不可逆的；第二，非晶碳以及 Ni-Sn 合金在前几周循环中会有一个活化反应过程，如 $Li_{4.4}Sn$ 的形成和镍的分离，这会产生首次不可逆比容量；第三，锂离子在一些微孔和缺陷中不可逆的嵌入也会产生不可逆比容量。在 $Ni_3Sn_2/C$ 的 CV 曲线中，位于 0.36V 附近的还原峰对应于 $Li_xSn$（$x < 4.4$）合金的形成；相应地，位于 $0.5 \sim 2.5V$ 的氧化峰对应于 $Li_xSn$ 合金的脱锂化反应，在 1.39V 附近很宽的阳极峰则代表锂离子从碳中脱出的反应过程。$Ni_3Sn_2/C$ 和 $Ni_3Sn_4/C$ 的 CV 曲线与 Sn/C 的 CV 曲线基本一致，如图 4-11(c)。这表明 Ni-Sn 中的 Ni 是非电化学活性的。Ni-Sn 合金储锂的反应过程可表示如下：

$$Ni_3Sn_4 + 17.6Li^+ + 17.6e^- = 4Li_{4.4}Sn + 3Ni \qquad (4-1)$$

$$Ni_3Sn_2 + 8.8Li^+ + 8.8e^- = 2Li_{4.4}Sn + 3Ni \qquad (4-2)$$

$$Li_{4.4}Sn = Sn + 4.4Li^+ + 4.4e^- \qquad (4-3)$$

反应式(4-1)和反应式(4-2)的反应只发生在第 1 周循环中，是不可逆的。第 1 周循环完成后，$Ni_3Sn_2$ 和 $Ni_3Sn_4$ 合金转换为 Li-Sn 复合物，随后锂锡的合金化反应按照式(4-3)进行。首次循环结束后，$Ni_3Sn_2$ 和 $Ni_3Sn_4$ 后 2 周的 CV 曲线几乎重叠，表明活化后的 Ni-Sn/C 电极具有很好的可逆性。

图 4-10(c) 显示了 $Ni_3Sn_2/C$ 和 $Ni_3Sn_4/C$ 在电流密度为 $0.1A \cdot g^{-1}$ 下前 2 周的充放电曲线。从图 4-10(c) $Ni_3Sn_2/C$ 和 $Ni_3Sn_4/C$ 的首次充放电曲线中没有观察到明显的电压平台，而是呈现斜坡状。该斜坡状平台的出现是由于在 $0.3 \sim$

0.66V（vs. Li/Li$^+$）的电压范围内，Li$^+$与Sn会连续发生多步反应，形成一系列锂锡合金（Li$_2$Sn$_5$、LiSn、Li$_7$Sn$_3$、Li$_5$Sn$_2$、Li$_{13}$Sn$_5$、Li$_7$Sn$_2$和Li$_{22}$Sn$_5$）。对比两种样品的首次充放电曲线，Ni$_3$Sn$_4$/C表现出更高的首次充放电比容量和库伦效率（730.8mA·h·g$^{-1}$/1493mA·h·g$^{-1}$；74.7%），而Ni$_3$Sn$_2$/C的比容量和库伦效率略低一些（494.1mA·h·g$^{-1}$/661.2mA·h·g$^{-1}$；49%）。这是由于在锡基合金中，镍是非电化学活性的。虽然镍的引入能很好地缓解锡基合金的体积膨胀，增强结构稳定性，但非活性成分过多会导致电极材料整体比容量的损失。两种样品的首次库伦效率都较低，这与电解液分解以及形成Li$_{4.4}$Sn和Ni等不可逆反应有关。虽然首次库伦效率较低，但两种复合材料从第2周开始，库伦效率迅速增大，而且经过几周后，其库伦效率接近100%，如图4-10(d)。随着循环的进行，两种复合材料的比容量持续上升。其中Ni$_3$Sn$_4$/C在0.5A·g$^{-1}$电流条件下经过200周循环后比容量增加到732.7mA·h·g$^{-1}$。比容量的增加与电极材料的逐渐活化有关。

将Ni$_3$Sn$_2$/C、Ni$_3$Sn$_4$/C和Sn/C在相同条件下进行充放电测试［图4-11(d)］。对比三种样品发现，在前几周的循环中，Sn/C的比容量较大，但随着循环的进行其比容量快速衰减，100周循环后比容量衰减到450mA·h·g$^{-1}$，远低于Ni$_3$Sn$_2$/C和Ni$_3$Sn$_4$/C在100周循环后的比容量。相比于此，Ni-Sn合金经过前几周的活化后，比容量快速增大，尤其是Ni$_3$Sn$_4$/C在100周循环后还能释放接近800mA·h·g$^{-1}$的比容量，保持了很好的循环稳定性。可见适量的Ni的引入可以增强电极的结构稳定性。

图4-10(e)显示了Ni-Sn合金/碳复合材料的倍率性能。随着电流密度的增加，Ni$_3$Sn$_2$/C和Ni$_3$Sn$_4$/C的比容量都略有降低。Ni$_3$Sn$_4$/C在电流密度为0.2A·g$^{-1}$、0.5A·g$^{-1}$、1A·g$^{-1}$、2A·g$^{-1}$和5A·g$^{-1}$的条件下分别释放出高达661mA·h·g$^{-1}$、622mA·h·g$^{-1}$、577mA·h·g$^{-1}$、496mA·h·g$^{-1}$和377mA·h·g$^{-1}$的可逆比容量。优异的性能归功于Ni-Sn纳米颗粒和高导电性三维多孔碳的协同效应。纳米尺寸的Ni-Sn合金颗粒可以缩短锂离子的扩散路径；适量的非电化学活性的Ni可以在锂离子脱嵌的过程中抑制Sn的体积变化，释缓应力；石墨化的碳包覆层可以抑制合金颗粒的长大和团聚；三维多孔碳网络结构为锡基材料的体积膨胀提供了更多的缓冲空间，同时也提供了更多的电子传输路径以提高材料的导电性。

为了进一步研究Ni$_3$Sn$_2$/C和Ni$_3$Sn$_4$/C优异的电化学性能，进行了EIS测试，如图4-10(f)。两种样品的能斯特曲线均是由一个高频区的半圆和低频区的斜线组成的。基于等效电路对Ni$_3$Sn$_2$/C和Ni$_3$Sn$_4$/C的动力学参数（$R_s$、$R_{ct}$）进行计算。其中，$R_s$代表离子在电解液中传输的阻抗，$R_f$代表电极表面的模阻抗（包含SEI膜阻抗），$R_{ct}$代表电荷转移阻抗，$Z_w$代表与锂离子在体相电极中

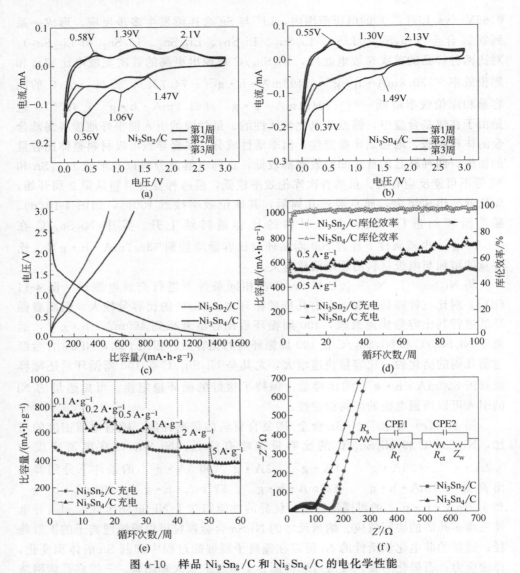

图 4-10　样品 $Ni_3Sn_2/C$ 和 $Ni_3Sn_4/C$ 的电化学性能

（a）、（b）CV 曲线；（c）充放电曲线；（d）循环性能；（e）倍率性能；（f）循环前的阻抗

扩散有关的韦伯阻抗，CPE 代表恒相位元件。显然，$Ni_3Sn_4/C$ 的半圆直径比 $Ni_3Sn_2/C$ 的小一些，计算得出 $Ni_3Sn_4/C$ 的阻抗（$R_f$：17.4Ω，$R_{ct}$、64.8Ω）均低于 $Ni_3Sn_2/C$（$R_f$：32.8Ω，$R_{ct}$：116.8Ω），这也解释了 $Ni_3Sn_4/C$ 更好的倍率性能。两种复合材料由于具有独特的石墨化的碳包覆和三维多孔的结构特征，在储锂过程中表现出较小的阻抗，这对改善材料的动力学反应速率有积极影响。

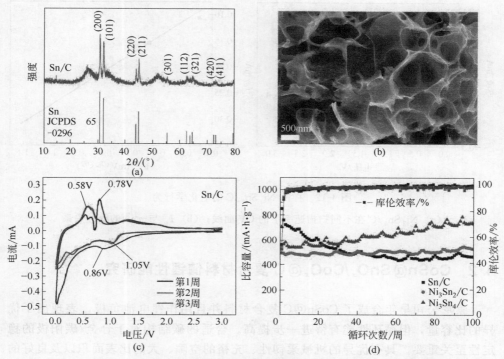

图 4-11　Sn/C 的 XRD 谱图（a）；SEM 图（b）；CV 曲线（c）；
Sn/C、Ni$_3$Sn$_4$/C 和 Ni$_3$Sn$_2$/C 的循环性能（d）

　　为进一步研究材料的电化学行为，在不同扫描速率下（0.2mV·s$^{-1}$、0.4mV·s$^{-1}$、0.6mV·s$^{-1}$、0.8mV·s$^{-1}$、1mV·s$^{-1}$）对电池进行了 CV 测试，如图 4-12(a)。由 Randles-Sevcik 方程［式(4-4) 和式(4-5)］和 CV 曲线可知，峰电流（$I_p$）随着扫描速率（$v$）发生线性变化，$I_p$ 与 $v^{1/2}$ 的关系如图 4-12(b) 所示。从斜线的斜率中可以计算室温下锂离子的扩散系数为 2.45×10$^{-7}$cm$^2$·s$^{-1}$，该值显著高于文献报道的 Sn（8×10$^{-8}$cm$^2$·s$^{-1}$）和 Sn/Cu$_6$Sn$_5$ 复合材料电极的扩散系数（1.91×10$^{-7}$cm$^2$·s$^{-1}$）。因此，Ni$_3$Sn$_4$/C 复合材料电极显示出优异的倍率性能和循环性能。

　　Randles-Sevcik 方程：$I_p = 0.4463zFA\ (zF/RT)^{1/2}C_oD_{Li}^{1/2}v^{1/2}$　　　　(4-4)

　　室温下：　　　　　　$I_p = 2.69 \times 10^5 n^{3/2}AD_{Li}^{1/2}v^{1/2}C_o$　　　　　　(4-5)

　　式中，$n$ 为反应电子数；$A$ 是电极面积，极片半径为 5mm，面积为 0.785cm$^2$；$C_o$ 为锂离子在电极中的体积浓度；$D_{Li}$ 是锂离子在电极中的扩散系数；$F$ 为法拉第常数：96485C·mol$^{-1}$；$z$ 为转移的电子数。

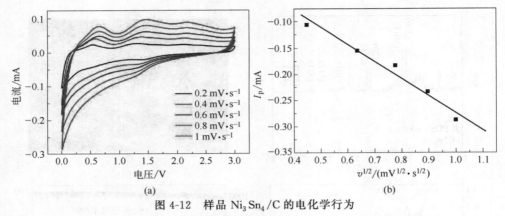

图 4-12　样品 $Ni_3Sn_4/C$ 的电化学行为

（a）$Ni_3Sn_4/C$ 在不同扫描速率下的 CV 曲线；（b）$I_p$ 与 $v^{1/2}$ 的线性关系

## 4.2　CoSn@SnO$_x$/CoO$_x$@C 复合材料储锂性能研究

索尼公司早年合成了 CoSn@C 复合材料并且用作锂电池负极，表现出了优异的比容量，但循环性能有待进一步提高。合适的碳结构对于合金/碳阳极的稳定性至关重要。具有优异的机械柔韧性、充裕的空隙、大的比表面积以及良好的电子传导性的三维多孔碳是构造合金/碳材料的优良载体。此外，合金/碳材料中存在的另一个关键问题是碳与合金之间的弱界面相互作用，这可能导致合金与碳基体分离以及电化学性能下降。最近，有人提出了将金属/金属氧化物复合材料用作锂离子电池阳极的方法，基于强大的金属氧化物键，可以提高结构稳定性并延长循环性能。

本节我们设计并构建了一种独特的多壳纳米复合材料 CoSn@SnO$_x$/CoO$_x$@C，合金颗粒被限域在三维多孔碳骨架中。首先，作为缓冲层的三维多孔碳网络可有效缓解循环过程中的结构退化，并提供快速的电子传输网络和大的电极-电解质接触面积。此外，在合金和碳之间的界面上的非晶氧化物层可以进一步改善电极稳定性。这种合金/氧化物/碳复合材料的独特构造有望获得出色的储锂性能。

### 4.2.1　材料的制备

将 2.500g 柠檬酸、0.244g $SnCl_2 \cdot 2H_2O$、0.322g $Co(NO_3)_2 \cdot 6H_2O$ 和 20.642g NaCl 同时溶解在 75mL 去离子水中，形成均一溶液后在冰箱中进行冷冻处理；然后，在冷冻干燥机中除去 $H_2O$，将所获得的白色粉末在 $H_2/Ar$ 混合气氛中以 6℃·min$^{-1}$ 的加热速率进行热处理（650℃持续 3h）；最后，用去离子水洗涤去除 NaCl 模板，命名为 CoSn@SnO$_x$/CoO$_x$@C。作为比较，在不添加 NaCl 的情况下按照相同的方法合成块状的 CoSn@C 材料。CoSn@SnO$_x$/CoO$_x$@C 复合材料的结构和电极反应示意图如图 4-13 所示。

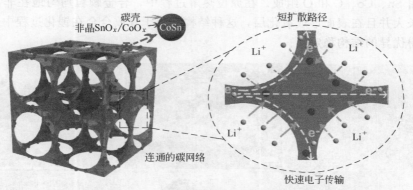

图 4-13　CoSn@SnO$_x$/CoO$_x$@C 复合材料结构和电极反应示意图

## 4.2.2　结构与形貌表征

图 4-14 为复合材料在未去除 NaCl 模板前的 SEM 图，从图中可以看出，许多立方颗粒聚集在一起，自组装成模板。

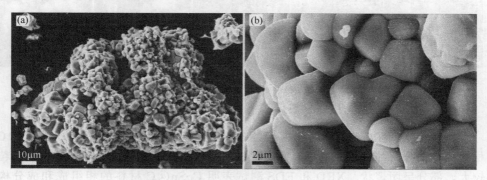

图 4-14　未去除 NaCl 模板的 CoSn@SnO$_x$/CoO$_x$@C@NaCl 复合材料

然后，数次水洗样品后，NaCl 模板得以去除［图 4-15(a)、(b)］，得到具有三维互连多孔结构的 CoSn@Sn$_x$O/Co$_x$O@C 复合材料；许多纳米合金颗粒均匀地镶嵌在交联三维多孔碳骨架中，这种交互连接的碳网络有助于缩短离子扩散距离且提供快速电子传输通道。从图 4-15(c) 中可以清晰地观察到三维碳网络结构里面镶嵌着纳米合金颗粒（直径范围为 20～80nm）。从图 4-15(d) 和 (e) 中的单个纳米合金颗粒中能清楚地观察到多壳层结构。具体来说，最外层观察到的均匀的石墨化碳层是由纳米合金颗粒对周围碳的催化作用形成的；中间层为厚度 2nm 左右的非晶氧化层；最内层 [图 4-15(f)] 呈现的晶体结构具有 0.423nm 的晶格间距，对应于 CoSn 晶体的（001）平面。图 4-15(g) 面扫图证实纳米合金颗粒由 Sn、Co、C 和 O 组成。在原位热解过程中，合金颗粒均匀地在非晶碳中成核长大并且在表面形成氧化层，这种结构有利于释放合金在锂化过程中的应力并获得优异的结构稳定性。

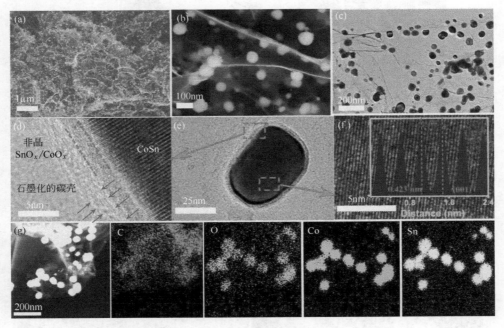

图 4-15　CoSn@Sn$_x$O/Co$_x$O@C 复合材料的 SEM 图 (a)、(b)；
TEM 图和 HRTEM 图 (c)、(d)、(e)、(f)；EDS 图 (g)

作为对比，在未添加 NaCl 模板的条件下制备了 CoSn@C 材料，CoSn@C 材料的光谱分析如图 4-16 所示，可以观察到片状样品中嵌入了合金颗粒，颗粒较大，部分呈团聚状。XRD 和 EDS 测试表明 CoSn@C 材料的相组成和成分构成与 CoSn@Sn$_x$O/Co$_x$O@C 复合材料一致，表明 NaCl 仅影响复合材料的形态，而不影响其组分构成。

通过 XRD 检验样品的晶体结构，结果如图 4-17(a) 所示，从图中可观察到明显的衍射峰，该衍射峰很好地匹配于空间群为 P6/mmm（JCPDS　02-0559）的 CoSn 合金。采用拉曼光谱分析碳材料的石墨化程度，如图 4-18(a) 所示，$I_D/I_G$ 的强度比约为 0.85，表明所制备碳基质材料的结构高度无序。N$_2$ 吸脱附

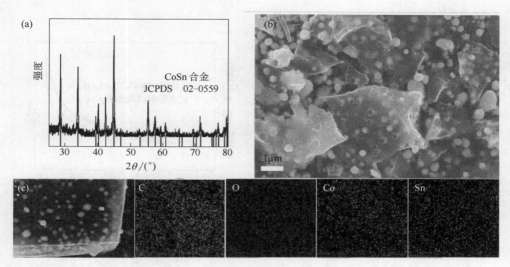

图 4-16　未加 NaCl 模板的 CoSn@C 材料的 XRD 图（a）、SEM 图（b）、EDS 图（c）

测试表明［图 4-17（b）］，CoSn@$Sn_x$O/$Co_x$O@C 复合材料的吸附曲线为Ⅳ型等温线，表明微孔和中孔同时存在，并且 BET 比表面积高达 232.3 $m^2 \cdot g^{-1}$。这种分层的多孔结构和较大的比表面积可以缩短离子/电子传输路径并增加更多的活性反应位点。相比之下，图 4-19（a）所示的 CoSn@C 材料的 BET 比表面积仅为 65.3 $m^2 \cdot g^{-1}$，表明多孔结构以及大的比表面积与 NaCl 模板有关。

　　XPS 测试被用来进一步鉴定 CoSn@$Sn_x$O/$Co_x$O@C 复合材料的表面化学状态。图 4-19（b）所示为 CoSn@$Sn_x$O/$Co_x$O@C 复合材料的 XPS 全谱，复合材料中存在 C、O、Co 和 Sn。图 4-17（c）所示高分辨率 C 1s 光谱由四个位于283.7eV、284.7eV、288.2eV 和 290.13eV 的峰组成，分别对应于 C=C、C—C、C=O 和 O=C—O 键。图 4-17（d）中的高分辨率 O 1s 光谱显示了三种类型的 O，在 529.89eV 处的峰 O1 代表金属-氧的峰；531.15eV 处的峰 O2 通常与OH—基团中的 O 相关；532.2eV 处的峰代表着大量缺陷位点（O3）。Co 2p 光谱［图 4-17（e）］在 796.2eV 和 780.3eV 处显示两个峰，分别对应于 Co $2p_{1/2}$ 和Co $2p_{3/2}$ 自旋轨道峰。在 778.2eV 处观察到一个峰，对应 Co 的金属态。高分辨率的 Sn 3d 光谱［图 4-17（f）］除了在 494.75eV 和 486.34eV（$Sn^{2+}/Sn^{4+}$）处有高价 Sn 的峰外，还可以在 492.78eV 和 484.31eV 处检测到金属 Sn 的弱峰。由于 XPS 只能检测样品表面或近表面的元素态，因此相对强的高价金属峰与较弱的金属峰共存可以进一步确定 CoSn@$Sn_x$O/$Co_x$O@C 复合材料的多壳结构。此外，如图 4-19（c）、（d）所示，通过热重分析（TGA）计算得 CoSn@$Sn_x$O/$Co_x$O@C 复合材料中的碳含量约为 35.5%。

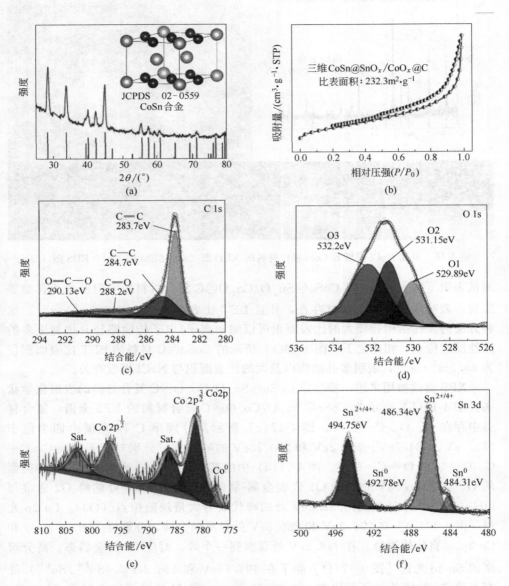

图 4-17　CoSn@Sn$_x$O/Co$_x$O@C 复合材料的 XRD 图（a）；N$_2$ 吸脱附曲线（b）；
C 1s（c）、O 1s（d）、Co 2p（e）、Sn 3d 的 XPS 能谱图（f）

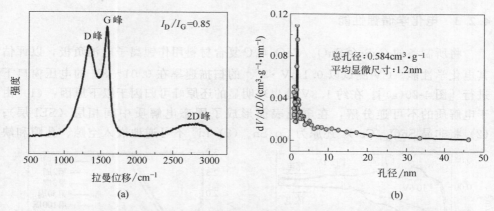

图 4-18 CoSn@Sn$_x$O/Co$_x$O@C 复合材料的拉曼光谱图 (a)；孔隙分布图 (b)

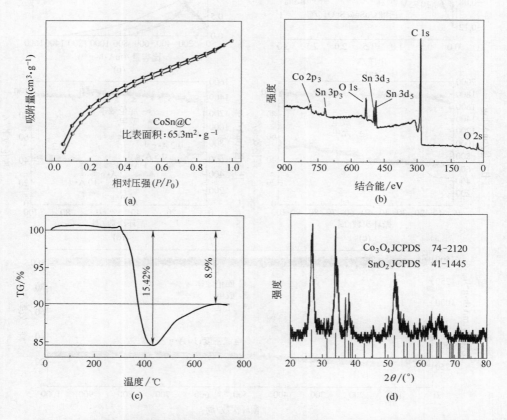

图 4-19 CoSn@C 材料的 N$_2$ 吸脱附曲线 (a)、CoSn@Sn$_x$O/Co$_x$O@C 复合材料的
XPS 全谱 (b)、热重分析曲线 (c)、热重产物的 XRD 图谱 (d)

### 4.2.3 电化学储锂性能

将所制备的 $CoSn@SnO_x/CoO_x@C$ 复合材料用作锂离子电池负极，以评估其电化学性能。CV 测试以 $0.1mV \cdot s^{-1}$ 的扫描速率在 $0.01 \sim 3V$ 的电压窗口下进行［图 4-20(a)］。在约 1.3V 处出现明显的还原峰可归因于以下原因：（1）由于电解质的不可逆分解，在电极表面形成了固态电解质中间相层（SEI 层）；（2）将非晶 $SnO_x/CoO_x$ 还原为 Co/Sn。（3）$Li^+$ 不可逆地嵌入空隙、孔隙和缺

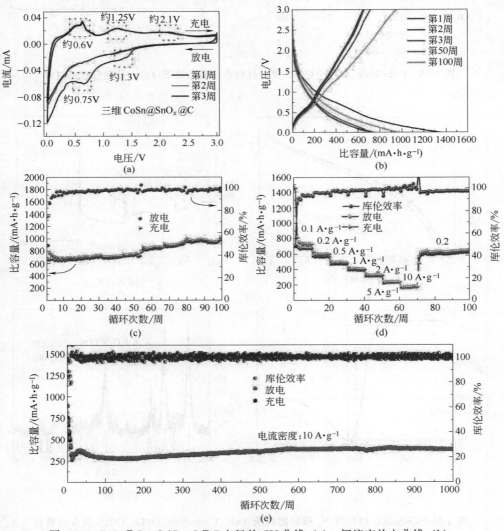

图 4-20　$CoSn@Sn_xO/Co_xO@C$ 电极的 CV 曲线（a）、恒流充放电曲线（b）、
循环性能（c）、倍率性能（d）、长循环性能（e）

陷中。约 0.75V 的还原峰与多步 Li-Sn 合金化反应有关。在约 0.01V 处的峰反映了 $Li^+$ 与碳反应以及 Li 与 Sn 的合金化反应。相应地，在约 0.6V、约 1.25V 和约 2.1V 处存在三个宽的氧化峰，这与从碳中脱嵌 $Li^+$ 和多步 Li-Sn 脱合金过程有关。第 1 周循环后，在 0.75V 下的不可逆峰消失，同时后 2 周的 CV 曲线显示出高程度的重叠，表明多壳结构的样品具有良好可逆性。

图 4-20(b) 显示了 $CoSn@Sn_xO/Co_xO@C$ 电极在 0.01~3V、100mA·$g^{-1}$ 时的恒流充放电曲线。充电放电曲线的形状从第 2 周到第 100 周循环中显示出高度的相似性，表明电极在循环过程中具有良好的结构稳定性。由于存在连续和多步电化学反应，在充放电曲线中并没有观察到明显的平台。另外，充放电曲线和 CV 曲线均反映了电容特性，这意味着在 $CoSn@Sn_xO/Co_xO@C$ 电极中存在快速的法拉第电荷转移反应和电容行为。在 100mA·$g^{-1}$ 电流密度下，0.01~3V 的电压范围内 $CoSn@Sn_xO/Co_xO@C$ 电极的初始放/充电比容量为 1342.2mA·h·$g^{-1}$ 和 656.3mA·h·$g^{-1}$，库伦效率为 48.9% [图 4-20(c)]。不可逆比容量损失可归因于电解质分解以及 SEI 层的形成、非晶氧化物的不可逆反应以及 $Li^+$ 不可逆嵌入非晶碳的孔和缺陷中。由于复合材料中碳含量高达 35.3%，较大的不可逆比容量主要归因于三维多孔碳的大比表面积和大量缺陷。电流密度在 0.1A·$g^{-1}$、0.2A·$g^{-1}$、0.5A·$g^{-1}$、1A·$g^{-1}$、2A·$g^{-1}$、5A·$g^{-1}$ 和 10A·$g^{-1}$ 时，$CoSn@SnO_x/CoO_x@C$ 电极可释放出 682.3mA·h·$g^{-1}$、582mA·h·$g^{-1}$、491.2mA·h·$g^{-1}$、423mA·h·$g^{-1}$、323.3mA·h·$g^{-1}$、256.6mA·h·$g^{-1}$ 和 188.8mA·h·$g^{-1}$ 的比容量 [图 4-20(d)]。经过不同速率的测试后，电流密度回到 0.2A·$g^{-1}$ 时，仍可以提供 586mA·h·$g^{-1}$ 的高放电比容量，进一步证明了复合材料的良好结构稳定性。

为了进一步了解电极的电化学性能，在 0.5A·$g^{-1}$、2A·$g^{-1}$、5A·$g^{-1}$ 和 10A·$g^{-1}$ 的高电流密度下进行了超长循环测试 [图 4-21 和图 4-20(e)]。在前几个循环中使用了较小的电流密度来激活电极（0.1A·$g^{-1}$、0.2A·$g^{-1}$、0.5A·$g^{-1}$、1A·$g^{-1}$、2A·$g^{-1}$、5A·$g^{-1}$ 和 10A·$g^{-1}$）。如图 4-20(e) 所示，电极经过 1000 周循环后几乎没有比容量衰减。如图 4-21(c) 所示，第 1000 条放电-充电曲线显示出一个更陡峭的斜线，没有明显的平台，这与初始循环的曲线不同。一方面，它表明电极激活过程仅在前几个循环中出现，然后可以维持稳定的结构；另一方面，陡峭的斜线表示电荷存储机制可能由电容过程控制。

与 $CoSn@C$ 电极的电化学性能相比（图 4-22），$CoSn@Sn_xO/Co_xO@C$ 电极表现出突出的优势，表明了三维多孔碳结构的重要作用以及 $CoSn@Sn_xO/Co_xO$ 纳米多壳层结构的优势。

图 4-23 显示了 200 周循环后 $CoSn@Sn_xO/Co_xO@C$ 电极的 SEM 图，从图中可观察到完整的多孔碳结构且合金颗粒仍牢固地镶嵌在碳基质上。根据 EDS

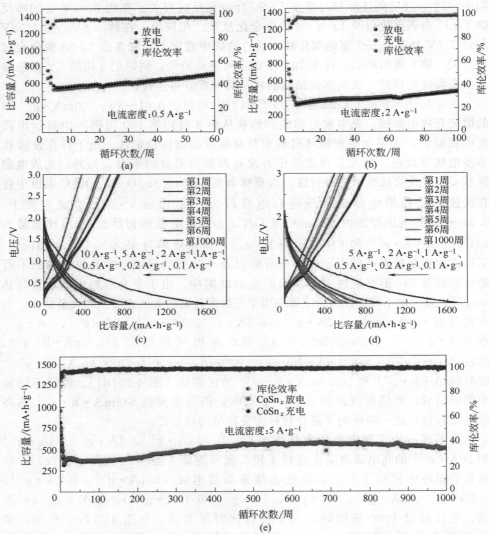

图 4-21　CoSn@@Sn$_x$O@Co$_x$O@C 电极在 0.5A・g$^{-1}$（a）；2A・g$^{-1}$ 下的循环性能（b）；充放电曲线（c）、（d）；在 5A・g$^{-1}$ 的长循环性能（e）

图，所有元素仍呈现出均匀分布态势。

在 $0.1\sim 5$mV・s$^{-1}$ 扫描速率下测试了 CV 曲线来进一步确定 CoSn@SnO$_x$/CoO$_x$@C 电极的电化学反应机理。如图 4-24（a）所示，CV 曲线的形状随着扫描速率的增大而基本保持不变，表明整个电化学反应过程是可逆的。根据 Dunn 的观点，根据下列等式可以定量区分电容贡献率：

$$I = k_1 v + k_2 v^{1/2} \tag{4-6}$$

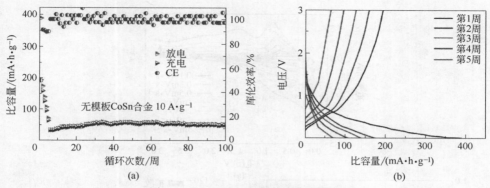

图 4-22 CoSn@C 电极的电化学性能

（a）循环；（b）充放电曲线

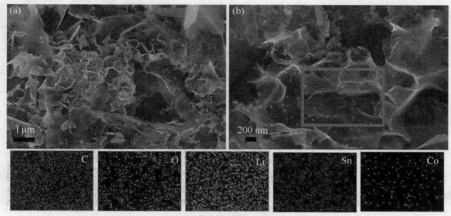

图 4-23 CoSn@Sn$_x$O/Co$_x$O@C 电极循环 200 周后的 SEM 图及 EDS 图（a）、（b）

如图 4-24（b）所示，在 5mV·s$^{-1}$ 时，电容贡献率为 78%。电容贡献率随着扫描速率的增大而逐渐增大 [图 4-24（b）]。对于具有较小粒度、高比表面积和高孔隙率的电极材料，电容贡献通常在高电流密度下起关键作用，这也就是电极具有优异倍率性能的主要原因。

通过在 5mV 振幅，0.01Hz～10MHz 频率范围内的 EIS 测量，研究了 CoSn@SnO$_x$/CoO$_x$@C 和 CoSn@C 电极之间的电导率和离子扩散率的差异。图 4-25（a）所示为 EIS 图和等效电路模型图。EIS 图由中高频区域的半圆和低频区域的斜线组成。通常，对于新电极，$R_o$ 代表电池的接触内电阻，包括溶液电阻、测试系统的导线电阻以及电极与电解质之间的界面接触电阻。$R_{ct}$ 和 CPE1 代表电荷转移电阻和双层电容，$W_o$ 是与离子扩散有关的 Warburg 阻抗。如图 4-25（a）所示，三维 CoSn@SnO$_x$/CoO$_x$@C 电极的 $R_{ct}$（342.3Ω）比 CoSn@C 电

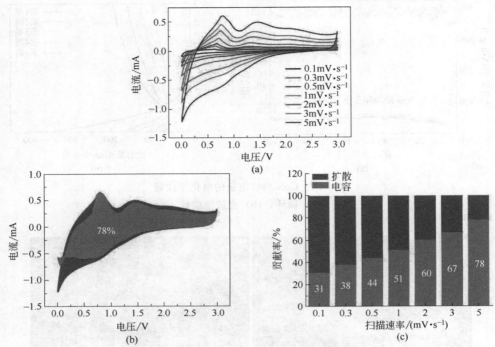

图 4-24　（a）$CoSn@Sn_xO/Co_xO@C$ 电极在不同扫描速率下的 CV 曲线；

（b）$5mV \cdot s^{-1}$ 的电容贡献率（中间）；（c）不同扫描速率下的贡献率

（839.2Ω）小得多。此外，还利用 EIS 图估算了 $Li^+$ 的扩散系数 $D$，并基于以下方程式进行了计算：

$$D = R^2 T^2 / 2n^4 F^4 \sigma_w^2 A^2 c^2 \qquad (4-7)$$

$$Z' = R + \sigma_w \omega^{-1/2} \qquad (4-8)$$

式中，$R$（$8.314J \cdot mol^{-1} \cdot K^{-1}$）、$T$（298K）、$n$、$F$（$96485C \cdot mol^{-1}$）、$\sigma_w$、$A$（$0.785cm^2$）、$\omega$ 和 $c$（$0.001mol \cdot cm^{-1}$）表示气体常数、绝对温度、电荷转移数、法拉第常数、沃伯格系数、电极的表面积、低频区域角频率和电极中的 $Li^+$ 浓度。由于上述公式中的 $R$、$T$、$n$、$F$、$A$ 和 $C$ 的值对于 $CoSn@SnO_x/CoO_x@C$ 和 $CoSn@C$ 电极几乎相同，因此这 2 个电极的扩散系数只与 $\sigma_w$ 的平方，即阻抗相对于 $\omega^{-1/2}$ 的斜率有关。如图 4-25（b）所示，$CoSn@SnO_x/CoO_x@C$ 和 $CoSn@C$ 电极的 $D$ 值分别估计为 $1.65 \times 10^{-13} cm^2 \cdot s^{-1}$ 和 $5.728 \times 10^{-15} cm^2 \cdot s^{-1}$。这表明 $CoSn@SnO_x/CoO_x@C$ 电极比 $CoSn@C$ 电极具有更快的锂离子扩散速率，从而电极具有更高的倍率性能。

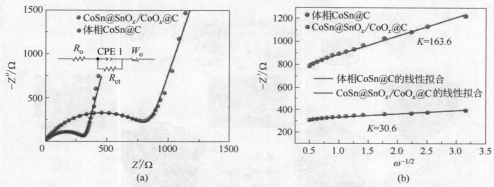

图 4-25　(a) CoSn@SnO$_x$/CoO$_x$@C 电极和 CoSn@C 电极的 EIS 图和等效电路模型图、(b) $Z'$ 和低频区域角频率的倒数平方根之间的关系

## 4.3　Cu$_6$Sn$_5$@C 复合材料储锂性能研究

在镍、锑、铁、钴、铜等能形成含锡金属间合金的替代金属中，铜因其高导电性和高弹性而备受关注。Xia 等报道了氧化石墨烯负载的 Cu$_6$Sn$_5$ 合金（RGO/Cu$_6$Sn$_5$），这种复合材料的电化学性能明显优于纯 Cu$_6$Sn$_5$ 纳米负极材料；Yang 也构筑了石墨烯/Cu$_6$Sn$_5$ 复合材料。但这 2 种方法都需要提前制备氧化石墨烯，因此成本过高且耗时。本节提出了一种规模化且可控的制备三维多孔碳限域 Cu$_6$Sn$_5$ 合金复合材料的方法。

### 4.3.1　材料的制备

将柠檬酸（2.500g）、SnCl$_2$·2H$_2$O（0.185g）、Cu(NO$_3$)$_2$·9H$_2$O（0.234g）以及 NaCl（20.700g）溶解于 75mL 去离子水中，通过磁力搅拌将其混合均匀。将获得的溶液置于冰箱中 24h，之后转移至冷冻干燥机中去除水分。将冻干后的样品在 750℃、H$_2$ 和 Ar（1∶3）混合气氛下烧结，保温 2h，自然冷却至室温。最后，用去离子水洗去 NaCl，烘干后即可获得三维多孔碳限域 Cu$_6$Sn$_5$ 合金复合材料，命名为 PCNNWs-Cu$_6$Sn$_5$@C。作为对比，在没有 NaCl 模板的条件下合成了 Cu$_6$Sn$_5$@C 复合材料。PCNNWs-Cu$_6$Sn$_5$@C 复合材料合成工艺及形貌特征如图 4-26 所示。

### 4.3.2　结构与形貌表征

为了测定 PCNNWs-Cu$_6$Sn$_5$@C 复合材料中 Cu$_6$Sn$_5$ 的含量（质量分数），在

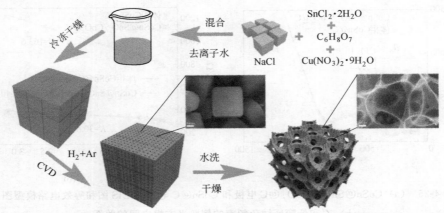

图 4-26　PCNNWs-Cu$_6$Sn$_5$@C 复合材料合成工艺示意图及形貌特征

空气中进行了 TG-DTA 测试，升温速率为 10℃·min$^{-1}$（图 4-27）。将样品加热至 1000℃，保温 30min，之后 Cu$_6$Sn$_5$ 合金氧化为 CuO 和 SnO$_2$，碳完全氧化为 CO$_2$。基于剩余质量（CuO 和 SnO$_2$）和 TG-DTA 曲线计算 Cu$_6$Sn$_5$ 在复合材料中的质量分数为 46.4%。

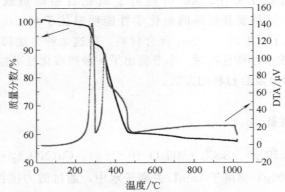

图 4-27　PCNNWs-Cu$_6$Sn$_5$@C 复合材料的 TG-DTA 曲线

通过 X 射线衍射（XRD）测试来确定 PCNNWs-Cu$_6$Sn$_5$@C 复合材料的晶体结构。如图 4-28(a) 所示，所有的峰对应于单斜 Cu$_6$Sn$_5$ 的晶体结构（JCPDS 45-1488），并没有其他的特征峰被观察到。衍射峰的锐度表明复合材料中 Cu$_6$Sn$_5$ 相结晶良好。根据 Scherrer 方程计算得到的 Cu$_6$Sn$_5$ 的平均粒径为 25.9nm，与 TEM 分析得到的平均粒径（24nm）吻合较好。

通过 N$_2$ 吸附-解吸实验，进一步研究三维 PCNNWs-Cu$_6$Sn$_5$@C 复合材料的多孔结构，如图 4-28(b) 所示。所制备的样品显示出典型的 IV 型曲线，反映固体均匀表面上谐式多层吸附的结果，有毛细冷凝现象。吸附时有孔壁的多分子层吸附和吸附层在孔中凝聚两种因素产生，而脱附仅由毛细管凝聚所引起。这就是说，吸附时首先发生多分子层吸附，只有当孔壁上的吸附层达到足够厚度时才能发生凝聚现象，而在与吸附相同的 $P/P_0$ 比压下脱附时，仅毛细管中的液面上的蒸汽却不能使相同 $P/P_0$ 下吸附的分子脱附，要使其脱附，就需要更小的 $P/P_0$，故出现脱附的滞后现象，实际就是相同 $P/P_0$ 下吸附的不可逆性造成的。图中曲线表明其介孔结构。PCNNWs-Cu$_6$Sn$_5$@C 复合材料的 BET 比表面积为 $396m^2 \cdot g^{-1}$，根据吸附和解吸数据，采用密度泛函理论（DFT）计算孔径分布，如图 4-28(c) 所示，总孔体积为 $0.576cm^3 \cdot g^{-1}$，通过 DFT 分析曲线确定平均孔径为 1.2nm［图 4-28(c)］。微孔可能来自于 Cu$_6$Sn$_5$ 纳米颗粒外部的碳纳米壳层。此外，在 3.8nm 附近发现了一个宽峰［图 4-28(c)］，表明其大孔结构。这与 H4 型滞后环特征相一致，即同时存在微孔和大孔结构。上述结果表明，三维碳网络具有大量的孔隙和较高的比表面积。多孔结构有利于电解液离子的扩散，大的比表面积为 Li$^+$ 的存储提供了更多的活性位点。三维碳网络可以提供更大的自由空间来容纳 Cu$_6$Sn$_5$ 纳米颗粒在嵌入过程中的体积变化。

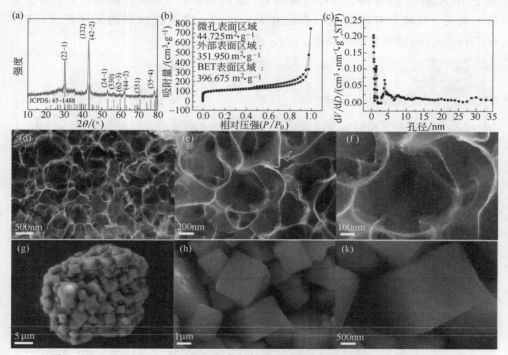

图 4-28　PCNNWs-Cu$_6$Sn$_5$@C 复合材料的 XRD 图（a）；N$_2$ 吸脱附曲线（b）；
孔径分布图（c）；SEM 图（d）～（f）；NaCl 模板去除前 SEM 图（g）～（k）

采用扫描电镜对 PCNNWs-Cu$_6$Sn$_5$@C 复合材料的形貌进行了研究。图 4-28

（g）～（k）为 NaCl 模板去除前的 SEM 图，可以观察到自组装的氯化钠三维立方结构，它作为模板可以指导合成三维多孔碳网络结构，同时可有效预防 $Cu_6Sn_5$ 纳米颗粒的生长和聚集。用水洗去氯化钠后，如图 4-28（d）～（f）所示，该复合材料具有独特的三维多孔网络结构，同时纳米级的 $Cu_6Sn_5$ 颗粒均匀地锚定在多孔碳骨架的壁面上。这种相互连通的三维多孔网络有利于电解质的渗透和离子的快速传输。

采用 TEM 进一步研究 PCNNWs-$Cu_6Sn_5$@C 复合材料的形貌和微观结构。如图 4-29（a）、（b）所示，很多微小的纳米颗粒牢固地附着在超薄的碳网上。图 4-29（c）为 $Cu_6Sn_5$ 的颗粒分布示意图，尺寸范围在 25nm 左右。从图 4-29（d）、（e）中可以看到 $Cu_6Sn_5$ 纳米颗粒能够催化其周围的碳形成洋葱状碳壳。从图 4-29（d）中可见，外壳层的层间距为 0.34nm，对应于石墨的（002）晶面。从图 4-29（f）中可以看到，颗粒中心有明显的晶格条纹，0.29nm 的层间距对应于 $Cu_6Sn_5$ 的（$22\bar{1}$）晶面。EDS 图显示所有元素都能均匀分布。拉曼光谱进一步分析了碳材料的结构 ［图 4-29（h）］，从图中可以观察到位于 $1355cm^{-1}$ 的 D 峰和位于 $1586cm^{-1}$ 的 G 峰。D 峰与碳的 $sp^3$ 杂化和缺陷（如拓扑缺陷、悬空键、空位）有关，G 峰与有序的 $sp^2$ 杂化有关，$I_D/I_G$ 代表碳材料的无序程度，PCNNWs-$Cu_6Sn_5$@C 复合材料的 $I_D/I_G$ 值为 0.85。

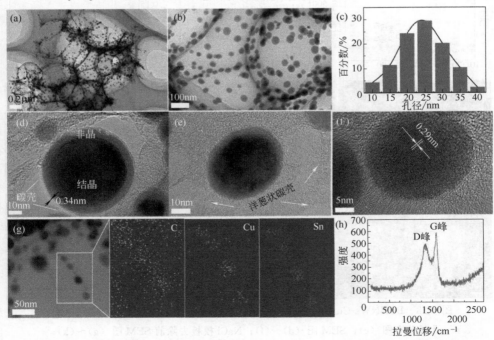

图 4-29 PCNNWs-$Cu_6Sn_5$@C 复合材料的 TEM 图 （a）、（b）；颗粒的尺寸分布 （c）；HRTEM 图 （d）～（f）；STEM-EDS 图 （g）；拉曼光谱 （h）

### 4.3.3　电化学储锂性能

为了研究 PCNNWs-$Cu_6Sn_5$@C 复合材料的电化学储锂性能，将其作为负极组装成 CR2032 扣式电池并进行一系列电化学测试。图 4-30(a) 显示了在 0.005～3.0V 电压范围内，以 0.1mV·$s^{-1}$ 速率扫描的 $Cu_6Sn_5$@C 复合材料前 3 周循环的循环伏安图（CV 曲线）。与之前报道的 $Cu_6Sn_5$ 合金的 CV 曲线相似，0.5V 以下的阴极部分主要归因于 $Cu_6Sn_5$ 逐步形成 $Li_{3.5}Sn$ 合金的过程（对应的理论比容量为 480mA·h·$g^{-1}$），这一结果与放电曲线特征相一致 ［图 4-30(b)］。在 0.5V 放电时，$Li^+$ 插入 $Cu_6Sn_5$ 晶体结构中，形成部分锂化相 $Li_xCu_6Sn_5$，进一步将 $Li^+$ 插入 $Li_xCu_6Sn_5$ 中，在 0.3V（式 4-10）处形成 $Li_2CuSn$，当电势（<0.01V）接近金属锂时，锂化化合物 $Li_2CuSn$ 转变为被 Cu 基体包围的 $Li_{3.5}Sn$ 合金（式 4-11）。Cu-Sn 合金中的 Cu 是一种对 Li 的钝化金属，在嵌锂/去锂化过程中不发生电化学反应，因此，Cu 的存在能有效缓解 Sn 的体积膨胀，改善电极的结构稳定性，提高循环寿命；此外，Cu 具有良好的导电性，有利于改善倍率性能。充电后，在约 0.56V 和 0.86V 处出现多个阳极峰，分别对应于 $Li_7Sn_2$ 和 $Li_6Sn_5$ 的复原。在 1.26V 处的阳极峰对应于锂离子从超薄碳纳米片网络中脱嵌。第 2 周和第 3 周循环曲线的重叠表明充放电过程中 $Li^+$ 嵌入/脱出具有良好的可逆性。

$$xLi + Cu_6Sn_5 \rightleftharpoons Li_xCu_6Sn_5 \tag{4-9}$$

$$(10-x)Li + Li_xCu_6Sn_5 \rightleftharpoons 5Li_2CuSn + Cu \tag{4-10}$$

$$3Li + 2Li_2CuSn \rightleftharpoons 2Li_{3.5}Sn + 2Cu \tag{4-11}$$

图 4-30(b) 为在 0.2A·$g^{-1}$ 电流密度下，PCNNWs-$Cu_6Sn_5$@C 复合材料初始三个循环的充放电曲线。$Cu_6Sn_5$ 的多步锂化反应使其电压分布相对平稳；除第一次放电曲线外，充放电曲线几乎重合，表现出较好的 $Li^+$ 嵌入/脱出可逆性 ［图 4-30(a)］。如图 4-30(b) 所示，制备的样品第 1 周循环放电比容量为 893.8mA·h·$g^{-1}$，可逆充电比容量为 504.9mA·h·$g^{-1}$，略高于 $Cu_6Sn_5$ 合金（480mA·h·$g^{-1}$）的最大理论比容量。$Cu_6Sn_5$ 纳米颗粒优异的电化学性能可以归结于高比表面积的三维多孔碳纳米片网络提供了更多的活性位点和电子传输通路，同时其独特的结构很好地保持了材料结构的稳定性。

图 4-30(c)、(d) 显示了 PCNNWs-$Cu_6Sn_5$@C 和 $Cu_6Sn_5$@C 复合材料的倍率性能，在 0.2A·$g^{-1}$、0.5A·$g^{-1}$、1A·$g^{-1}$、2A·$g^{-1}$、5A·$g^{-1}$ 和 10A·$g^{-1}$ 的电流密度下，可逆比容量分别为 523mA·h·$g^{-1}$、443mA·h·$g^{-1}$、395mA·h·$g^{-1}$、327mA·h·$g^{-1}$、281mA·h·$g^{-1}$ 和 203mA·h·$g^{-1}$。PCNNWs-$Cu_6Sn_5$@C 复合材料优异的性能与纳米材料较短的 $Li^+$ 扩散路径和高导电性的三维碳纳米片网络有关。

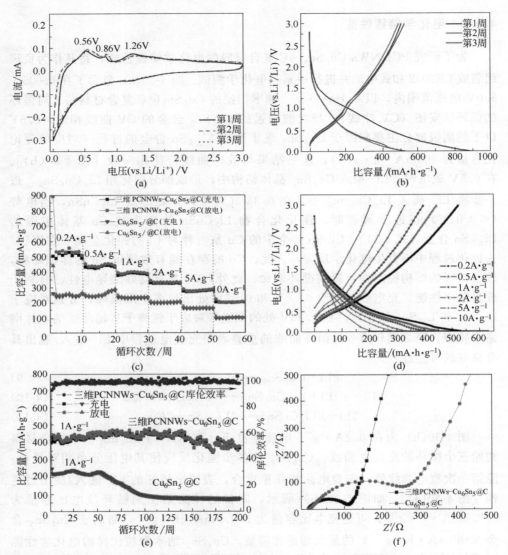

图 4-30　PCNNWs-Cu$_6$Sn$_5$@C 复合材料的 CV 曲线（a）、前 3 周的充放电曲线（b）、PCNNWs-Cu$_6$Sn$_5$@C 和 Cu$_6$Sn$_5$@C 复合材料的倍率性能（c）、（d）、循环性能（e）、EIS 图（f）

图 4-30（e）为 PCNNWs-Cu$_6$Sn$_5$@C 和 Cu$_6$Sn$_5$@C 复合材料在电流密度为 1A·g$^{-1}$、电压范围为 0.005～3.0V（vs. Li$^+$/Li）的条件下的循环性能。PC-NNWs-Cu$_6$Sn$_5$@C 复合材料在第 1 周循环时，可逆比容量为 396.8mA·h·g$^{-1}$，循环 200 周后仍保持 366.4mA·h·g$^{-1}$，比容量保留率高达 92.3%，这表明其结构在循环过程中非常稳定。相比之下，Cu$_6$Sn$_5$@C 复合材料的可逆比容量要

低一些（约为 $224mA \cdot h \cdot g^{-1}$），并且在循环过程中比容量衰减较快。此外，$Cu_6Sn_5@C$ 复合材料的平均比容量高于之前报道的相同条件下测试的 Cu-Sn 合金和 $Cu_6Sn_5$-碳纳米结构的比容量，这与 $Cu_6Sn_5@C$ 复合材料的纳米尺寸、均匀分布、碳纳米壳包覆、三维碳网络等结构特征密切相关。PCNNWs-$Cu_6Sn_5@$C 复合材料的初始库伦效率仅为 56.5%，但在第 3 周循环后提高到 96.8%，直到 200 周循环时充放电效率仍保持在 98% 以上，这表明电极中锂离子的脱嵌是高度可逆的。低的初始库伦效率主要是由于电极结构的"重排"和一些活性位点（无序结构）失活导致的。

为了进一步解释 PCNNWs-$Cu_6Sn_5@$C 复合材料优异的倍率性能，采用电化学阻抗谱（EIS 图）对 PCNNWs-$Cu_6Sn_5@$C 和 $Cu_6Sn_5@$C 复合材料在第 1 周循环后进行了测量。图 4-30(f) 为 EIS 图，该图由高中频区的半圆和低频区倾斜的直线组成，与 $Cu_6Sn_5@$C 复合材料相比，PCNNWs-$Cu_6Sn_5@$C 复合材料的高中频半圆更小，说明 $Cu_6Sn_5@$C 复合材料具有良好的电子导电性，从而表现出优异的倍率性能。

为了验证结构的循环稳定性，通过 TEM 研究了 PCNNWs-$Cu_6Sn_5@$C 复合材料经过 100 周电化学循环后的形貌和结构，如图 4-31 所示，$Cu_6Sn_5$ 纳米颗粒在循环后没有聚集，它们仍然均匀而牢固地固定在碳纳米片表面，除了覆盖的 SEI 层外，其形貌与原始产物几乎相同。这表明 $Cu_6Sn_5$ 纳米颗粒与碳纳米片之间存在较强的相互作用，三维多孔碳纳米片网络具有优越的机械柔性，可以抑制 $Cu_6Sn_5$ 纳米颗粒的聚集和充放电循环过程中电极的开裂。因此，PCNNWs-$Cu_6Sn_5@$C 复合材料显示了良好的结构稳定性。

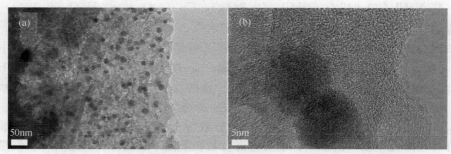

图 4-31 PCNNWs-$Cu_6Sn_5@$C 复合材料 100 周循环后的 TEM 图

## 4.4 SnO$_2$@C 复合材料储钾性能研究

宽带隙 N 型半导体氧化锡（$SnO_2$）基于"多电子反应机制"（转化和合金化反应）表现出极高的理论比容量（约 $781mA \cdot h \cdot g^{-1}$），而且储量丰富，环保性好，同时具有相对较低的放电平台和较高的安全性，是非常有发展前景的碱金属离子电池负极材料。然而 $SnO_2$ 的电导率较低，并且在充放电过程中体积变化大，需要进一步优化改进。引入碳基体是一种简便有效的策略，不仅可以缓解体积膨胀，还能防止 $SnO_2$ 颗粒聚集长大。根据以前的研究和相关报道，具有高表面积、优异的电子传导性和高机械稳定性的三维多孔碳被认为是与活性材料（如合金和金属氧化物）复合的良好基体，可以达到改善活性材料的结构稳定性和导电性的目的。

此外，缓解合金基材料体积膨胀的另一种有效策略是合理调整其微观结构和颗粒尺寸。近期，研究人员提出了一种去合金策略，即通过基于合金的腐蚀工艺来制备细小粒度的多孔金属。其中，目标金属通过选择性地将其他金属（电化学活性较高的金属）溶解在腐蚀性金属中而"分离"获取。这种多孔结构设计可通过减轻结构应力并充分渗透电解质来改善电化学性能。然而，迄今为止，大多数腐蚀处理基于大块状合金，这导致多孔活性金属仍然具有较大粒径。此外，多孔金属与碳的二次复合通常依赖于弱的范德华力，这会导致活性金属在循环过程中迅速从基体碳上脱落下来，进而导致比容量下降。因此，构建并制备具有牢固的界面结合力的三维碳网络限域的金属氧化物纳米颗粒复合材料是一种有效路径。

采用模板辅助（NaCl）冷冻干燥处理得到具有立方体结构的前驱体，然后原位碳热还原形成铜锡合金（$Cu_6Sn_5$）/三维多孔碳复合材料，再采用酸蚀从合金中去除 Cu，最终获得三维多孔碳限域的超细纳米 $SnO_2$@C 复合材料。

### 4.4.1 材料的制备

将 NaCl（20.642g）、$SbCl_3$（0.244g）、Cu（$NO_3$）$_2$·$3H_2O$（0.322g）和柠檬酸（2.500g）溶解在 75mL 的去离子水中，充分搅拌后放置于冰箱冷冻，之后放入冷冻干燥机中以去除水分。然后将获得的白色粉末样品放入管式炉中以 $4℃·min^{-1}$ 的升温速率升至 650℃并保温 2h，这个过程中在管式炉中通入 $H_2$、Ar 混合保护气（流量：$1000L·min^{-1}$）。冷却后用去离子水洗涤除去氯化钠模板，干燥 12h 即可得到多孔碳限域的 CuSn 合金复合材料，记作 $Cu_6Sn_5$@C。将 $Cu_6Sn_5$@C 复合材料（30mg）加入质量分数为 1% 的 $HNO_3$ 溶液中，用玻璃棒搅拌将粉末完全浸入溶液中。最后将混合物在室温下放置 48h，之后，收集黑色粉末，并用去离子水洗涤样品 4~5 次，即可得到三维 $SnO_2$@C 复合材料。具体的流程如图 4-32 所示。作为比较，我们也合成了纯多孔碳材料，其余的烧结条件不变。

### 4.4.2 结构与形貌表征

首先，对所制备的样品进行物相结构分析。图 4-33（a）所示为样品 $Cu_6Sn_5$

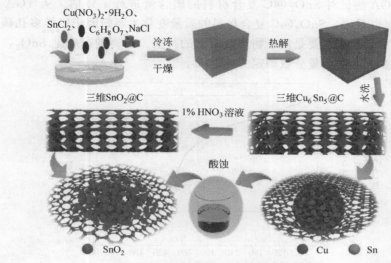

图 4-32 SnO$_2$@C 复合材料制备流程图

@C 和 SnO$_2$@C 复合材料的 XRD 图。在氩气和氢气混合气氛下 650℃烧结得到
的材料，衍射峰很好地匹配于六方相的 Cu$_6$Sn$_5$（P63/mmc，JCPDS 47-1575）
的衍射晶面。由于碳的非晶化，通过 XRD 并没有观察到碳的衍射峰。之后，把
Cu$_6$Sn$_5$@C 样品浸泡在质量分数为 1% 的 HNO$_3$ 溶液中一段时间之后，洗去酸
液，经过 XRD 证实去合金样品为纯 SnO$_2$（JCPDS 41-1445），表明 Cu 已从
Cu$_6$Sn$_5$ 合金中彻底去除，并且 Sn 已被 HNO$_3$ 溶液氧化为 Sn$^{4+}$。此外，进行了
拉曼测试以进一步研究酸蚀前后材料表面缺陷。如图 4-33（b）所示，两个样品
的 $I_D/I_G$ 值都显示出了相似的高度无序碳结构（Cu$_6$Sn$_5$@C 为 0.91；SnO$_2$@C
为 0.92），这说明低浓度的酸蚀并不会在碳表面产生更多的缺陷。

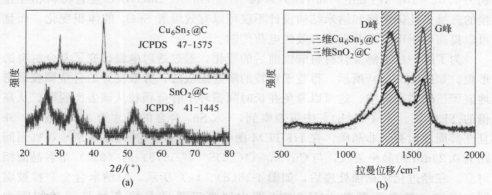

图 4-33 Cu$_6$Sn$_5$@C 和 SnO$_2$@C 复合材料的 XRD 图谱（a）和拉曼图谱（b）

通过 TGA 测试对 $SnO_2$@C 复合材料的碳含量进行了评估。从 TGA 曲线（图 4-34）可以看出，$SnO_2$@C 复合材料的质量变化主要归因于三维多孔碳的燃烧。最初的质量损失主要是由于物理吸附水的挥发。最终的产物是 $SnO_2$，因此复合材料中多孔碳的质量分数确定为 46.5%。

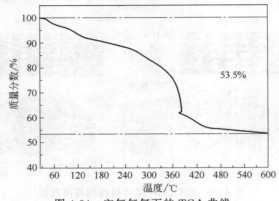

图 4-34　空气气氛下的 TGA 曲线

使用场发射扫描电镜（FE-SEM）对 $Cu_6Sn_5$@C 和 $SnO_2$@C 复合材料进行形貌和微结构观察分析。如图 4-35（a）所示，可以清楚地看到 $Cu_6Sn_5$@C 复合材料具有独特的相互连接的三维多孔结构，其孔径在 100~400nm 的范围内。从高倍的扫描图 4-35（b）可以观察到，超薄的多孔碳壁嵌有许多纳米尺寸的 $Cu_6Sn_5$ 合金颗粒。在经过质量分数为 1% 的 $HNO_3$ 溶液酸蚀后，如图 4-35（c）、（d）所示，三维多孔碳结构并没有发生很大的变化，而先前嵌入在碳壁中的 $Cu_6Sn_5$ 合金颗粒则表现出更大的分散性，这可能是由于 Cu 从 $Cu_6Sn_5$ 合金中去除引起的。此外，通过四探针法测量了 $SnO_2$@C 和纯多孔碳材料的电导率，分别为 $1.02 \times 10^{-2} S \cdot cm^{-1}$ 和 $7.987 \times 10^{-3} S \cdot cm^{-1}$。$SnO_2$@C 复合材料相互连接的三维多孔碳网络和纳米结构设计不仅可以有效缓解 $SnO_2$ 的体积变化，而且可以提高电子电导率并促进有效的电荷传输。

为了进一步了解复合材料酸蚀前后的变化，通过透射电镜研究了复合材料的形貌。如图 4-36（a）所示，得益于独特的溶盐模板法，分散良好的合金颗粒紧密地嵌于三维多孔碳中，这可以避免在长时间循环中合金颗粒从碳表面脱落。从高倍的 TEM 图 [图 4-36（b）] 中可观察到，$Cu_6Sn_5$ 合金的尺寸为 20~40nm，并且在其周围包裹了非晶碳。在 HRTEM 图中 [图 4-35（c）] 可以清楚地观察到间距为 0.29nm 的晶格条纹，与 $Cu_6Sn_5$（JCPDS 47-1575）的（211）衍射晶面相对应。在经过化学刻蚀处理后，如图 4-36（d）、（e）所示，原纳米合金颗粒被腐蚀成更细小的多孔颗粒，HRTEM 图中清晰可见的晶格条纹显示其间距为 0.26nm，这对应于 $SnO_2$（JCPDS 41-1445）的（101）衍射晶面。如图 4-36

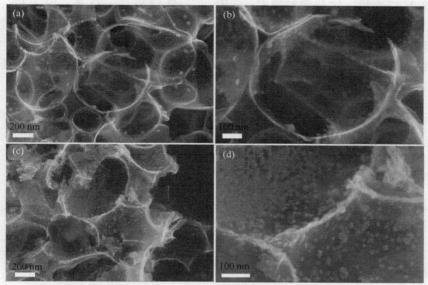

图 4-35　(a)、(b) $Cu_6Sn_5$@C 和（c）、(d) $SnO_2$@C 复合材料的 SEM 图

（f）所示，元素面扫图显示在 $SnO_2$@C 复合材料中 Sn、O 和 C 的共存和均匀分布。

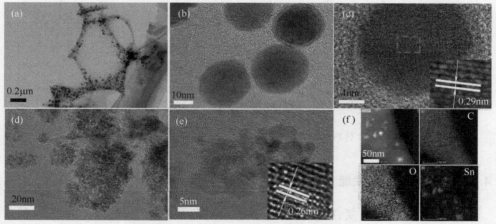

图 4-36　$Cu_6Sn_5$@C 复合材料的 TEM 图（a）、(b) 及 HRTEM 图（c）；$SnO_2$@C 复合材料的 TEM 图（d）及 HRTEM 图（e）；三维 $SnO_2$@C 复合材料的元素面扫图（f）

　　如图 4-37(a) 所示，在 XPS 全谱中，仅检测到 C、O 和 Sn 三个峰，这表明通过酸蚀后 Cu 已经被彻底去除。之后，通过使用洛伦兹/高斯曲线拟合方法对这些峰进行分峰。如图 4-37(b) 所示，C 1s 光谱可以解卷积为 284.8eV、286eV

和 289eV 三个峰，这分别对应 C—C 键、C—O 键和 C＝O 键。图 4-37（c）为 O 1s 光谱的解卷积峰，对应 C—O 键（531.5eV）和 C＝O（533.2eV）键，这个分析结果与 C 1s 的分析结果一致。值得注意的是，明显的 Sn—O（529.9eV）键的形成证明了 $SnO_2$ 物相的存在。此外，图 4-37（d）所示的 Sn 3d 光谱还表明 Sn 以高价态（$Sn^{4+}$）存在。

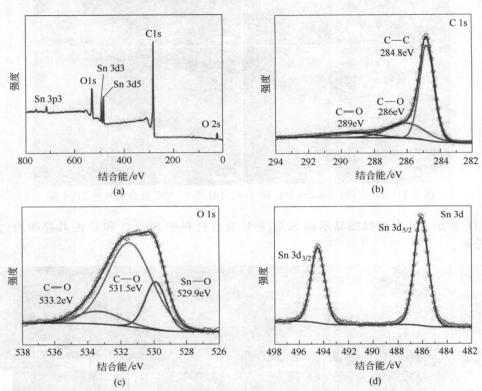

图 4-37　$SnO_2$@C 复合材料的 （a）XPS 全谱；（b）C 1s 谱；（c）O 1s 谱；（d）Sn 3d 谱

### 4.4.3　电化学储钾性能

为研究 $SnO_2$@C 复合材料作为钾离子电池负极的电化学性能，首先对其进行了循环伏安测试。如图 4-38（a）所示，第一次负扫曲线与后续扫描略有不同，表明电极在第 1 周循环中存在不可逆的电化学行为。在第 1 周循环中，在约 0.01V 和约 0.6V 处有两个还原峰；其中位于约 0.6V 处的峰可归因于 $SnO_2$ 转变为 Sn 和 $K_2O$ 的相变（$4K^+ + SnO_2 + 4e^- \longrightarrow Sn + 2K_2O$）以及不可逆的反应形成固体电解质膜（SEI）；由此形成的纳米 $K_2O$ 可以充当有效的缓冲层，以缓解合金化过程中 Sn 的体积变化。0.01V 到 0.7V 的宽峰与 $K_xSn$ 合金 [$xK^+$+

$Sn + xe^- \longleftrightarrow K_x Sn$（$0 < x < 1$）]的逐渐形成以及钾离子嵌入非晶碳（$xK^+ +$ $C + xe^- \longleftrightarrow K_x C$）的过程有关。相应地，在图4-38(a)中，可以观察到2个弱的氧化峰；约0.5V处的宽峰与钾离子从无定形碳中脱嵌有关，约1.5V处的宽峰可归因于$K_x Sn$的去合金化过程。

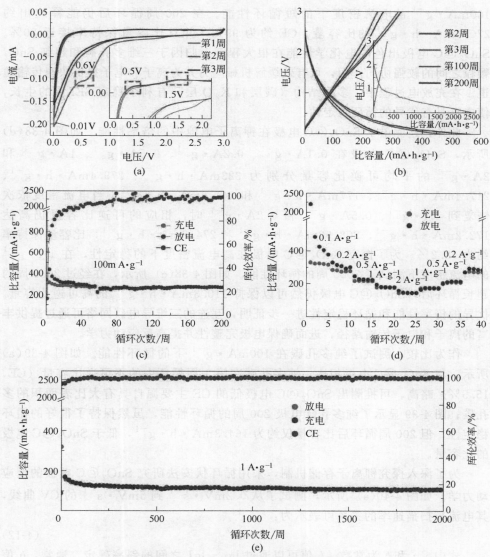

图4-38　$SnO_2@C$电极的电化学性能

(a) CV曲线、(b) 充放电曲线、(c) 短循环性能、(d) 倍率性能、(e) 长循环性能

对$SnO_2@C$电极在电流密度为$100mA \cdot g^{-1}$下进行恒电流充放电测试。如

图 4-38（b）所示，初始的放/充电比容量分别为 2417.3mA·h·g$^{-1}$ 和 338.2mA·h·g$^{-1}$，库伦效率仅为 13.99%，这可归因于 SEI 层的形成和 $SnO_2$ 的首次不可逆转化反应消耗了大量的 K$^+$。在随后的循环中，CE 呈现出逐渐增加的趋势，并且充放曲线几乎重叠。图 4-38（c）显示了 $SnO_2$@C 电极在 100mA·g$^{-1}$ 的电流密度下的短循环性能。在 200 周循环后仍能释放出约 270.3mA·h·g$^{-1}$ 的比容量，CE 约为 99%，并且比容量保持率接近 80%。$SnO_2$@C 电极出色的电化学性能在很大程度上归因于三维多孔碳和超细 $SnO_2$ 颗粒之间的较强协同作用，可有效缓解机械应力并为离子和电子提供快速传输通道。在充放电过程中，多层结构（碳层和 $K_2O$ 层）有利于稳定 SEI 层的生长，使电极具有优异的循环稳定性。

此外，还测量了 $SnO_2$@C 电极在钾离子电池中的倍率性能。如图 4-38（d）所示，$SnO_2$@C 电极在 0.1A·g$^{-1}$、0.2A·g$^{-1}$、0.5A·g$^{-1}$、1A·g$^{-1}$ 和 2A·g$^{-1}$ 的平均可逆比容量分别为 323mA·h·g$^{-1}$、279.4mA·h·g$^{-1}$、217.4mA·h·g$^{-1}$、177mA·h·g$^{-1}$ 和 144.6mA·h·g$^{-1}$。当电流密度依次恢复到 1A·g$^{-1}$、0.5A·g$^{-1}$ 和 0.2A·g$^{-1}$ 时，相应的可逆比容量仍高达 172.2mA·h·g$^{-1}$、208.92mA·h·g$^{-1}$ 和 274.3mA·h·g$^{-1}$，比容量保持率约为 98.2%。为了探究 $SnO_2$@C 电极在高电流密度下的稳定性，在 1A·g$^{-1}$ 的电流密度下测试了 2000 周的循环性能。如图 4-38（e）所示，在经过 2000 周的超长循环后，$SnO_2$@C 电极仍然可以保持 110.3mA·h·g$^{-1}$ 的高可逆比容量。优异的倍率性能和循环稳定性进一步证明，互连的三维导电碳网络可通过提供丰富的离子和电子传输路径，进而确保电极完整性并提高反应动力学。

作为比较，测试了纯多孔碳在 100mA·g$^{-1}$ 下的循环性能。如图 4-39（a）所示，与 $SnO_2$@C 电极相比，纯多孔碳在第 1 周循环中的不可逆比容量（CE，15.5%）略高，可推测出 $SnO_2$@C 电极低的 CE 主要源自具有大比表面积的多孔碳；图 4-39 显示了纯多孔碳电极 200 周的循环性能，虽然保持了很好的循环稳定性，但 200 周循环后比容量仅约为 164.3mA·h·g$^{-1}$，低于 $SnO_2$@C 电极的比容量。

为了深入探究钾离子存储机制，采用循环伏安法研究 $SnO_2$@C 电极的反应动力学。如图 4-40（a）所示，测试了从 0.2mV·s$^{-1}$ 到 5mV·s$^{-1}$ 的 CV 曲线，其电流与扫描速率的关系可表示为：

$$I = av^b \tag{4-12}$$

式中，$a$ 和 $b$ 为常数。$b$ 值可以通过 $\lg v$-$\lg I$ 之间的斜率确定。通常，$b$ 值在 0.5~1 范围内代表电容贡献和扩散过程同时存在，其中 $b$ 值越大表示电容贡献所占比例也越大。图 4-40（b）中两个明显的峰电流处 $b$ 值分别为 0.92 和 0.85，这证明了 $SnO_2$@C 电极中电容行为占主导。此外，不同扫描速率下电容

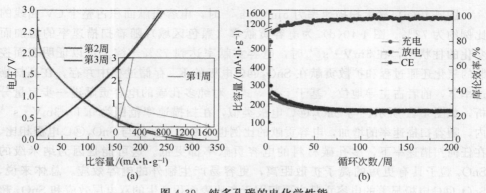

图 4-39　纯多孔碳的电化学性能
（a）充放电曲线；（b）循环性能

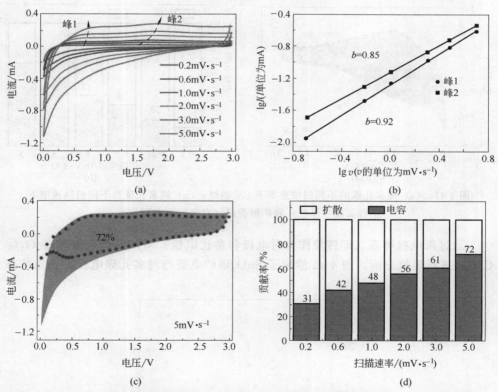

图 4-40　（a）不同扫描速率 CV 曲线；（b）峰电流与扫描速率的幂函数；(c)5mV · s⁻¹ 下
电容贡献率；（d）不同扫描速率下电容贡献（黑色）和扩散贡献（白色）所占百分比

贡献也可基于以下等式被进一步定量分析：

$$I(v) = k_1 v + k_2 v^{1/2} \tag{4-13}$$

图 4-40（c）显示扫描速率为 $5mV \cdot s^{-1}$ 时，电容贡献面积占整个 CV 曲线的比例约为 72%。图 4-40（d）为电容贡献率（黑色区域）随着扫描速率的增加而变化的柱状图，在 $5mV \cdot s^{-1}$ 时，电容贡献率达到 72%。综上可以证明表面控制的氧化还原过程和扩散贡献在 $SnO_2$@C 电极的 $K^+$ 存储过程中并存，在高扫描速率下，前者占主导地位。基于上述等式，对纯多孔碳的电容贡献进一步定量分析，如图 4-41 所示。与 $SnO_2$@C 电极类似，在扫描速率范围为 $0.1 \sim 3mV \cdot s^{-1}$ 内，随着扫描速率的增加，电容贡献的比例也不断增加。但与 $SnO_2$@C 电极相比，在任何扫描速率下，多孔碳材料的电容贡献率都更低。这可能是因为纳米级的 $SnO_2$ 粒子具有更短的离子扩散距离，更容易产生额外的电容效应。总体来说，$SnO_2$@C 电极显著的电容贡献主要归因于高比表面积产生的双电层效应和 $SnO_2$ 超细颗粒表面快速的氧化还原反应，这些也很好地解释了其优异的倍率性能。

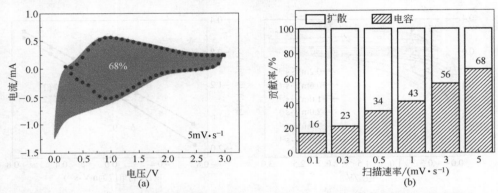

图 4-41　（a）纯多孔碳的不同扫描速率下 CV 曲线；（b）纯多孔碳在不同扫描速率下电容贡献（黑色）和扩散贡献（白色）所占百分比

通过两电极体系（即钾片作为对电极和参比电极）对多孔碳电极和 $SnO_2$@C 电极进行阻抗分析，图 4-42 给出了 $SnO_2$@C 电极与纯多孔碳电极在初始状态

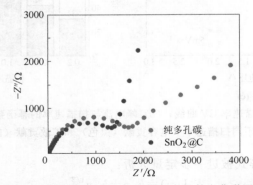

图 4-42　纯多孔碳电极和 $SnO_2$@C 电极的电化学阻抗谱

下的 EIS 图。两者 EIS 图相似，都由 1 个半圆和 1 条斜线组成，其中半圆表示电荷转移电阻，斜线与离子扩散相关。明显地，$SnO_2$@C 电极的电荷转移电阻半圆更小，证明了其具有更快的电荷转移速率。

## 小结

　　本章通过氯化钠模板辅助的原位热解法制备了一系列三维多孔碳内嵌锡基纳米合金/纳米氧化物复合材料，基于协同优势，所制备材料均表现出优异的电化学性能。

　　① 制备了内嵌纳米合金（$Ni_3Sn_2$ 和 $Ni_3Sn_4$）的三维多孔碳复合材料。Ni-Sn 合金颗粒为 $10 \sim 30nm$，以单分散的形式均匀地封装在三维多孔碳网中，且其颗粒表面覆盖有石墨化碳包覆层。基于其独特的结构优势，该复合材料表现出优异的电化学储锂性能，尤其是 $Ni_3Sn_4$/C 表现出突出的循环性能和倍率性能。通过 Sn/C 和 $Ni_3Sn_2$/C 的电化学性能进行比较，证实了 Ni 的电化学惰性及其对结构的稳定作用。阻抗及 CV 测试进一步证实 Ni-Sn/C 优异的性能源于该结构对电子传输、离子扩散及动力学速率的积极影响。

　　② 制备了 $CoSn$@$SnO_x$/$CoO_x$@C 复合材料并研究了其储锂性能。由于合金与碳层之间氧化层的存在，大大增加了合金与碳之间的黏合力，进一步提高了其循环稳定性。

　　③ 制备了 $Cu_6Sn_5$@C 复合材料，基于其惰性组分支持、较高的比表面积以及多孔导电网络结构，这种纳米复合材料表现出较高的可逆储锂比容量、优异的倍率性能和循环稳定性。

　　④ 基于简便的去合金化技术，以硝酸为腐蚀液将 $Cu_6Sn_5$@C 复合材料进行去合金化处理得到细小的 $SnO_2$@C 复合材料。酸蚀后的 $SnO_2$ 颗粒呈现出弥散多孔状态，且多孔碳的孔结构仍保持完整。纳米多孔 $SnO_2$ 可以缓冲 $K^+$ 嵌入过程中 $SnO_2$@C 复合材料的体积变化，同时 $SnO_2$@C 复合材料也具有较快的电荷转移速率，其优异的电化学性能归因于三维多孔碳和超细 $SnO_2$ 颗粒之间的协同作用。

## · 第五章 ·

# 可溶盐模板辅助构筑
# 多孔碳/锑基负极材料

金属锑（Sb）为六方晶系，属于 R-3m（166）空间群，其原子结构如图 5-1 所示。具有多电子反应机制的金属锑因理论比容量高、工作电压稳定、电化学反应平台平坦、原材料来源丰富、易于制备、安全性能好等优点，极具开发潜力。然而，Sb 基材料由于在充放电过程中的体积膨胀容易导致电极粉化，因而易从集流体上剥离，失去电接触；同时不断产生的新表面使 SEI 膜阻抗不断增加，最后致使电极比容量快速衰减；这些问题限制了锑基材料的实际应用。很多研究人员通过对锑基材料进行微纳结构设计、制备合金材料和复合导电材料等方式提高电化学性能。Kovalenko 等采用胶体化学合成方法制备了 10nm 和 20nm 单分散纳米晶体，与微米级 Sb 颗粒对比，显示出更优异的储锂性能，在大电流密度下循环充放电时优势更加显著。Chao 课题组以 $SiO_2$ 微球为模板制备了空心 Sb 纳米球，该材料在 0.2 C 条件下充放电循环 100 周后可维持 $615mA \cdot h \cdot g^{-1}$ 的放电比容量。可见，制备纳米化 Sb 材料能有效提高电极材料的循环稳定性；但纳米化 Sb 材料存在首次充放电循环不可逆比容量较高、容易团聚等问题，因此一般将纳米化 Sb 材料与导电基体进行复合来提升电极材料的电化学性能。碳材料是最常见的复合基质，结构稳定，导电性好；作为分散介质，可防止 Sb 纳米颗粒发生团聚；还可有效缓解 Sb 负极材料在离子脱嵌过程中的体积膨胀，提高材料的循环稳定性；同时作为电极材料与集流体接触的导电通道，还起到增加电极材料导电性的作用。Glushenkov 研究组以 Sb 粉和石墨为原料，制备了 Sb-C 复合材料，在 $230mA \cdot g^{-1}$ 电流密度下，充放电循环 250 周后，依然能维持 $550mA \cdot h \cdot g^{-1}$ 的放电比容量。Qian 课题组使用 $C_2H_2$ 气体还原 $Sb_2O_3$，在还原得到 Sb 的同时表面沉积一层 C，一步法制备了微米棒状的 Sb/C 复合材料，在 $100mA \cdot g^{-1}$ 电流密度下，充放电循环 100 周后可保持 $478.8mA \cdot h \cdot g^{-1}$ 的比容量。此外，设计合金材料也能有效改善 Sb 基材料的体积膨胀问题。根据复合的金属是否有储能特性分为电化学惰性金属和电化学活性金属。电化学惰性金属有 Mo、Al、Fe、Ni、Cu 和 Zn 等，电化学活性金属有 Sn、Bi 和 Ge 等。郭再萍采用水热加 CVD 法在石墨烯片上合成了碳纳米纤维包覆 SnSb 合金的复合材料，其首次储钠比容量达 $407mA \cdot h \cdot g^{-1}$，且循环稳定性良好。Xiao 等通过水热法和热还原处理法制备了还原氧化石墨烯/SnSb 复合材料，在钠离子电池负极中 0.2 C 下比容量达 $400mA \cdot h \cdot g^{-1}$，循环 80 周比容量保持率高达 90%以上。

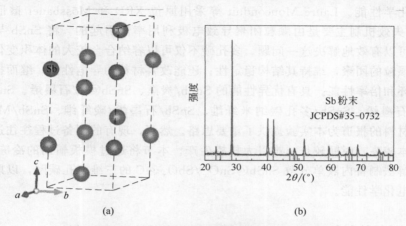

图 5-1　(a) 金属 Sb 的原子晶胞模型；(b) XRD 图谱

此外，通过理论计算预测合金性能、合理设计合金的成分也是锑基负极材料研究的重要方向。Zhu 计算了 MSb（M 为 Al、Ga 和 In）等合金嵌锂时的体积膨胀、嵌入形成能以及能带结构、电荷密度分布等，并给出了多种合金电极的结构能量相图。Baggetto 采用计算和实验方法对纯 Sb 在锂化和钠化过程中的结构、热力学、动力学和电化学性质进行了研究，发现较高的局部应变松弛会导致离子扩散慢和长程应变扩展，而后者有利于在 Na-Sb 体系中形成非晶相。Medhekar 采用第一性原理计算了 P、As、Sb 和 Bi 等嵌 Na 浓度不同时的电化学性质方面的量，发现 Na 嵌入伴随着可导致机械失效和比容量损失的体积膨胀，钠化导致材料弹性软化高达 60%，而材料弹性的最大降低不一定发生在完全钠化时，可见锑基材料充放电过程中的应力应变状态会对其电极性能产生关键性的影响。

锑基材料目前仍存在纳米粒子的聚集和合金与碳之间的黏结力较低等问题需要解决，因此，获取结构更稳定、合成方法更简便合理的新型 Sb 基复合材料是当前研究的重点。本章采用模板辅助的冷冻干燥-原位热解法制备了一系列三维多孔碳限域的锑基合金纳米复合材料，优化后的材料有望显示出优异的电化学性能。

## 5.1　SnSb@SnO$_x$/SbO$_x$@C 复合材料储锂、储钠性能研究

锡具有较高的理论比容量和合适的工作电位，前一章通过将 Sn 与 Ni 进行

合金化并镶嵌于三维多孔碳中，一定程度上缓解了锡的体积变化，用于锂离子电池负极也获得了优异的循环和倍率性能。由于 Ni 是电化学惰性金属，Ni 的引入虽然能改善材料的结构稳定性，但同时也牺牲了整体电极的比容量。采用电化学活性金属锑与锡结合，可借助 Sn 和 Sb 与 Li 发生合金化反应时的反应电位不同（Sb：0.9V，Sn：0.6V），互为缓冲基体，抑制彼此的体积膨胀，进一步提高材料的电化学性能。Laure Monconduit 等采用原位 XRD 和 Mössbauer 谱证明了 SnSb 的失效机制主要是由颗粒团聚导致电极利用率低引起的。将 SnSb 与多孔碳复合可以有效地解决这一问题。多孔碳不仅可以容纳合金较大的体积变化，抑制合金颗粒的团聚，维持其结构稳定性；还能改善材料的导电性能，继而提高材料的循环和倍率性能。具有优异性能的 SnSb/炭黑、SnSb@C/石墨烯、SnSb/还原氧化石墨烯、SnSb/多孔碳纳米纤维、SnSb/石墨烯/碳纤维、SnSb/$MO_x$/C 等复合材料的报道为本实验提供了重要思路。然而，现有的制备过程往往过于复杂，成本较高，时间较长，难以大规模生产。本节将通过模板辅助的冷冻干燥-原位热解法制备内嵌单分散 SnSb@$SnO_x$/$SbO_x$@C 的三维多孔碳网，以期获得优异的电化学性能。

### 5.1.1 材料的制备

SnSb@$SnO_x$/$SbO_x$@C 复合材料的合成示意图及相应的 SEM 图如图 5-2 所示。将 2.500g 柠檬酸（$C_6H_8O_7$），20.6500g 氯化钠（NaCl）溶解在 75mL 去离子水中，搅拌均匀后将 0.2033g 二水合氯化亚锡（$SnCl_2 \cdot 2H_2O$）和 0.2045g 三氯化锑（$SbCl_3$）[$n(Sn):n(Sb)=1:1$]缓慢溶解在溶液中[$n(SnSb):n(C)=1:40$]，隔夜搅拌。柠檬酸不仅用作碳源，也提供了酸性条件，避免 $SnCl_2 \cdot 2H_2O$ 和 $SbCl_3$ 发生水解。将上述溶液放置于冰箱中冷冻，再使用真空冷冻干燥机去除水分；将干燥后的粉末放在管式炉中，在 $Ar/H_2$ 气氛下升温至 750℃，保温 2h，之后随炉冷却至室温；将煅烧后的粉末用去离子水清洗，使 NaCl 模板完全被移除。最后将粉末烘干，即可得到最终产物 SnSb@$SnO_x$/$SbO_x$@C 复合材料。

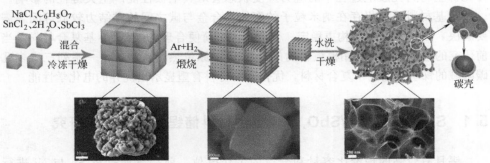

图 5-2　SnSb@$SnO_x$/$SbO_x$@C 复合材料合成示意图及相应的 SEM 图

## 5.1.2　结构与形貌表征

图 5-3 显示了 $SnSb@SnO_x/SbO_x@C$ 复合材料的微观形貌。从图 5-3(a)～(c) 中可以看到许多纳米颗粒均匀地镶嵌于超薄的三维多孔碳网中。在煅烧过程中，柠檬酸在氯化钠模板表面热解形成碳层，模板去除后表现为连通的碳网；与此同时，在高温还原气氛下，Sn 和 Sb 形成合金。EDS 结果显示 Sn 与 Sb 的原子比为 1∶1，与 ICP 分析一致。没有探测到 $Na^+$ 和 $Cl^-$ 的存在，表明模板已通过水洗移除干净。从图 5-3(d) 中可以看到，虽然经历了样品制备过程中强力的超声处理，合金颗粒依然能牢固地镶嵌于碳网上，表明 C 和 SnSb 纳米颗粒之间有很强的结合力。TEM 图显示 SnSb 纳米颗粒的尺寸为 10～30nm。从图 5-3(e) 的晶格条纹中可以观测到样品的层间距约为 0.31nm，对应于 SnSb 的 (101) 晶面；选区电子衍射 (SAED) 结果显示样品是单晶。在 HRTEM 图 [图 5-3(e)] 中，可以观察到一个三层的核壳结构：SnSb 纳米颗粒构成中心核，在核的表面有一个非晶包覆层 (XPS 证实此非晶包覆层为 $SnO_x/SbO_x$)，最外层是石墨化的碳层。这种独特的核壳结构是由 Sb 和 Sn 对 C 的催化效应产生的。在煅烧过程中，碳原子扩散进入 SnSb 晶格中直至达到饱和。当温度下降时，由于碳在合金中的溶解度降低，因此会从 SnSb 合金中溶出，形成晶化的碳壳包覆结构。正是由于碳原子的溶出使 SnSb 的表面结构发生变化，呈现出一种无序的氧化层结构。SnSb 合金表面的非晶氧化层及碳层包覆能有效地缓解合金颗粒的长大和团聚，同时石墨化的碳壳还能提高材料表面的导电性。此外，连通的三维超薄多孔碳网为缓解合金的体积变化提供了足够的空间，同时可以确保材料对电解液的充分浸润，保证电化学反应的高效进行。纳米化的 SnSb 可以减小电子的输运长度，缩短离子的扩散路径，增强反应动力学，还可以减少离子脱嵌过程中的绝对体积变化，释放机械应力，提高 Sb 的循环性能。STEM-EDS 图表明 Sn、Sb 和 C 都能均匀地分布，没有看到纳米尺度或者微米尺度的相分离。

图 5-4(a) 为 $SnSb@SnO_x/SbO_x@C$ 复合材料的 XRD 图谱。图中位于 29.1、41.6、51.2、60.2、68.5 和 76.1 的 6 个特征峰分别对应于 $\beta$-斜方六面体相 SnSb 的 (101)、(012)/(110)、(003)/(021)、(202)、(113)/(211) 和 (104)/(122) 晶面 (JCPDS 33-0118)。所有的衍射峰都非常尖锐，强度很高，表明材料有很好的结晶性。图中未观察到与 Sn 或者 Sb 对应的衍射峰，证明金属离子 ($Sb^{3+}$ 和 $Sn^{2+}$) 已经完全被还原并形成了 SnSb 合金。另外，也未观察到 C 和 $SnO_x/SbO_x$ 相对应的衍射峰，可能由于它们的结晶程度较弱。碳的非晶结构在拉曼光谱中也得到了进一步证实。此外，以 (012) 晶面的半峰宽为基准，通过谢乐公式计算 SnSb 的平均颗粒尺寸为 17.6nm。纳米尺寸的 SnSb 合金有助于缩短锂离子的扩散路径，降低材料的绝对应力。图 5-4(b) 为 $SnSb@SnO_x/$

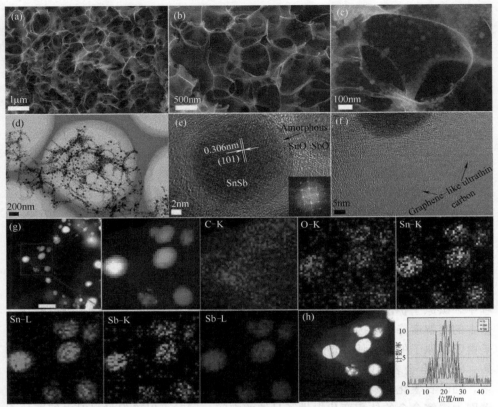

图 5-3　SnSb@SnO$_x$/SbO$_x$@C 复合材料的 SEM 图 （a）～（c）；TEM 图 （d）；HRTEM 图 （e）；

HADDF-STEM-EDX 图 （f）；HADDF-STEM-EDS 线扫描图谱 （g）、（h）

SbO$_x$@C 复合材料的拉曼光谱。位于 1599cm$^{-1}$ 处的 G 峰对应于 sp$^2$ 杂化碳原子的第一有序散射，位于 1344cm$^{-1}$ 处的 D 峰则与无序碳和缺陷有关。D 峰和 G 峰的强度比 （$I_D/I_G$） 为 0.87，表明复合材料中存在高度无序的碳，这一点在 HRTEM 图中也有证明。

通过 TG-DTA 来分析 SnSb 在复合材料中的比例。如图 5-4(c) 所示，SnSb @SnO$_x$/SbO$_x$@C 复合材料的 TG-DTA 曲线反映了碳燃烧的质量损失和 SnSb @SnO$_x$/SbO$_x$ 氧化的质量增加。样品基于如下反应方程式进行反应：

$$C + O_2 \longrightarrow CO_2 \tag{5-1}$$

$$4Sb + 3O_2 \longrightarrow 2Sb_2O_3 \tag{5-2}$$

$$Sn + O_2 \longrightarrow SnO_2 \tag{5-3}$$

$$2SnO + O_2 \longrightarrow 2SnO_2 \tag{5-4}$$

200℃ 以下轻微的质量损失 （质量分数为 1.5%） 反映水的挥发。从 300℃ 开始有一个明显的增重，在 400 ℃附近有一个明显的峰，这是由 SnSb 的氧化产生的。最后，在 450℃和 600℃之间出现了一个明显的斜坡，反映碳燃烧的质量损失。上述反应都属于放热反应，与 DTA 结果相符。基于最终产物 $Sb_2O_3$、$SnO_2$、$CO_2$ 和 SnSb@$SnO_x$/$SbO_x$ 可以计算出合金的质量分数为 50%。

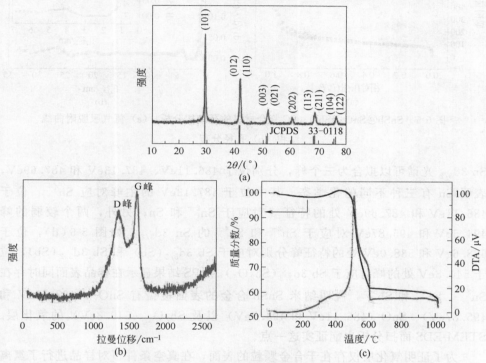

图 5-4　SnSb@$SnO_x$/$SbO_x$@C 复合材料的 (a) XRD 图谱；
(b) 拉曼光谱；(c) TG-DTA 曲线

图 5-5 为 SnSb@$SnO_x$/$SbO_x$@C 复合材料的氮气吸脱附曲线和孔径分布。从图 5-5(a) 中可以看出，该等温曲线属于典型的 Ⅳ 等温线，在 0.4～1.0 的相对压强范围内存在明显的滞后环，表明该结构中存在大量的中孔。通过 BET 方程计算得出材料的比表面积为 324.89m² · g⁻¹。通过 BJH 方程计算，材料的孔体积为 0.503cm³ · g⁻¹，孔径分布范围为 1～35nm。其中微孔的产生与柠檬酸在热解过程中释放的气体有关。较大的比表面积和孔体积可以保证电解液的充分浸润，促进电化学反应充分进行；同时还能为离子扩散和电子传输提供更多的通道，为缓解 SnSb 的体积变化提供更多的空间。

采用 XPS 对样品的元素组成和化学态进行表征，如图 5-6 所示，样品由 Sn、Sb、O 和 C 组成。

图 5-6(c) 所示为 Sn 3d 的 XPS 光谱，包含 $3d_{3/2}$ 和 $3d_{5/2}$ 两个分裂峰。其中

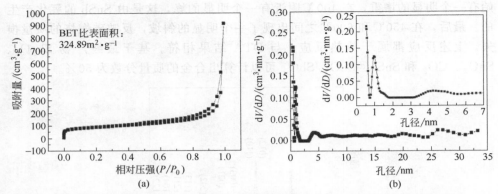

图 5-5  SnSb@SnO$_x$/SbO$_x$@C 复合材料的孔结构分析：（a）氮气吸脱附曲线
和（b）孔径分布

Sn 3d$_{5/2}$ 光谱可以拟合为三个峰，分别位于 486.11eV、487.13eV 和 487.69eV，表明 Sn 有三种不同的化学态。其中位于 487.13eV 的主峰对应 Sn$^{4+}$，位于 486.11eV 和 487.69eV 处的特征峰对应于 Sn$^{2+}$ 和 Sn；另外，两个较弱的峰 494.5eV 和 495.87eV 对应于 Sn$^{2+}$ 和 Sn$^{4+}$ 的 Sn 3d$_{3/2}$。如图 5-6（d），位于 528.6eV 和 538.0eV 处的特征峰分别对应于 Sb 3d$_{5/2}$（Sb）和 Sb 3d$_{3/2}$（Sb），位于 540.8eV 处的峰对应于 Sb 3d$_{3/2}$（Sb$_2$O$_5$）。XPS 结果显示在样品表面同时存在 Sn$^{2+}$、Sn$^{4+}$ 和 Sb$^{5+}$，说明纳米 SnSb 合金的表面覆盖有 SnO$_2$（487.13eV 和 495.87eV）、SnO（486.11eV 和 494.5eV）以及 Sb$_2$O$_5$（540.8eV）的氧化层。STEM-EDS 面扫分析也能证实这一点。

为了证明氧化层仅存在于合金颗粒的表面，在真空条件下对样品进行了氩离子刻蚀剥离，随后对其进行 XPS 测试。结果如图 5-6（e）、（f）所示，对样品刻蚀 25s 和 100s 之后，Sn 的 3d$_{3/2}$ 和 3d$_{5/2}$ 的分裂峰向低能带偏移，表明刻蚀后 Sn$^{2+}$ 和 Sn 的含量增加；而且，刻蚀后，Sb 的 3d$_{3/2}$ 和 3d$_{5/2}$ 分裂峰也向低能带偏移，说明内层出现了单质 Sb 的峰。随着刻蚀时间的延长，Sb$_2$O$_5$ 中 Sb 3d$_{3/2}$ 对应的峰逐渐减弱，在刻蚀 100s 时基本消失，说明表面氧化层通过刻蚀被完全剥离；而且，O 1s 的峰也开始减弱。这一结果证明 Sn$^{4+}$、Sn$^{2+}$ 和 Sb$^{5+}$ 仅存在于样品的表面，体相的纳米颗粒主要是 SnSb 合金，只是表面有轻微的氧化，TEM 结果也可以证实表面氧化层的存在。

### 5.1.3  电化学储锂、储钠性能

以 SnSb@SnO$_x$/SbO$_x$@C 复合材料为负极组装成 CR2032 扣式电池，测试其在锂离子电池和钠离子电池中的充放电性能。图 5-7（a）为样品在锂离子电池

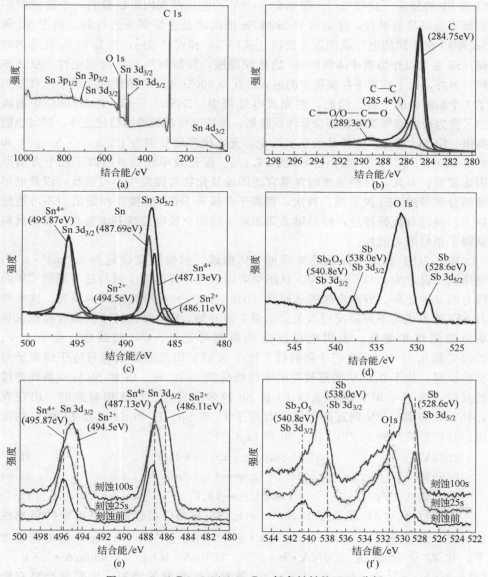

图 5-6　SnSb@SnO$_x$/SbO$_x$@C 复合材料的 XPS 分析

（a）XPS 光谱、（b）C 1s 谱、（c）Sn 3d 谱、（d）Sb 3d 和 O 1s 谱；

刻蚀后的 XPS 光谱：（e）Sn 3d、（f）Sb 3d 和 O 1s 谱

中前 3 周的充放电曲线，电压范围为 0.005～3.0V。从图中可以看到，位于 0.8～1.5V 的斜坡状平台在首次充放电循环后消失，这个斜坡状的平台主要对应于电解液分解形成 SEI 膜等不可逆反应；位于 0.8V 和 1.1V 的峰主要对应于

Li 和 Sb 的反应 [式(5-5)]；在 0.2～0.7V 的电压范围内可以看到一个连续的斜坡而不是明显的平台，这是由于 Li 与 Sn 的反应是连续多步进行的。由于 Sb 和 Sn 与 Li 在不同的电压范围发生反应 [式(5-5) 和式(5-6)]，当 Li 与 Sn 化合的时候，Sb 就可以作为缓冲体缓解 Sn 的体积膨胀，保持材料的结构稳定性，反之亦然。另外，由于锂离子在碳层中的嵌入，在 0.0005～0.2V 的放电曲线中也观察到了 1 个斜坡状的平台。因此，在充放电过程中，$SnSb@SnO_x/SbO_x@C$ 中的碳除了作为缓冲基体缓解锡基合金体积膨胀、维持电极材料结构稳定之外，同时也能提供一定的比容量。该样品的首次放电、充电比容量分别为 $1250mA \cdot h \cdot g^{-1}$ 和 $830mA \cdot h \cdot g^{-1}$，首次库伦效率为 66.4%。库伦效率较低是由以下几个方面原因造成的：首先，材料表面的含氧官能团或氧化物与锂发生不可逆反应以及电解液的分解导致 SEI 膜形成。其次，锂离子在碳和 SnSb 的微孔和缺陷中不可逆地嵌入。经过首次循环后，样品第 2 周和第 3 周的充放电曲线基本重合，表明材料获得了很好的可逆性。

图 5-7(b) 显示了样品前 3 周的 CV 曲线。扫描速度设定为 $0.1mV \cdot s^{-1}$，电压范围设定为 0.005～3.0V。从图中可以看到，样品第 1 周与后 2 周的 CV 曲线有明显的差异，首次出现的还原峰（0.8～1.5V）在后续循环中消失，这个峰与 SEI 的形成等不可逆反应有关。从第 2 周开始，CV 曲线的峰位和峰面积未见明显的偏移和变化，表明电极反应的高度可逆性。CV 曲线中，在 0.81V、0.54V 和 0.01V 附近有三个阴极峰。位于 0.01V 附近的阴极峰对应于锂离子与碳的反应，位于 0.54V 附近较宽的阴极峰反映 Li 和 Sn、Li 和 Sb 的一系列连续的反应，位于 0.81V 的峰表示 Li 和 Sb 的多步反应。与此相对应的，出现在 1.15、0.69 和 0.2V 附近的阳极峰对应于 Li 和 Sb、Li 和 Sn 以及 Li 和 C 的反应，分别形成产物 $Li_3Sb$、$Li_{4.4}Sn$ 和 $Li_6C$。

1.15V： $$3Li + SnSb = Li_3Sb + Sn \tag{5-5}$$

0.69V： $$4.4Li + Sn = Li_{4.4}Sn \tag{5-6}$$

0.01V/0.2V： $$xLi + C = Li_xC \tag{5-7}$$

图 5-7(c)、(d) 显示了 $SnSb@SnO_x/SbO_x@C$ 在锂离子电池中的倍率性能，在 $0.2A \cdot g^{-1}$、$0.5A \cdot g^{-1}$、$1A \cdot g^{-1}$、$2A \cdot g^{-1}$ 和 $5A \cdot g^{-1}$ 的电流密度下，比容量分别为 $800mA \cdot h \cdot g^{-1}$、$720mA \cdot h \cdot g^{-1}$、$630mA \cdot h \cdot g^{-1}$、$535mA \cdot h \cdot g^{-1}$ 和 $345mA \cdot h \cdot g^{-1}$。随着电流密度的增加，比容量会略有降低。大电流循环后电极材料的比容量保持率仍然较高，表明非常好的结构稳定性。

图 5-7(e) 为样品在电流密度为 $1A \cdot g^{-1}$ 条件下的循环性能。从图中可以看到，经历了前几周的循环活化后，样品的比容量逐渐趋于稳定，库伦效率也增加至接近 100%。经历 200 周循环后，样品仍可以获得 $600mA \cdot h \cdot g^{-1}$ 的比容量。材料较高的比容量和较长的循环寿命可以归功于其特殊的结构：第一，单分散的

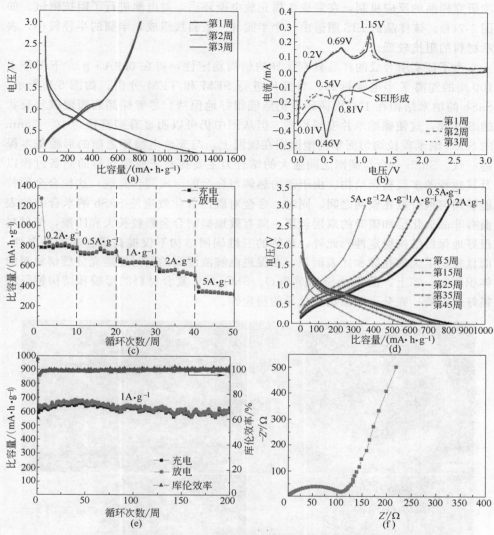

图 5-7　SnSb@SnO$_x$/SbO$_x$@C 复合材料在 LIBs 中的电化学性能

（a）充放电曲线；（b）CV 曲线；（c）、（d）倍率性能；（e）循环性能；（f）阻抗图

纳米 SnSb 合金颗粒能够缩短锂离子和电子的扩散路径，改善电荷的反应动力学速率。纳米颗粒和超薄的碳网使材料表现出较大的比表面积，提供了丰富的电荷转移位点。第二，连续的多孔碳使材料具有优异的导电性，同时提供了足够的空间容纳锡基合金在脱嵌锂过程中的体积变化，其丰富的孔隙也为电解液的浸润提供了有利条件。第三，SnSb 合金的多电子反应机制使材料具有超高的理论比容量。基于上述多种优势的结合，样品表现出了非常优异的电化学性能。为了进一

步研究样品的反应机制，在完成 1 周充放电循环后，对电池进行了阻抗测试，如图 5-7(f)。该样品的 EIS 图谱由一个半圆和一条斜线组成，半圆的半径较小，表示材料的阻抗较低。

为了证实所合成的样品具有优异的结构稳定性，将在 $0.2A \cdot g^{-1}$ 下循环了 100 周的锂离子半电池拆卸，对极片进行 SEM 和 TEM 分析。如图 5-8 所示，SnSb 的纳米结构在 100 周循环后仍然能很好地保持。尽管样品表面覆盖着胶状的 SEI 膜，这使碳纳米片变得模糊，但从图中仍可以明显看到直径为 10～35nm 的 SnSb 纳米颗粒均匀而牢固地镶嵌在碳网上，与充放电循环之前的形貌基本保持一致。SnSb 合金与碳网之间强大的结合力主要得益于原位热解的制备过程以及其独特的多层核壳结构。由于碳的热解与合金的形成同步完成，这使合金颗粒能够均匀地分散在碳网之间。同时，合金对碳的催化效应使 SnSb 纳米合金的表面有非晶氧化层和碳壳的双层包覆，能有效地抑制合金颗粒长大和团聚，使材料很好地保持结构稳定性。此外，独特的三维碳网结构不仅提高了材料的导电性，而且提供了大的孔隙和比表面积，在促进电解液浸润的同时还能充分缓解材料的体积膨胀。综上，循环后 SnSb@SnO$_x$/SbO$_x$@C 复合材料的形貌和结构特征能很好地保持，充分说明该结构优异的稳定性。

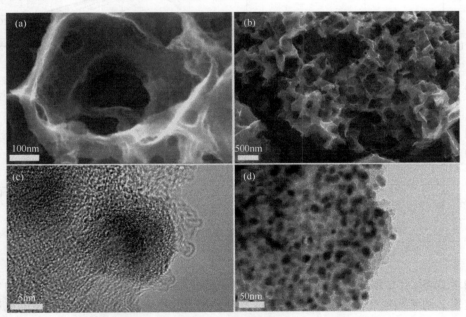

图 5-8　SnSb@SnO$_x$/SbO$_x$@C 复合材料在 100 周循环后的
SEM 图（a）、（b）；TEM 图（c）、（d）

鉴于 SnSb@SnO$_x$/SbO$_x$@C 复合材料在锂离子电池中优异的电化学性能，

进一步研究了其储钠性能。图 5-9（a）显示了样品在 $0.1mV \cdot s^{-1}$ 的扫描速率下，在 $0.005 \sim 3.0V$（vs. $Na^+/Na$）的电压范围内前 5 周的 CV 曲线。与在锂离子电池中的结果相似，其第 1 周的 CV 曲线和随后 2 周的 CV 曲线有较大差异，这个差异主要是由于电解液的分解以及钠离子在碳和 SnSb 中的不可逆脱嵌造成的。在首次充放电后，位于 0V 和 0.22V 附近的还原峰在随后的循环中保持不变，该位置的氧化还原峰与 $Na^+$ 在碳层中的嵌入反应和 $Na_{3.75}Sn$ 的形成有关；在 0.55V 附近较宽的氧化还原峰与 $Na^+$ 和 Sb、Sn 的合金化反应有关［式（5-8）和式（5-9）］。相应地，在充电过程中，可以看到位于 0.2V、0.7V 和 0.97V 的三个氧化峰。在 0.20V 附近的氧化峰表示 $Na^+$ 从 C 和 $Na_{3.75}Sn$ 中脱出，在 0.7V 附近的氧化峰则代表 $Na^+$ 从 $Na_xSn$ 和 $Na_xSb$ 中脱出，在 0.97V 附近的氧化峰表示 $Na_xSb$ 的脱合金化过程。首次循环结束后，样品后几周的 CV 曲线基本重合，这表明材料具有很好的反应可逆性。

$$SnSb + 3Na^+ + 3e^- \rule[0.5ex]{2em}{0.4pt} Na_3Sb + Sn \tag{5-8}$$

$$Sn + 3.75Na^+ + 3.75e^- \rule[0.5ex]{2em}{0.4pt} Na_{3.75}Sn \tag{5-9}$$

图 5-9（b）显示了样品第 1 周、2 周、50 周和 100 周的充放电曲线，电流密度设定为 $0.1A \cdot g^{-1}$。图中显示的放电曲线呈现出一个斜坡状的平台，这是由于钠离子与合金在不同电压下发生了合金化反应，并且合金化过程是分步进行的。样品的首次放电比容量高达 $1010mA \cdot h \cdot g^{-1}$。但由于 SEI 膜生成等不可逆反应的存在，其首次库伦效率较低，仅为 45%。随着循环的进行，库伦效率持续增加，10 周循环后达到 100%，样品优异的结构稳定性逐渐表现出来。样品在第 2 周、第 50 周、第 100 周分别表现出 $487mA \cdot g \cdot h^{-1}$、$430mA \cdot g \cdot h^{-1}$ 和 $385mA \cdot g \cdot h^{-1}$ 的充电比容量。图 5-9（c）、（d）显示了样品在电流密度设定为 $0.1A \cdot g^{-1}$ 和 $2A \cdot g^{-1}$ 下的循环性能。样品在 $0.1A \cdot g^{-1}$ 的条件下经过 200 周循环后能保持 $359.2mA \cdot h \cdot g^{-1}$ 的可逆比容量；在 $2A \cdot g^{-1}$ 的电流密度下经过 500 周循环比容量为 $194.9mA \cdot h \cdot g^{-1}$，比容量保持率为 75%。相比于储锂比容量，样品的储钠比容量偏低。这是由于样品在反应过程中钠化不完全、利用率较低造成的。图 5-9（e）显示了样品的倍率性能，在 $0.1A \cdot g^{-1}$、$0.2A \cdot g^{-1}$、$0.5A \cdot g^{-1}$、$1A \cdot g^{-1}$、$2A \cdot g^{-1}$、$5A \cdot g^{-1}$ 和 $10A \cdot g^{-1}$ 的电流密度下，该样品的可逆比容量分别为 $460mA \cdot h \cdot g^{-1}$、$366mA \cdot h \cdot g^{-1}$、$330mA \cdot h \cdot g^{-1}$、$320mA \cdot h \cdot g^{-1}$、$290mA \cdot h \cdot g^{-1}$、$235mA \cdot h \cdot g^{-1}$ 和 $172mA \cdot h \cdot g^{-1}$。经过大倍率条件下的 70 周循环后，当电流密度再次回到 $0.1A \cdot g^{-1}$，样品的比容量也重新回到 $390mA \cdot h \cdot g^{-1}$，表现出优异的可逆特性。为了探究材料具有优异的电化学性能的原因，对不同循环数的样品进行了阻抗测试，如图 5-9（f），频率范围设定为 $10mHz \sim 100kHz$。与锂离子电池的阻抗相比，钠离子电池的电荷转移阻抗（$R_{ct}$）更大一些，这可能与其更大的离子半径导致电荷交换反应困难有关。随着循环的增加，代表电荷转移阻抗的半圆的半

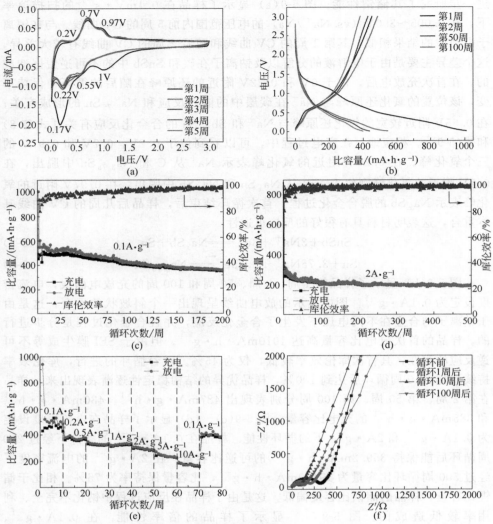

图 5-9　SnSb@SnO$_x$/SbO$_x$@C 在 NIBs 中的电化学性能：（a）CV 曲线；（b）充放电曲线；
（c）0.1A·g$^{-1}$ 的循环性能；（d）2A·g$^{-1}$ 的循环性能；（e）倍率性能；（f）阻抗图

径逐渐减小，这与材料的逐步活化有关，这一结果很好地解释了材料优异的循环性能。

　　为了深入理解样品的储锂、储钠反应机制，在不同扫描速率（0.2mV·s$^{-1}$、0.5mV·s$^{-1}$、1mV·s$^{-1}$、3mV·s$^{-1}$ 和 5mV·s$^{-1}$）下对样品构成的锂离子和钠离子电池分别进行了 CV 测试，如图 5-10。由图 5-10（a）可知，随着扫描速率的增加，曲线的形状没有明显变化。图 5-10（b）为样品在

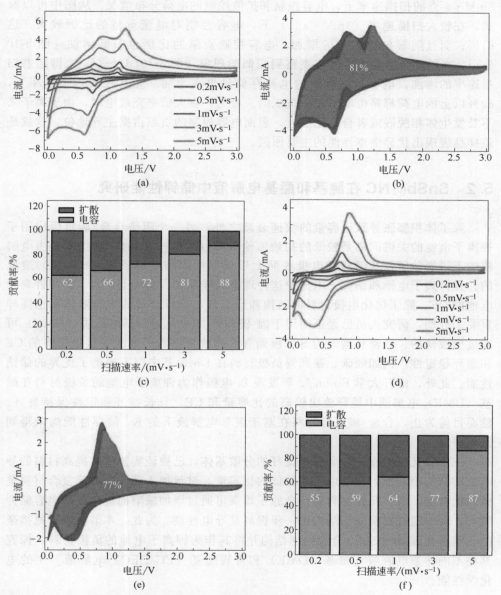

图 5-10　SnSb@SnO$_x$/SbO$_x$ 在 LIBs 中的动力学分析

（a）不同扫描速率下的 CV 曲线；（b）3mV·s$^{-1}$ 下电容和扩散控制的电荷分布；（c）不同
扫描速率下电容和扩散控制的贡献率；NIBs：（d）不同扫描速率下的 CV 曲线；
（e）3mV·s$^{-1}$ 下电容和扩散控制的电荷分布；（f）不同扫描速率下电容和
扩散控制的贡献率

$3mV \cdot s^{-1}$ 的扫描速率下，电容控制和扩散控制的电荷分布情况。从图中可以看到，在较大扫描速率（$3mV \cdot s^{-1}$）下，电容控制对电流贡献的比例较大，达 81％；而且随着扫描速率的增加，电容控制贡献的比例也不断增加［图 5-10 (c)］。在钠离子电池中也可以观察到相似的现象［图 5-10(d)～(f)］，即随着扫描速率的增加，电容控制贡献的电荷存储量也在增加。尤其在大扫描速率下，80％以上的电荷都是由电容控制贡献的。可见，在大倍率充放电时，由于离子来不及发生体相脱嵌或者合金化反应，表面电容控制的贡献占据主导地位，这就是该样品表现出优异倍率性能的主要原因。

## 5.2 SnSb@NC 在醚基和酯基电解液中储钾性能研究

除了体积膨胀导致比容量的快速衰减之外，另一个阻碍合金/碳负极应用于钾离子电池的关键问题是较低的初始库伦效率（20％～50％），这主要是由电解质的不可逆分解以及随后在电极表面上形成厚的固态电解质膜（SEI 膜）造成的；在锂离子电池和钠离子电池中这种现象同样存在。实际上，为了提高钾离子电池的 CE，除了优化电极材料的结构和形态外，选择合适的电解液体系也同样重要。近期，研究人员已经证明用于锂-硫和锂-氧电池的醚基电解质（DME）可通过形成薄的、致密且均匀的 SEI 膜而有效地改善钠离子电池中负极材料的 CE 和循环稳定性，例如硬碳、铋和锡负极材料在 DME 基中都表现出了优异的储钠性能。此外，南开大学 Fujun Li 等发现 Bi 电极作为钾离子电池的负极材料在醚基（DME）电解液中能释放出较高的比容量和 CE，且长循环稳定性保持良好。然而目前为止，合金/碳复合材料在基于醚基电解液下的 $K^+$ 储存性能尚未得到系统研究。

三维多孔结构作为合金材料良好的分散基体，已被证实能有效提高材料的导电性和结构稳定性，然而由于其较低的比容量，过量加入可能会影响复合材料整体的比容量。对多孔碳材料进行杂原子掺杂可通过增加缺陷而提高其赝电容储钾性能，同时通过影响电子结构进一步提高其导电性能。为此，本节构筑了氮掺杂的三维多孔碳限域 SnSb 合金纳米结构并将其作为钾离子电池的负极材料，探究其在不同体系电解液［醚基（DME）和常规酯基（EC/DEC）电解液］中的电化学性能。

### 5.2.1 材料的制备

将氯化钠（20.64g）、$SbCl_3$（0.41g）、$SnCl_2$（0.40g）、柠檬酸（2.50g）和硝酸铵（2.50g）溶解在 75mL 的去离子水中，搅拌均匀后置于冰箱冷冻，之后放入冷冻干燥机中 24h 以除去水分。最后将得到的白色粉末放入管式炉中以

3℃·min$^{-1}$ 的升温速率升至 600℃并保温 2h，通入氢气和氩气的混合保护气（流量比 H$_2$：Ar＝1：2）；待自然冷却后，用去离子水洗涤样品以除去氯化钠模板，干燥后即可得到 SnSb@NC。具体步骤如图 5-11 所示。作为比较，制备了纯多孔碳材料以及采用锡粉和锑粉在氩气气氛下 600℃烧结 2h 而成的 SnSb 金属粉。

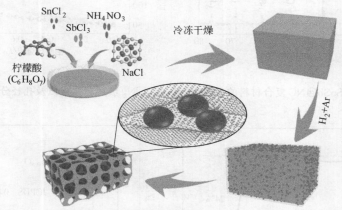

图 5-11　N 掺杂的三维多孔碳限域 SnSb 合金复合材料制备流程图

## 5.2.2　结构与形貌表征

首先，对所制备的样品进行物相结构分析。图 5-12(a) 为 SnSb@NC 复合材料的 XRD 图，在 29.16°、41.7°、51.6°、60.45°、68.51°和 76.13°处的衍射峰对应于 SnSb（JCPDS 04-003-6019）的（200）、（220）、（222）、（400）、（420）和（422）的衍射晶面。没有观察到碳和其他金属的衍射峰，这表明 SnSb 合金已经完全形成，而碳主要以非晶形式存在。SnSb 合金的晶体结构模型如图 5-12 (a) 内嵌图所示。

通过 N$_2$ 吸脱附曲线探究了 SnSb@NC 复合材料的多孔结构，如图 5-12(b) 所示。在图中可以观察到明显的 Ⅳ 型曲线，说明材料存在介孔结构。此外，SnSb@NC 表现出大的 BET 比表面积：184.0m$^2$·g$^{-1}$ 以及 BJH 脱附孔体积：0.529cm$^3$·g$^{-1}$，其孔径分布在 1～15nm，主要集中在 2nm 处〔图 5-12(b) 内嵌图〕。SnSb@NC 复合材料较大的比表面积和丰富的孔结构不仅为 K$^+$ 提供了丰富的活性位点，而且还能缓解合金化过程中 SnSb 的体积膨胀。

通过 TGA 对 SnSb@NC 复合材料的碳含量进行了测试。从 TGA 曲线〔图 5-13(a)〕可以看出，SnSb@NC 合金的质量变化主要由 SnSb 合金和三维多孔碳的氧化所致。SnSb 合金的氧化导致质量增加，而碳的燃烧使复合材料的质量减少。

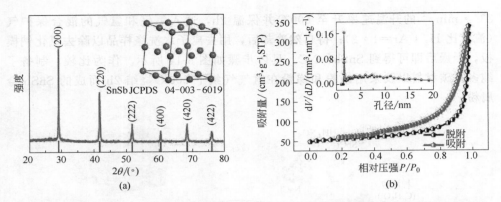

图 5-12　SnSb@NC 复合材料的 XRD 图谱（a）；N₂ 吸脱附曲线以及孔径分布图（b）

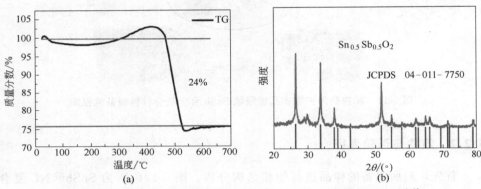

图 5-13　(a) 空气气氛下的 TGA 曲线；(b) TGA 产物的 XRD 图谱

图 5-13(b) 为样品在完成 TGA 测试后的 XRD 图谱。观察到残余产物很好地匹配为四方相的 $Sn_{0.5}Sb_{0.5}O_2$（JCPDS 04-011-7750）。基于以下化学方程式，复合材料中多孔碳的质量分数确定为 40.03%：

$$0.5SnSb+O_2 \xrightarrow{空气} Sn_{0.5}Sb_{0.5}O_2 \qquad (5\text{-}10)$$

$$C+O_2 \xrightarrow{空气} CO_2 \uparrow \qquad (5\text{-}11)$$

$$w(C)=\frac{m(SnSb@NC)-m(SnSb)\times\dfrac{m_{最终}(SnSbO_4)}{m(SnSbO_4)}}{m(SnSb@NC)} \qquad (5\text{-}12)$$

图 5-14(a)～(c) 为煅烧后但未洗去 NaCl 的 SnSb@NC 复合材料前驱体的 SEM 图，图中可以观察到前驱体是由若干立方 NaCl 颗粒自组装而成的大型三维结构，其表面被超薄碳层包围，而且碳层中内嵌着大量的细小 SnSb 合金颗粒。当用大量去离子水反复清洗样品去除 NaCl 模板时，包裹在 NaCl 外表的热解碳向内塌陷而形成交互连接的立体多孔网状结构 [图 5-14(d)～(f)]。这种交互连

接的多孔碳网络不仅提供了用于电子快速传输的导电通路，而且促进了电解质在
SnSb@NC 材料之间的渗透。

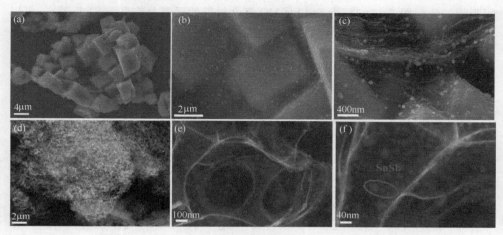

图 5-14　(a)～(c) SnSb@NC 复合材料前驱体；(d)～(f) SnSb@NC 复合材料的
不同放大倍数扫描图

　　通过透射电镜进一步研究了 SnSb@NC 复合材料的形貌。图 5-15(a) 为低
倍的 TEM 图，从图中可以进一步证实复合材料的多孔结构以及观察到较多细小
的 SnSb 合金颗粒。通过高倍的 TEM 图 [图 5-15(b)] 可以观察到 SnSb 纳米合
金颗粒被无定形碳所包裹，无定形碳的形成与较低的碳化温度和碳源的选择有
关。无定形碳不仅为 SnSb 合金在合金化过程中的体积变化提供了缓冲空间，而
且提高了材料稳定性。此外，在 SnSb 纳米合金颗粒周围的石墨化碳壳 [图 5-15
(b)] 是由合金在热处理过程中的催化作用形成的。石墨化碳壳的形成有利于抑

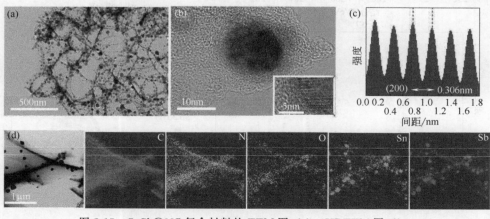

图 5-15　SnSb@NC 复合材料的 TEM 图 (a)；HRTEM 图 (b)；
晶格间距线形图 (c)；EDS 图 (d)

制 SnSb 合金的聚集和生长。此外，通过图 5-15（b）的内嵌图可观察到明显的晶格条纹，其间距为 0.306nm [图 5-15（c）]，这与 SnSb 合金的（200）衍射晶面间距相一致。图 5-15（d）为 SnSb@NC 复合材料的元素分布图（EDS 图），可以观察到 C、N、O、Sn 和 Sb 组分的均匀分布。

图 5-16（a）为 SnSb@NC 复合材料的拉曼光谱，其中 D 峰（约 1338cm$^{-1}$）

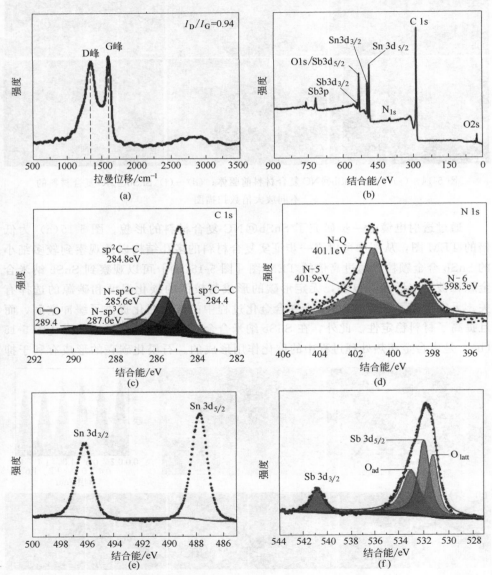

图 5-16　SnSb@NC 复合材料的拉曼光谱（a）；XPS 全谱（b）；C 1s（c）、N 1s（d）、
Sn 3d（e）、Sb 3d（f）的高分辨 XPS 谱

和 G 峰（约 $1599cm^{-1}$）分别与无序碳结构和 $sp^2$ 碳原子面内的振动相关。D 峰与 G 峰之间的相对强度比（$I_D/I_G$）表示碳材料的石墨化程度，其值为 0.94，表示复合材料中的碳为高度无序结构。

图 5-16（b）为 SnSb@NC 的 XPS 全谱图，显示了 C、N、O、Sn 和 Sb 共存。SnSb@NC 的 C 1s 光谱［图 5-16（c）］可以拟合为 284.4eV、284.8eV、285.6eV、287.0eV 和 289.4eV 五个峰，分别对应 $sp^2$C、$sp^3$C、N-$sp^2$C、N-$sp^3$C 和 C=O 键。其中，N-$sp^2$C 和 N-$sp^3$C 分别对应于 C=N 和 C—N 的形成。氮掺杂多孔碳形成的大 π 键可以提供额外的电子，具有良好的导电性，可以增强 SnSb@NC 复合材料的电子传导性。图 5-16（d）显示了 N1s 的谱峰，398.3eV、401.1eV 和 401.9eV 处的三个峰为吡啶氮（N-6）、石墨氮（N-Q）和吡咯氮（N-5），其相对应的峰面积比例为 33.1%、33.4% 和 33.5%。图 5-17 给出了 SnSb@NC 复合材料三种氮缺陷形式的示意图，其中 N-5（在石墨平面边缘用氮原子取代碳原子）可以诱导大量缺陷形成并产生更多的活性位点，增加材料表面 $K^+$ 的额外存储，有利于增加材料的可逆比容量。吡啶氮属于 $sp^2$ 杂化，有利于提高材料的电子传导性。

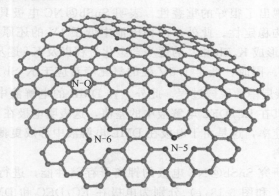

图 5-17　三种形式氮掺杂碳的示意图

图 5-16（e）～（f）为 Sn3d 和 Sb3d 的谱峰，可被拟合为 Sn $3d_{3/2}$（496.2eV）、Sn $3d_{5/2}$（487.7eV）、Sb $3d_{3/2}$（540.0eV）和 Sb $3d_{5/2}$（531.9eV）。如图 5-16（e）所示，Sn 3d 在 487.7eV（Sn$3d_{5/2}$）的结合能高于 $Sn^0$（485.0eV）和 $Sn^{2+}$（487.0eV），而低于 $Sn^{4+}$（497.3eV），这意味着氧化物（$Sn_xO_y$）存在于合金表面。同样，如图 5-16（f）所示，Sb $3d_{5/2}$ 的结合能高于 $Sb^{3+}$ $3d_{5/2}$（529.8eV）和 $Sb^0$ $3d_{5/2}$（528.6eV）的结合能，这可能是因为氧化锑（$Sb_xO_y$）的存在。此外，合金表面上的 $Sn_xO_y$ 和 $Sb_xO_y$ 可能是无定形氧化物，因为在 XRD 图谱中并没有氧化物相关特征衍射峰。形成这种氧化物一种可能的原因是样品表面的金属离子参与柠檬酸的碳化反应，导致 $Sn^{2+}$ 和 $Sb^{3+}$ 氧化形成无定形的 $Sn_xO_y$ 和

$Sb_xO_y$。无定形壳层的各向同性为钾离子提供了快速的传输通道，大大增加了钾离子的扩散能力。

### 5.2.3　电化学储钾性能

首先通过循环伏安法在 $0.1mV \cdot s^{-1}$ 的扫描速率下测试 SnSb@NC 电极在两种不同电解液中的储钾行为。图 5-18(a) 和图 5-18(d) 分别是 SnSb@NC 电极在 EC/DEC 和 DME 电解液中初始三个循环的 CV 曲线。如图 5-18(a) 所示，在第 1 周循环中，在使用 EC/DEC 电解液的电池中观察到约 0.68V 处明显的还原峰，并且在随后的循环中消失，这可归因于电极的初始副反应，其导致电解质和电极界面固体电解质中间相（SEI 层）的形成，从而导致初始较大的不可逆比容量。相反，在 DME 的电解液中，在 0.68V 附近并没有出现明显的还原峰［图 5-18(d)］，这可能是由于在 DME 中形成更薄的 SEI 层。此外，0.1~0.5V 处明显的不可逆还原峰与表面氧化物（$Sn_xO_y/Sb_xO_y$）的不可逆转化反应以及第 1 周循环期间碳缺陷中不可逆的 $K^+$ 存储有关。从第 2 周循环开始，CV 曲线在两种电解液中都表现出了很好的重叠性，表明 SnSb@NC 电极具有良好的反应可逆性和优异的结构稳定性。此外，两种电池中低于 1V 的还原峰都与 Sn（形成 KSn 相）和 Sb（形成 $K_3Sb$ 相）的逐步合金化过程以及 $K^+$ 逐步嵌入三维多孔碳中形成 $KC_8$ 有关。同时，低于 1.5V 处的氧化峰对应于 $K_3Sb$ 和 KSn 的脱合金反应以及 $K^+$ 从碳层中的脱嵌过程。此外，在 DME 的电解液中，氧化还原峰之间的峰值差小于其在 EC/DEC 电解液中的差值，这表明电极在 DME 中有更快的离子动力学扩散速率，这是由于电极在 DME 电解液中形成更薄的 SEI 层缩短了钾离子的扩散距离。

为了进一步研究 SnSb@NC 电极的钾离子存储性能，进行了恒电流充放电测试。图 5-18(b) 和图 5-18(e) 分别为电极在 EC/DEC 和 DME 电解液中第 1 周、2 周、3 周、4 周、5 周、50 周、100 周和 200 周循环的充放电曲线。总体来

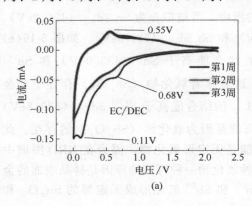

(a)

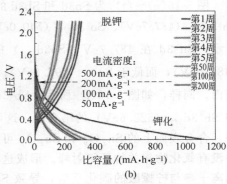

(b)

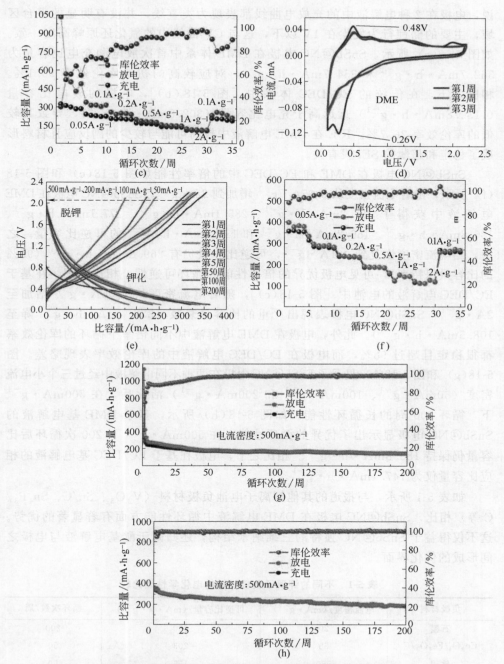

图 5-18　SnSb@NC 电极在 EC/DEC 电解液中的储钾性能

（a）CV 曲线、（b）充放电曲线、（c）倍率性能、（g）长循环性能；SnSb@NC 电极在 DME
电解液中的储钾性能：（d）CV 曲线、（e）充放电曲线、（f）倍率性能、（h）长循环性能

说，电极在 2 种电解液中的充放电曲线都表现为类直线，并没有明显的平台区域，主要的储钾行为发生在 1V 以下，这与 CV 曲线中的氧化还原峰高度一致。如图 5-18(e) 所示，SnSb@NC 电极在 DME 体系中首次放电和充电比容量为 362.7mA·h·g$^{-1}$ 和 354.7mA·h·g$^{-1}$，对应较高的初始库伦效率 90.1％。相比之下，在传统的 EC/DEC 体系中 [图 5-18(b)]，电极的放电比容量 (1130.8mA·h·g$^{-1}$) 远远高于充电比容量 (302.8mA·h·g$^{-1}$)，导致其较低的库伦效率 26.7％。ICE 在 DME 电解液中较高可能与较少的副反应且材料形成了稳定和超薄的 SEI 膜有关。

SnSb@NC 电极在 DME 和 EC/DEC 中的倍率性能如图 5-18(c) 和图 5-18 (f) 所示，随着电流密度从 0.05A·g$^{-1}$ 增加到 2A·g$^{-1}$，SnSb@NC 电极在 DME 电解液中获得了 357.2mA·h·g$^{-1}$、285.1mA·h·g$^{-1}$、277.1mA·h·g$^{-1}$、186.8mA·h·g$^{-1}$、156.2mA·h·g$^{-1}$ 和 116.6mA·h·g$^{-1}$ 的可逆比容量。之后，当电流密度恢复到 0.1A·g$^{-1}$，可逆比容量仍有 269.8mA·h·g$^{-1}$（95％的比容量保持率），可见电极优异的倍率性能和循环可逆性。相比之下，在基于 EC/DEC 电解液的电池中 [图 5-18(c)]，随着电流密度从 0.05A·g$^{-1}$ 增加至 2A·g$^{-1}$，SnSb@NC 电极表现出严重的比容量衰减（322.4mA·h·g$^{-1}$ 降至 108.5mA·h·g$^{-1}$）。此外，电极在 DME 电解液中不同倍率下循环的库伦效率都很稳定且超过 98％，而电极在 EC/DEC 电解液中的库伦效率表现略差。图 5-18(g) 和图 5-18(h) 显示了 SnSb@NC 电极在两种不同电解液中经过三个小电流密度（50mA·g$^{-1}$、100mA·g$^{-1}$ 和 200mA·g$^{-1}$）活化后，在 500mA·g$^{-1}$ 下，循环 200 周的长循环性能。如图 5-18(h) 所示，基于 DME 基电解液的 SnSb@NC 电极显示出了优异的循环性能，在 500mA·g$^{-1}$ 下 200 次循环后比容量仍保持 185.8mA·h·g$^{-1}$。相比之下，电极在基于 EC/DEC 基电解液的相应比容量仅为 147.4mA·h·g$^{-1}$。

如表 5-1 所示，与报道的其他钾离子电池负极材料（V$_2$O$_3$、Sn/C、Sn$_4$P$_3$/C 等）相比，SnSb@NC 电极在 DME 电解液中循环性能方面有着显著的优势。这不仅得益于 SnSb@NC 独特的三维纳米结构，还归因于醚基电解液与电极之间形成的优化界面。

表 5-1　不同的钾离子负极材料的电化学性能比较

| 负极材料 | 电流密度/(mA·g$^{-1}$) | 可逆比容量/(mA·h·g$^{-1}$) | 循环次数/周 |
| --- | --- | --- | --- |
| 石墨 | 20 | 200 | 200 |
| Co$_3$O$_4$-Fe$_2$O$_3$/C | 50 | 203 | 50 |
| 软碳 | 550 | 155 | 50 |
| V$_2$O$_3$ | 50 | 210.7 | 500 |
| SnS$_2$ | 25 | 250 | 30 |

| 负极材料 | 电流密度/(mA·g$^{-1}$) | 可逆比容量/(mA·h·g$^{-1}$) | 循环次数/周 |
|---|---|---|---|
| Sn/C | 25 | 110 | 30 |
| Ti$_3$C$_2$ Mxene | 200 | 50 | 900 |
| MoS$_2$ | 20 | 65.4 | 200 |
| Sn$_4$P$_3$/C | 50 | 307.2 | 50 |
| N-石墨 | 100 | 150 | 100 |
| R-GO | 100 | 170 | 100 |
| TiS$_2$ | 24 | 151.1 | 120 |
| 三维 SnSb@NC | 500 | 234.9 | 100 |
|  |  | 185.8 | 200 |

作为对比，还测试了纯三维多孔碳在 EC/DEC 和 DME 电解液中的比容量（图 5-19、表 5-2、表 5-3）。在 0.1A·g$^{-1}$ 的电流密度下，纯三维多孔碳在两种电解液中分别释放出 132.9mA·h·g$^{-1}$ 和 111.5mA·h·g$^{-1}$ 的比容量，其占整个 SnSb@NC 电极总比容量的比例为 23.9% 和 15.7%。

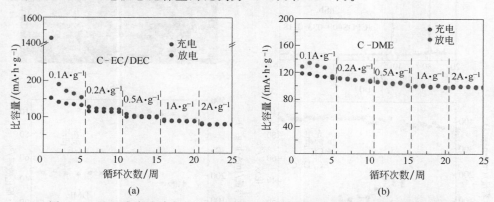

图 5-19　纯三维多孔碳在（a）EC/DEC 和（b）DME 电解液中的电化学性能

表 5-2　纯三维多孔碳和 SnSb 合金在 EC/DEC 中的比容量贡献比例

| 项目 | 比容量贡献率/% | | | | |
|---|---|---|---|---|---|
|  | 0.1A·g$^{-1}$ | 0.2A·g$^{-1}$ | 0.5A·g$^{-1}$ | 1A·g$^{-1}$ | 2A·g$^{-1}$ |
| 纯三维多孔碳 | 23.9% | 23.2% | 25.3% | 26.2% | 29.9% |
| SnSb 合金 | 76.1% | 76.8% | 74.7% | 73.8% | 70.1% |

表 5-3　纯三维多孔碳和 SnSb 合金在 DME 中的比容量贡献比例

| 项目 | 比容量贡献率/% | | | | |
|---|---|---|---|---|---|
|  | 0.1A·g$^{-1}$ | 0.2A·g$^{-1}$ | 0.5A·g$^{-1}$ | 1A·g$^{-1}$ | 2A·g$^{-1}$ |
| 纯三维多孔碳 | 15.7% | 15.5% | 21.6% | 25.4% | 33.7% |
| SnSb 合金 | 84.3% | 84.5% | 82.38% | 74.6% | 66.3% |

此外，如图 5-20 所示，合成了微米尺寸的 SnSb 合金，并研究了其结构、形态和电化学性能。SnSb 合金电极在 EC/DEC 中、0.1A·g$^{-1}$ 电流密度下的初始放/充电比容量为 433.2mA·h·g$^{-1}$ 和 286.6mA·h·g$^{-1}$，其 CE 为 66.15％。20 周之后，比容量迅速衰减至 25.7mA·h·g$^{-1}$，这可能是由于钾离子在脱嵌过程中，SnSb 电极体积变化过大，导致电极粉碎所致。相比之下，SnSb 合金在 DME 中相同电流密度下初始放/充电比容量为 268.2mA·h·g$^{-1}$ 和 199.5mA·h·g$^{-1}$，CE 为 74.39％；而且 SnSb 电极在 DME 中表现出了更好的比容量保持率（15 个循环后为 212.3mA·h·g$^1$）。但与 SnSb@NC 相比，其电化学性能要差很多，可见独特的结构设计以及选择合适的电解液都是提升钾离子电池电化学性能不可或缺的因素。

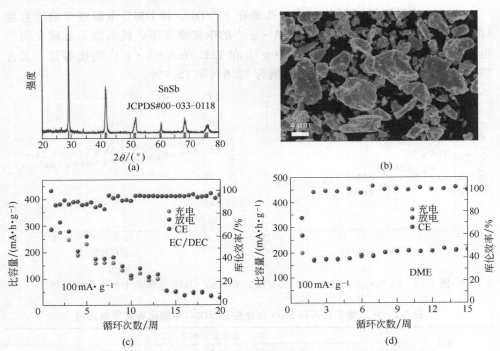

图 5-20 纯 SnSb 合金电极 XRD 图谱（a）；SEM 图谱（b）；在 EC/DEC 中（c）和在 DME 中（d）的钾离子电池循环性能

电解液的浸润性可能是影响 K$^+$ 表面扩散动力学的另一个关键因素。我们通过测试接触角来评估 2 种电解液中电极的浸润性，如图 5-21 所示。显然，基于 DME 的电解液在 4s 内能有效地扩散铺展在由 SnSb@NC、炭黑和 PVDF 组成的电极表面，而基于 EC/DEC 的电解液完全扩散需要超过 2min。这表明 DME 电解液对 SnSb@NC 电极有更好的浸润性。表面离子的可利用性在 K$^+$ 嵌入电极过程中起着至关重要的作用，更好的电解液浸润性有利于提高电极的倍率性能，因此，除了SnSb@NC的纳米结构设计之外，DME电解液更好的电极浸润性也是保证K$^+$更快的扩散动力以及优异的倍率性能的因素。

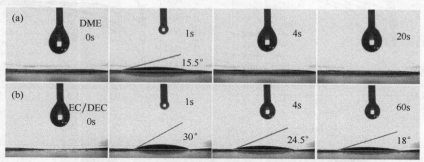

图5-21 SnSb@NC电极在不同电解液中的浸润角分析
(a) DME；(b) EC/DEC

为了深入探究SnSb@NC电极优异的钾离子存储性能，采用不同扫描速率下的CV曲线来研究电极在DME和EC/DEC电解液中的反应动力学。图5-22(a)、(b) 显示了电极在两种电解液中，0.1～0.6mV·s$^{-1}$电流密度下的CV曲线。显然，DME电解液中的还原峰比EC/DEC电解液中的还原峰强得多，这种现象也可以在图5-18(a) 和图5-18(d) 中观察到。进一步基于Dunn方法评估CV的动力学分析可见下式：

$$I(v)=k_1v+k_2v^{1/2} \tag{5-13}$$

根据该等式，固定电位下的电流响应可分为电容控制过程（$k_1v$）和扩散控制过程（$k_2v^{1/2}$）。图5-22(c)、(d) 显示了电容控制在两种电解液中0.1mV·s$^{-1}$下的比例分别为52％和60％，表明该过程在较低电流密度下由电容和扩散共同控制。随着扫描速率的增加，电容过程开始逐渐占主导。在0.6mV·s$^{-1}$时，DME和EC/DEC中电容贡献率分别达到了72％和78％。图5-22(e) 比较了电极在2种电解液中、不同扫描速率下的电容贡献率，电容控制电荷存储在2个电池中都有显著贡献，特别是在较快扫描速率下，因此SnSb@NC电极在DME和EC/DEC中都表现出优异的倍率性能。

图5-23给出了SnSb@NC电极在不同循环周数后（循环前、循环5周后、循环25周后）的充电状态的EIS曲线以及对应的等效电路。图5-23(a)～(b) 比较了电极在2种不同电解液中循环5周后的阻抗曲线。明显不同的是在图5-23(b) 中放大的高频范围内，观察到可忽略的SEI膜阻抗，这是由于DME电解液发生较少的副反应而形成了薄的SEI膜，因此材料表现出高的CE。相反，在图5-23(a) 中观察到了明显的SEI膜阻抗半圆，这是由SnSb@NC电极在EC/DEC电解液中表面形成相对较厚的SEI膜引起的。较厚的SEI膜不利于K$^+$扩散，导

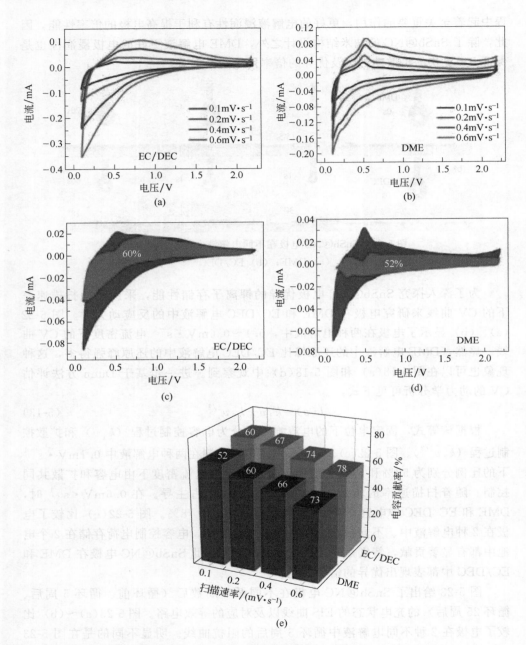

图 5-22　SnSb@NC 电极 (a)、(b) 不同扫描速率的 CV 曲线；(c)、(d) 在 0.1mV·s$^{-1}$
扫描速率下电容和扩散贡献率；(e) 在两种电解液中，
不同扫描速率下的电容贡献率

致在 SEI/电极界面上离子扩散较慢而形成一个不可忽略的界面阻抗。此外，在电极界面处的电荷转移电阻（$R_{ct}$）也明显受到了 SEI 膜的影响，可观察到更大 $R_{ct}$ 在 EC/DEC 电解液中形成。图 5-23(c)～(d)列出了电极在两种电解液中循环前和不同循环周数后的电化学阻抗谱的比较。在 EC/DEC 电解液中，电极在循环 5 周和 25 周之后，与离子扩散到体电极有关的斜线的斜率变小，这表明随着电池的循环周数增加，$K^+$ 扩散变得越来越困难。在 DME 电解液中，SnSb@NC 电极阻抗谱斜线的斜率在不同循环状态下基本保持不变，这表明 $K^+$ 的扩散受循环的影响很小。因此，SnSb@NC 电极在 DME 电解液中实现高的 CE 和优异的倍率性能一部分可归因于其较小的 SEI 膜阻抗、较小的 $R_{ct}$ 以及快的 $K^+$ 扩散速率。

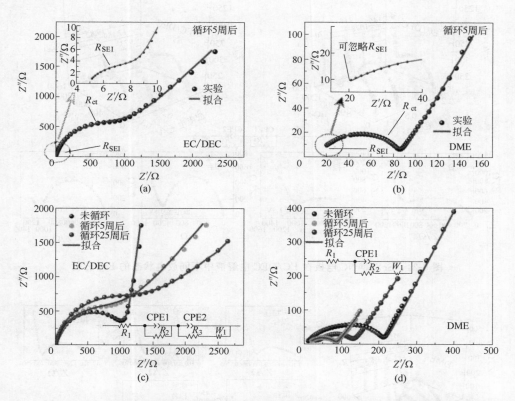

图 5-23　SnSb@NC 电极在 EC/DEC 和 DME 电解液中的电化学阻抗谱以及对应的不同电解液的等效电路

(a)、(b) 5 周循环后；(c)、(d) 不同循环周数对比

除此之外，我们采用非原位技术（通过蓝电设备将半电池充/放到截止电压后，再测阻抗）研究了 SnSb@NC 电极在两种电解液中首次放电过程中的阻抗

变化。图 5-24 和图 5-25 比较了放电过程中，SnSb@NC 电极在不同电解液体系中的电化学阻抗谱。$R_{ct}$ 代表电荷转移电阻，显然，与 EC/DEC 电解液中的电极相比，DME 电解液中 SnSb@NC 电极表现出的 $R_{ct}$ 更小，表明其在 DME 电解液中具有相对较低的电荷转移电阻，电荷传递速率更快。此外，放电过程中在 EC/DEC 电解液中存在明显的 SEI 膜阻抗。值得注意的是，在非原位测试期间，电极的 $R_{ct}$ 显示出了先增大后减小的趋势。这可能是由于电极合金化导致体积增加和产生新的物质会增加离子转移的距离，从而增加转移阻抗。然而随着电极的逐渐活化，$R_{ct}$ 又呈现出下降趋势。

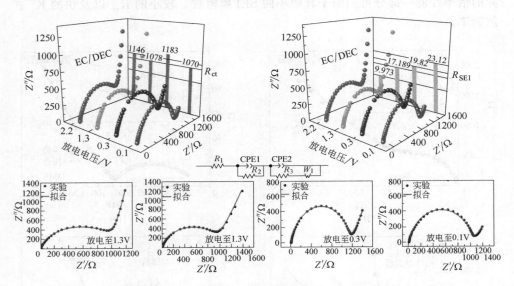

图 5-24　SnSb@NC 电极在 EC/DEC 电解液中不同放电状态的 EIS 分析

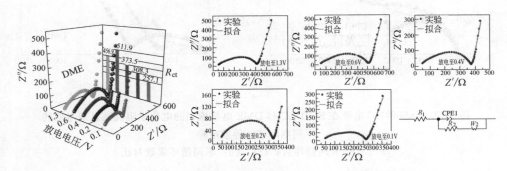

图 5-25　SnSb@NC 电极在 DME 电解液中不同放电状态的 EIS 分析

通过 SEM 和 XPS 检查循环后的电极表面的形态和组成变化。如图 5-26 所示，在两种电解液中，在 $100mA \cdot g^{-1}$ 的电流密度下循环 30 周后，通过 SEM 发现合金纳米颗粒仍然牢固地嵌于碳层中，表明其优异的结构稳定性。图 5-26 (a) 中粗糙且不太亮的表面表示 EC/DEC 电解液中形成较厚的 SEI 膜，而图 5-26(b) 中的光亮且透明的表面表示 DME 电解液中形成的 SEI 膜较薄。

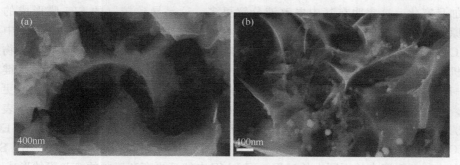

图 5-26 SnSb@NC 电极在 $100mA \cdot g^{-1}$ 的电流密度下循环 30 周后的 SEM 图

此外，进行了 XPS 表征以检测电极在这两种电解液中 100 周循环之后的 SEI 膜的组成成分。在两种极片上都检测出了比较强的 C、O 和 F 信号。如图 5-27(a) 所示，C 1s 的 XPS 峰可被解卷积为五个子峰，其中在 283.7eV 的峰值可归因于炭黑，其余四个子峰分别对应 284.2eV 的 $sp^2C$ 键、285.1eV 的 C—N 键、287.77eV 的 C—F 键和 288.9eV 的 O—C≡O 键。

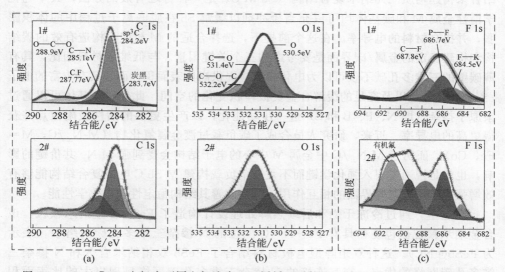

图 5-27 SnSb@NC 电极在不同电解液中 100 周循环后的 C1s、O1s 和 F1s 的 XPS 图谱：
(1♯) DME 和 (2♯) EC/DEC

O 1s 在 DME 和 EC/DEC 电解液中的 XPS 图谱也可被拟合为三个子峰，分别对应于 531.4eV 的 C═O 键、532.2eV 的 C—O—C 键以及 530.5eV 的盐类（RCH$_2$OK、K$_2$CO$_3$ 和 KO$_2$）。表层中 C—O 键和 C═O 键可能来源于 DME 电解液和 EC/DEC 电解液的分解还原。值得注意的是，如图 5-27（b）（2#），在 EC/DEC 电解液中 C—O 和 C═O 的峰所占的比例相比于 DME 电解液中的明显增加且宽化，这表明在其中电解液分解更多，这是导致较厚的 SEI 膜形成的主要原因。与最初的 SnSb@NC 电极相比，电极在 EC/DEC 和 DME 电解液中都有 C—F 键出现以及电极表面 O 含量增加的现象，表明在 SEI 膜中存在有机物和无机物。尽管从这两种电解液的 F 1s 光谱中都可以观察到 C—F 键、P—F 键和 F—K 键 [图 5-27（c）]，但 EC/DEC 电解液中的峰比 DME 电解液中的峰高且更宽泛。此外，在 EC/DEC 电解液体系中还检测到其他与有机氟相关的峰，这表明 EC/DEC 电解液分解更加严重，并且 SEI 膜的组成更加复杂。总体来说，在 EC/DEC 和 DME 电解液中 SEI 膜的组分及其相对比例存在着明显差异，这表明了 SEI 膜在 2 种电解液中的不同生长过程；而 DME 电解液更有利于薄的 SEI 膜的形成。

## 5.3 FeSb@NC 复合材料储钠、储钾性能研究

为了防止 Sb 基材料在合金化过程中发生较大的体积变化，从而导致严重的结构坍塌、电极粉碎进而造成比容量的快速衰减，将 Sb 与其他金属（M）和碳基体结合来构建均质三元纳米复合结构（Sb-M-C）是一种行之有效的方法，其中电化学惰性金属 M 和碳基体均可以充当缓冲剂以缓解 Sb 在脱嵌离子过程中的体积膨胀，并提高材料的电导率。在这个前提下，选择合适的 M 衬底，构造有效的碳结构和构建稳定的金属/碳界面是要考虑的三个关键因素。与低维碳材料相比，具有薄碳壁的三维多孔碳不仅可以为电化学反应提供高比表面积，而且具有丰富的电子/离子转移通道以及充足的缓解合金负极体积变化的空间。此外，碳基体可以通过杂原子掺杂（即 N、P、B 和 S）进一步功能化，以产生更多的活性吸附位点并获得更高的电导率。近来，研究人员合成了碳负载过渡金属氮化物（M-N$_x$/C，M═Fe、Co），证明了 M-N$_x$/C 中金属 M 中心的电子结构会受到强 M-N$_x$ 共价键的影响，也就是说通过引入强化学键而不是简单负载构建 M-Sb-C 电极复合结构能够有效增强合金与碳之间界面的相互作用，进而改善其结构稳定性和电化学性能。

在这里，通过冷冻干燥和后续热解处理设计构造了 FeSb 合金纳米颗粒，该合金纳米颗粒被包裹在具有 Fe—N—C 配位的 N 掺杂三维多孔碳网络中（表示为 FeSb@NC）。这种双矩阵型电极材料结合了 FeSb 双相纳米合金和 N 掺杂三维多孔碳网络的优点：交互连接的 N 掺杂三维多孔碳网络呈现出大的比表面积和高导电性，这不仅可以缩短离子扩散路径，增加电极/电解液的接触面积，还可以显著限制纳米级 FeSb 合金的生长和聚集。此外，FeSb 合金纳米颗粒可保证高的比容量，其牢固的 Fe—N—C 键可以有效增强界面相互作用，进而改善复

合电极的结构完整性和稳定性。

## 5.3.1　材料的制备

将氯化钠（20.640g）、硝酸铵（2.500g）和柠檬酸（2.500g）溶解在75mL的去离子水中，搅拌均匀。之后，将 $Fe(NO_3)_3 \cdot 9H_2O$（0.728g）和 $SbCl_3$（0.409g）加入之前所述澄清溶液中并搅拌4h，再将澄清溶液倒入培养皿中，放置冰箱冻成实心冰块后，放入冷冻干燥机24h以去除水分。然后将获得的白色粉末样品收集装入坩埚，放入管式炉中以 $3℃ \cdot min^{-1}$ 的升温速率升至600℃并保温2h。在这期间管式炉中通入氢气和氩气的混合保护气（流量比 $H_2$：$Ar=1$：2）；待自然冷却后，用去离子水洗涤样品3～4次，以除去氯化钠模板，将除去氯化钠模板的样品放入60℃干燥箱真空干燥12h即可得到氮掺杂的多孔碳限域的FeSb合金复合材料，记作FeSb@NC。具体步骤如图5-28所示。作为比较，我们也制备了不加氮源在相同气氛下600℃烧结2h而成的FeSb@C复合材料。

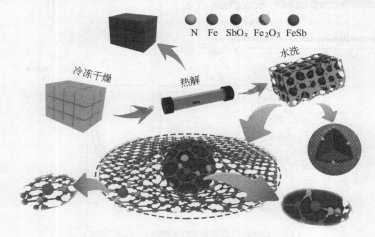

图5-28　FeSb@NC复合材料制备流程图

## 5.3.2　结构与形貌表征

首先，对所制备的样品进行物相结构分析。图5-29(a)所示为所制备样品的XRD图。尖锐的衍射峰表明，FeSb纳米晶体结晶性良好，所有的衍射峰都可以被索引为正交相FeSb（JCPDS 34-1053）和六方相 $FeSb_2$（JCPDS 65-3798）。详细的Rietveld精修结果在表5-4中给出。此外，FeSb和 $FeSb_2$ 的晶体结构如图5-29(a)插图所示。进一步在室温下使用 $^{57}Fe$ Mössbauer光谱仪研究了电极材料中Fe的局部环境。如图5-29(b)所示，典型的Mössbauer光谱图显示出了两个四级双峰，四级分裂的值分别为 $1.26\text{mm} \cdot \text{s}^{-1}$ 和 $0.32\text{mm} \cdot \text{s}^{-1}$。FeSb 的分裂程度较小，而 $FeSb_2$ 的分裂程度较大。从图中可以观察到复合材料中存在主相 FeSb 和少量 $FeSb_2$ 相，这与 XRD 分析结果相符，详细的 Mössbauer 拟合参数在表 5-5 中给出。图 5-29(c) 给出了 FeSb@NC 材料的 $N_2$ 吸脱附曲线，该曲线可归于具有 $H_3$ 型回滞线的 IV 型曲线，意味着其大部分是中孔结构，具体的形貌分析将在 SEM 测试中给出。测量的 FeSb@NC 复合材料的 BET 比表面积为 $196.6\text{m}^2 \cdot \text{g}^{-1}$，并且孔径分布曲线显示出一种多微孔结构，孔径分布在 1～20nm 范围内。

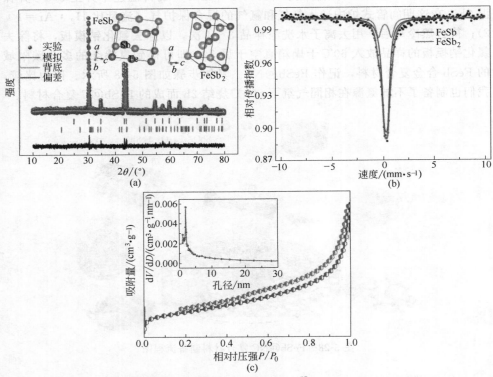

图 5-29　FeSb@NC 复合材料的 XRD 图谱（a）；[57]Fe Mössbauer 光谱图（b）；
$N_2$ 吸脱附曲线（c）

表 5-4　Rietveld 精修结果值

| 合金 | | 复合材料/nm | 质量分数 |
|---|---|---|---|
| Fe-Sb | FeSb | P63/mmc,六方 $a=0.40937(10)$,$b=0.40937(10)$,<br>$c=0.51362(3)$ | 96.8% |
| | $FeSb_2$ | Pnnm,正交 $a=0.5794(5)$,$b=0.6521(4)$,$c=0.31943(16)$ | 3.2% |

**表 5-5　Mössbauer 拟合参数**

| 复合材料 | IS | QS | RA/% |
|---|---|---|---|
| FeSb | 0.44 | 0.32 | 79.6 |
| FeSb$_2$ | 0.39 | 1.24 | 21.4 |

进一步地，通过 TGA 对 FeSb@NC 复合材料的碳含量进行了大致评估。从 TGA 曲线 [图 5-30(a)] 可以看出，FeSb@NC 复合材料的质量变化主要归因于测试过程中 FeSb 合金的氧化和三维多孔碳的燃烧。FeSb 合金的氧化导致复合材料的质量增加，而碳的燃烧导致复合材料的质量减少。图 5-30(b) 为 TGA 测试产物的 XRD 图谱。观察到的残余产物匹配为 Fe$_2$O$_3$（JCPDS 33-0644）和 Sb$_2$O$_3$（JCPDS 11-0689）。因此基于以下等式，复合材料中多孔碳的含量可确定为 52.5%：

$$2FeSb + 3O_2 \xrightarrow{\text{空气}} Fe_2O_3 + Sb_2O_3 \tag{5-14}$$

$$C + O_2 \xrightarrow{\text{空气}} CO_2 \uparrow \tag{5-15}$$

$$w(C) = \frac{m(FeSb@NC) - m(FeSb) \times \dfrac{m_{\text{最终}}(Fe_2O_3/Sb_2O_3)}{m(Fe_2O_3/Sb_2O_3)}}{m(FeSb@NC)} \tag{5-16}$$

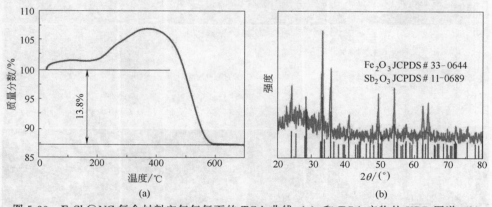

图 5-30　FeSb@NC 复合材料空气气氛下的 TGA 曲线（a）和 TGA 产物的 XRD 图谱（b）

使用场发射扫描电镜研究 FeSb@NC 样品的形貌。如图 5-31(a)（未去除 NaCl 的样品）所示，在热处理后，自组装的 NaCl 颗粒被柠檬酸衍生的热解碳和嵌入碳层中的合金颗粒所包裹。除去模板后，复合材料显示出一个独特的相互连接的三维多孔网络结构，其中碳层上嵌有 FeSb 纳米合金颗粒 [图 5-31(b)、(c)]。这种独特的结构不仅有利于电解质的渗透，而且提供有效的机械缓冲作用，以缓解合金颗粒的体积变化，并在长循环过程中抑制纳米合金聚集。

为了进一步研究 FeSb@NC 的微观结构和形态，使用 TEM 和 HRTEM 研究所制得的样品。图 5-31 (d) 和图 5-31 (e) 显示了一个交互连接的多孔网络，其中嵌入了许多合金颗粒，这与 SEM 中观察到的形态高度一致。合金周围为柠檬酸热解所形成的非晶碳。图 5-31 (f) 中高倍的 TEM 图像显示了清晰的晶格条纹，其间距为 0.292nm，对应于 FeSb 晶体中的 (101) 晶面。元素面扫结果如图 5-31 (g) 所示，C、N、O、Fe 和 Sb 的信号相互叠加，表明这些元素是均匀分布的。值得注意的是，氮元素主要位于富铁区域而不是整个区域（一般来说，N 和 C 元素分布类似）。如文献所报道的，Fe 易于通过强共价键固定 N，因此该结果表明在 FeSb@NC 复合材料中已经形成了较强的 Fe—N—C 键。同时，大量的 O 表明含氧官能团的存在，这将在之后的 XPS 分析中进一步证实。碳层与合金颗粒之间引入的稳定的 Fe—N—C 化学键有利于增强界面结合力，在循环过程中保护合金颗粒，使其不易从碳基体上脱落，进而使复合材料保持良好的结构稳定性。

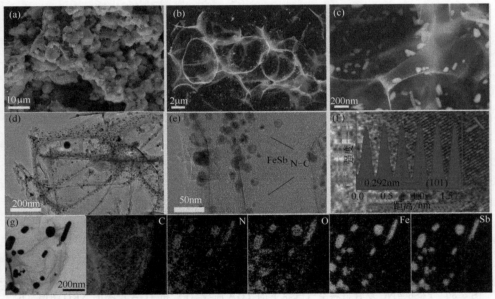

图 5-31　(a) FeSb@NC 复合材料前驱体的 SEM 图；(b)、(c) FeSb@NC 复合材料的不同放大倍数 SEM 图；(d)、(e) TEM 图；(f) 对应于单个粒子的晶体距离的强度图和晶体的线图；(g) 元素面扫分布图

图 5-32 (a) 为 FeSb@NC 材料的拉曼光谱图，其显示了典型的 D 峰（约 1350cm$^{-1}$）、G 峰（约 1580cm$^{-1}$）和 2D 峰（约 2700cm$^{-1}$），对于 FeSb@NC 复合材料，$I_D/I_G$ 的值为 0.84，这表明这种热解碳石墨化程度较低、缺陷较多。

如图 5-32 (b) 所示，可以在 FeSb@NC 的 XPS 全谱图中检测到 C、O、N、

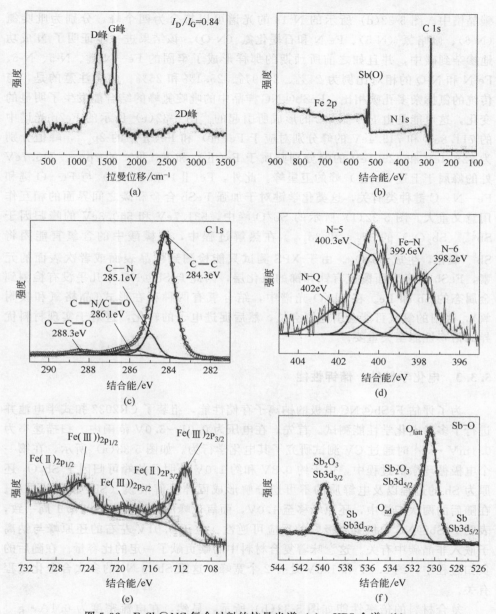

图 5-32　FeSb@NC 复合材料的拉曼光谱（a）；XPS 全谱（b）；
C 1s（c）、N 1s（d）、Fe 2p（e）、Sb 3d/O 1s（f）的高分辨 XPS 谱

Fe 和 Sb 元素。通过 C 1s 的高分辨 XPS 谱图［图 5-32(c)］可以发现除了 $sp^2$ 杂化的石墨碳原子，其他的位于 285.1eV、286.1eV 和 288.3eV 的峰分别对应于 C—N 键、C═N/C═O 键和 O—C═N 键。该结果表明 N 和 O 已经被掺杂到

碳晶格中。图 5-32(d) 所示的 N 1s 的光谱可以拟合为四个峰，分别为吡啶氮（N-6）、吡咯氮（N-5）、Fe-N 和石墨化氮（N-Q）。该结果进一步证明了 N 成功地掺杂到碳中，并且如之前所预期的那样形成了牢固的 Fe—N 键。N-5、N-6、Fe-N 和 N-Q 的相对比例为 24%、24.9%、25.1% 和 26%。值得注意的是，与传统的氮掺杂多孔碳相比，FeSb@NC 样品中的吡啶氮峰的结合能发生了明显的变化，这可能是由 Fe—N—C 的形成所引起的。图 5-32(e) 所示的 Fe2p 光谱中的 711.8eV 和 715.4eV 的峰分别对应于 Fe(Ⅲ) 和 Fe(Ⅱ) 的 $2p_{3/2}$，峰值分别为 728.4eV 和 725.1eV 的峰分别归属于 Fe(Ⅱ) 和 Fe(Ⅲ) 的 $2p_{1/2}$。715.7eV 处的峰属于上述 Fe(Ⅲ) 峰的卫星峰。此外，Fe(Ⅱ) 和 Fe(Ⅲ) 与 Fe—O 键和 Fe—N—C 键种类有关，这类化学键对于加强 FeSb 合金和碳之间界面的相互作用意义重大。图 5-32(f) 所示的 Sb/O 峰中，531.7eV 和 540.3eV 的峰归因于 $Sb^{3+}$（$Sb_2O_3$）的 $3d_{5/2}$ 和 $3d_{3/2}$。在热解过程中，柠檬酸中的含氧官能团将 $Sb^{2+}$ 氧化，生成 $Sb_2O_3$。由于 XPS 测试只能检测到样品表面或者次表面的元素，FeSb 合金表面覆盖有铁和锑的氧化层，因此 FeSb@NC 中几乎没有检测到金属态的 Sb 和 Fe。在 Sb/O 光谱中，结合氧有两种存在形式（晶格氧和吸附氧），吸附的氧气可能会引起氧空位，然后促进电子的转化，这对于实现材料优异的倍率性能至关重要。

### 5.3.3　电化学储钠、储钾性能

为了评估 FeSb@NC 电极的钠离子存储性能，组装了 CR2032 扣式半电池并进行了多种电化学性能测试。首先，在电压为 0.01～3.0V 范围内、扫描速率为 $0.1mV \cdot s^{-1}$ 时通过 CV 测试研究了其电化学行为。如图 5-33(a) 所示，在第一个电极循环激活过程中，位于约 0.8V 和约 1.0V 处明显的峰可归因于 $Sb_2O_3$ 还原为 Sb 的过程以及电解质的不可逆分解形成固体电解液膜（SEI 膜）的过程。在随后的两次扫描中，还原峰移至 1.0V，而氧化峰的位置和强度与第 1 周一致，表明 FeSb@NC 电极具有极好的反应可逆性。位于 0.01V 左右的还原峰与钠离子嵌入非晶碳中有关。这意味着复合材料中的碳贡献了一定的比容量。在随后的负扫过程中，约 0.7V 和 1.3V 处有 2 个宽峰，这跟 Sb 与 Na 的多次合金化过程有关。

复合材料的倍率性能如图 5-33(b) 所示，显然，在电流密度为 $0.1A \cdot g^{-1}$ 的情况下，FeSb@NC 电极的充电比容量为 356（5 周）、349（10 周）、311（15 周）、284（20 周）、263（25 周）和 231（30 周）$mA \cdot h \cdot g^{-1}$。其相对应的电流密度为 $0.1A \cdot g^{-1}$、$0.2A \cdot g^{-1}$、$0.5A \cdot g^{-1}$、$1A \cdot g^{-1}$、$2A \cdot g^{-1}$ 和 $5A \cdot g^{-1}$。50 次循环后，当电流密度恢复到 $0.1A \cdot g^{-1}$ 时，比容量可恢复到 $343mA \cdot h \cdot g^{-1}$，比容量保持率可达到 96.3%。这表明 FeSb@NC 电极具有出

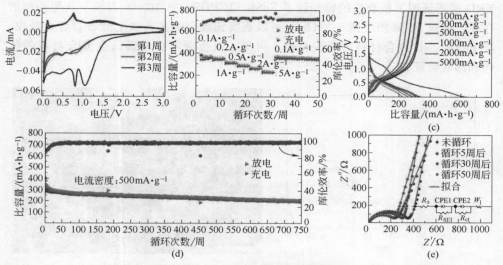

图 5-33　FeSb@NC 电极的储钠性能

（a）CV 曲线；（b）倍率性能；（c）充放电曲线；（d）长循环性能；

（e）不同循环周数的阻抗图及拟合电路

色的结构稳定性。图 5-33（c）显示了不同倍率下电极的充放电曲线，其曲线形状符合 Sb 电极的典型特征。首次较大的不可逆比容量损失归因于 $Na_2O$ 和 SEI 膜的形成。图 5-33（d）为 FeSb@NC 电极在 $500mA \cdot g^{-1}$ 的电流密度下的循环测试，该测试显示出较好的循环稳定性，在整个周期内并没有明显的比容量波动。特别地，在 750 周后仍然保留 $233.3mA \cdot h \cdot g^{-1}$ 的比容量，比容量保持率为 85%，这表明每个循环中的平均比容量衰减仅为 0.0234%（相对于第 4 周），而 CE 则超过 99.7%。

通过 EIS 测试研究了 FeSb@NC 电极在不同循环周数后的电化学过程。如图 5-33（e）所示，所有的曲线在高频区域显示一个半圆，在低频区域为一条倾斜直线。高中频处的半圆对应于 SEI 膜的电阻（$R_{SEI}$）和电极/电解质界面上的电荷转移电阻（$R_{ct}$），直线斜率反映了离子扩散电阻。其 $R_{ct}$ 在 30 周后减小，表5-6 为阻抗拟合值，证明了电极优异的结构稳定性。

表 5-6　FeSb@NC 电极的阻抗拟合参数

| 项目 | 循环前 | 循环 5 周后 | 循环 30 周后 | 循环 50 周后 |
|---|---|---|---|---|
| $R_{SEI}/\Omega$ | — | 7.3 | 7.9 | 8.1 |
| $R_{ct}/\Omega$ | 391.9 | 232.2 | 190.4 | 215 |

作为比较，我们还制备了没有掺氮的 FeSb@C 复合材料，如图 5-34 所示，

XRD 谱图证明了所合成的物相除了 FeSb（JCPDS 34-1053）并没有其他杂相的存在。通过 SEM 图［图 5-34(b)］可以观察到规则的多孔碳上分布着合金颗粒，与 FeSb@NC 复合材料的形貌相似。可见，氮掺杂不会明显改变复合材料的结构和形貌特征。

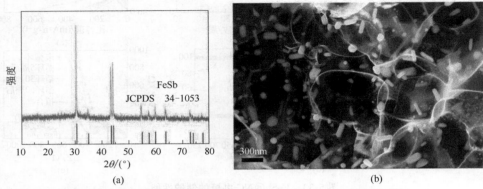

图 5-34　FeSb@C 复合材料的 XRD 谱图（a）和 SEM 图（b）

图 5-35(a) 为 FeSb@C 电极在 $500 \mathrm{mA \cdot g^{-1}}$ 电流密度下 500 周的长循环性能，其比容量和循环稳定性明显低于 FeSb@NC 电极。图 5-35(b) 为这两种电极材料在 CR2032 型半电池中的电极测试体系下的电化学阻抗谱。相比较而言，FeSb@NC 电极表现出更小的电荷转移电阻。

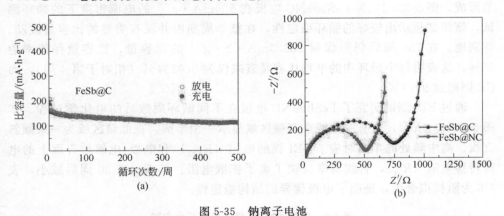

图 5-35　钠离子电池

（a）FeSb@C 电极在 $500\mathrm{mA \cdot g^{-1}}$ 电流密度下的循环性能；（b）FeSb@NC 电极和 FeSb@C 电极的阻抗比较图谱

图 5-36(a) 所示为 FeSb@NC 在 0.01～3.0V 电压区间，以 $0.1 \mathrm{mV \cdot s^{-1}}$ 的扫描速率测试的钾离子电池中的 CV 曲线。与钠离子电池相比，钾离子电池中 CV 曲线的峰值较弱。在第一次负扫过程中，在约 0.75V 处出现了明显宽泛的还

原峰，对应 $Sb_2O_3$ 还原为 $Sb$，约 $0.4V$ 处的峰可归因于在电极表面形成的 SEI 膜。随后的嵌钾过程中并没有发现明显的峰，这可能与较大的钾离子造成缓慢的钾化反应过程有关，在之后正扫过程中，约 $0.55V$ 和约 $1.0V$ 处的峰对应于多步去钾化过程。在第 2 周和第 3 周的扫描中，CV 曲线的重叠性表现很好，表明电极在循环过程中优异的结构稳定性。

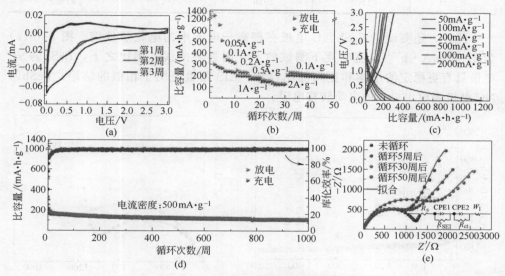

图 5-36　FeSb@NC 电极的储钾性能
（a）CV 曲线；（b）倍率性能；（c）充放电曲线；（d）长循环性能；
（e）不同循环周数的阻抗图及拟合电路

如图 5-36（b）所示，在电流密度为 $0.05A \cdot g^{-1}$、$0.1A \cdot g^{-1}$、$0.2A \cdot g^{-1}$、$0.5A \cdot g^{-1}$、$1A \cdot g^{-1}$ 和 $2A \cdot g^{-1}$ 时，FeSb@NC 的比容量为 $300.9mA \cdot h \cdot g^{-1}$、$241.2mA \cdot h \cdot g^{-1}$、$202.2mA \cdot h \cdot g^{-1}$、$174.6mA \cdot h \cdot g^{-1}$、$158.6mA \cdot h \cdot g^{-1}$ 和 $119.7mA \cdot h \cdot g^{-1}$。当电流密度再次回到 $0.1A \cdot g^{-1}$ 时，电极仍然释放出 $208.6mA \cdot h \cdot g^{-1}$ 的比容量。如图 5-36（d）所示，经过 1000 周循环后，可逆比容量为 $135mA \cdot h \cdot g^{-1}$，比容量衰减率为 $0.0243\%$（相对于第 4 周），并且 CE 大于 $99\%$，这也证明了其具有良好的循环稳定性。

如图 5-36（e）所示，采用 EIS 测试了半电池脱嵌钾过程中电荷转移动力学。根据 $R_{SEI}$ 和 $R_{ct}$ 拟合值（表 5-7），5 个循环后的阻抗略有增加，这可能是由在脱嵌钾过程中电极的微小结构变化所致。在随后的循环中，$R_{ct}$ 在 30 个循环后逐渐增大，在 50 个循环后逐渐减小；而 $R_{SEI}$ 在 5 个循环后趋于稳定，表明电极在初始循环中已形成稳定的 SEI 膜。可见，氮的引入不仅增加了反应活性位点，提高了电极材料的比容量，还能引起电子结构变化，增加材料的导电性。此外，形成的 Fe—N—C 键也大大增加了材料的结构稳定性。

表 5-7    FeSb@NC 电极的阻抗拟合参数

| 项目 | 循环前 | 循环 5 周后 | 循环 30 周后 | 循环 50 周后 |
|---|---|---|---|---|
| $R_{SEI}/\Omega$ | — | 17.79 | 20.32 | 21.04 |
| $R_{ct}/\Omega$ | 1123 | 1016 | 1412 | 914.3 |

此外，还测试了 FeSb@C 电极在钾离子电池中的电化学性能。图 5-37(a) 为在 $500\text{mA} \cdot \text{g}^{-1}$ 电流密度下测试的 500 周循环曲线，相比之下，FeSb@NC 电极具有更稳定的结构和更高的比容量。EIS 图也证明了相似的结论，FeSb@NC 电极表现出更小的电荷转移电阻。

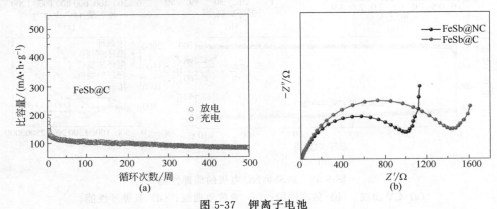

图 5-37    钾离子电池

(a) FeSb@C 电极在 $500\text{mA} \cdot \text{g}^{-1}$ 电流密度下的循环性能；(b) FeSb@NC 电极和 FeSb@C 电极的阻抗比较图谱

与报道的大多数钾离子电池负极材料（P@C、Sn@C、$MoS_2$/C、石墨等）相比，FeSb@NC 电极在循环性能方面有着显著的优势，这不仅得益于其交互连接的碳网络，还归因于引入的 "Fe—N—C" 键结构。一个更加直观的循环比容量比较图如图 5-38 所示。

如图 5-39 和图 5-40 所示，为了定量研究 FeSb@NC 电极作为钠/钾离子电池的电荷存储机理，在 $0.1 \sim 2\text{mV} \cdot \text{s}^{-1}$ 的扫描速率下测试了一系列 CV 曲线。从图 5-39(a) 和图 5-40 (a) 可以发现，CV 曲线的基本形状并没有随着扫描速率的增加而发生变化，这表明了电极的可逆特性。

根据 "$I = av^b$" 计算的 $b$ 值在 $0.7 \sim 0.8$，表明了钠/钾离子电池中是电容机制与扩散机制共同控制的。当钾离子电池的扫描速率从 $0.1\text{mV} \cdot \text{s}^{-1}$ 增加到 $2\text{mV} \cdot \text{s}^{-1}$（钠离子电池的扫描速率为 $0.1 \sim 3\text{mV} \cdot \text{s}^{-1}$）时，电容贡献率逐渐增加 [图 5-39(c)~(d) 和图 5-40(c)~(d)]。钾离子电池中电容贡献率最大值为

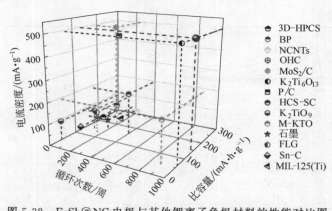

图 5-38　FeSb@NC 电极与其他钾离子负极材料的性能对比图

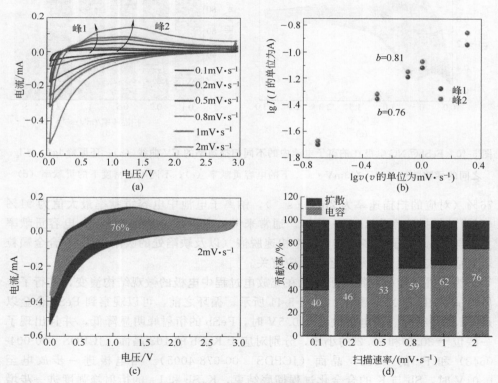

图 5-39　FeSb@NC 电极在钾离子电池中的

（a）不同扫描速率 CV 曲线；（b）还原峰 $\lg I_p$ 与 $\lg v$ 之间的函数关系；

（c）在 $2mV \cdot s^{-1}$ 下的电容贡献率；（d）不同电流密度下的贡献率

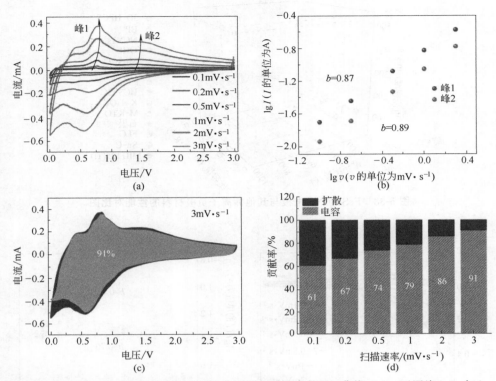

图 5-40 FeSb@NC 电极在钠离子电池中的不同扫描速率的 CV 曲线（a）；还原峰 $\lg I_p$ 与 $\lg v$ 之间的函数关系（b）；在 $3mV \cdot s^{-1}$ 下的电容贡献率（c）；不同电流密度下的贡献率（d）

76%（对应的扫描速率为 $2mV \cdot s^{-1}$），钠离子电池中电容贡献率最大值为 91%（对应的扫描速率为 $3mV \cdot s^{-1}$）。通常来说，在较高的电流密度下，电容贡献率主要与钠/钾离子在多孔碳上发生快速脱嵌（以及缺陷处的吸附作用）、合金颗粒表层或近表层快速的氧化还原反应有关。

为了进一步研究钾离子电池在充放电过程中电极的微观结构演变，进行了非原位的 XRD 和 XPS 测试。如图 5-41 所示，循环之前，可以观察到 FeSb 合金以及 Cu 的衍射峰。当电极放电至 0.5V 时，FeSb 的衍射峰明显降低，并且出现了一些位于 30.3° 和 25.2° 的小峰，分别对应于 $K_3Sb$ 的 103 晶面（JCPDS 00-004-0643）和 Fe 的（111）晶面（JCPDS 00-078-4005）。当电极进一步放电至 0.01V 时，Sb 与 K 的合金化过程彻底结束，$K_3Sb$ 和 Fe 的衍射峰强度进一步增强。在充电过程中，只能观察到 Cu 和未参与反应的 FeSb 合金的衍射峰，但产物的变化并不明显，这表明放电产物的结晶度很弱。

进一步地，通过透射电镜和非原位的 XPS 测试，对电池充放电过程中锑的变化进行评估（图 5-42 和图 5-43）。透射电镜分析了 FeSb@NC 电极在第一次放

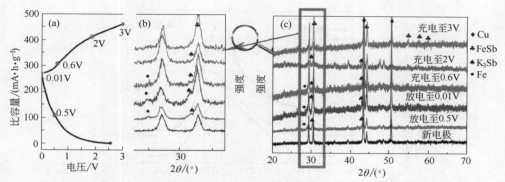

图 5-41  钾离子电池：FeSb@NC 电极非原位的 XRD 图谱

电后的产物，如图 5-42 所示，可以明显观察到 0.297nm 的晶格间距，其对应于 $K_3Sb$（103）晶面。这再次证实了 FeSb 合金在此过程中已经转变为 $K_3Sb$，与 CV 曲线的第一个衍射峰相对应。

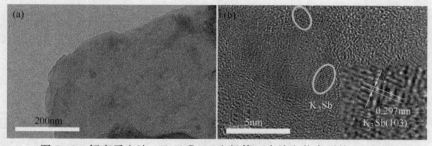

图 5-42  钾离子电池：FeSb@NC 电极第二次放电状态下的 TEM 图

非原位的 XPS 测试结果如图 5-43 所示，FeSb 合金表面上存在金属氧化物（$Sb_2O_3$），因此初始电极上 Sb 的 3d 光谱应当属于 $Sb^{3+}$。当电极放电至 0.01V 时，形成 $K_3Sb$，在 XPS 上 Sb 的价态和初始电极状态相似；当电极充电至 3V 时，在 XPS 图中 Sb 的价态表现为偏低的结合能，对应由 $K_3Sb$ 转变成 $Sb^0$ 的过程。因此可以推断出 FeSb 与 K 的电化学反应是可逆的。

如图 5-44 所示，FeSb@NC 电极在 $500mA \cdot g^{-1}$ 的电流密度下循环 400 周后，通过 SEM 图发现合金纳米颗粒仍然牢固地嵌入碳层中，表明其优异的结构稳定性。图 5-44(a)、(b) 中粗糙的表面为 SEI 膜。图 5-44(c) 显示 C、O、Fe、Sb、K 和 F 元素均一分布。

通过组装全电池，进一步探索了 FeSb@NC 复合材料的实际储钾性能。如图 5-45(a) 所示，所制备的普鲁士蓝很好地匹配于普鲁士蓝的标准衍射峰（JCPDS 52-1907），没有检测到其他衍射峰，这证明了所合成物相是纯普鲁士蓝。在组装全电池之前，普鲁士蓝正极首先在钾离子半电池中循环 5 周以活化电

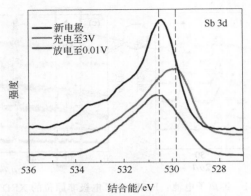

图 5-43　钾离子电池：充放电状态下的 FeSb@NC 电极非原位的 XPS 图谱

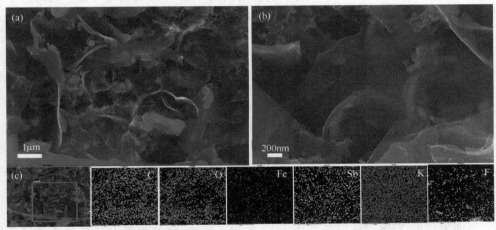

图 5-44　FeSb@NC 电极循环 400 周后的 SEM 图（a）、（b）及元素面扫分布图（c）

极，如图 5-45（b）所示，其在 $50mA \cdot g^{-1}$ 的电流密度下，比容量可以达到 $50mA \cdot h \cdot g^{-1}$，且在随后的循环中，充放电曲线表现出比较好的重叠，这证明了普鲁士蓝结构的稳定性。

在这种情况下，通过将 FeSb@NC 负极与普鲁士蓝正极进行质量配对，在 $0.8 \sim 3.8V$ 的电压窗口下进行测试。如图 5-45（c）～（d）所示，基于 FeSb@NC 负极的质量，在 $100mA \cdot g^{-1}$ 的电流密度下对全电池进行 50 周的充放电循环测试，其初始的放电比容量为 $147.6mA \cdot h \cdot g^{-1}$，能量密度为 $110.7Wh \cdot kg^{-1}$（$E = CV/4$，其中 $C$ 为容量，$V$ 为电压）。在 50 周循环后，比容量约为 $72.5mA \cdot h \cdot g^{-1}$。与钾离子半电池相比（FeSb@NC//K），全电池的比容量衰减相对更快。关于优化全电池的装配（例如正负极的质量匹配、工作电压窗口和电解质等）有待进一步研究以改善材料的电化学性能。

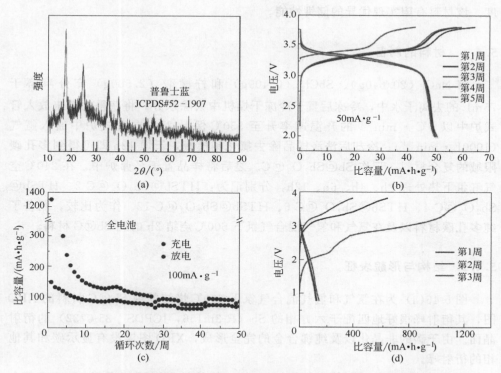

图 5-45　（a）普鲁士蓝 XRD 图谱；（b）普鲁士蓝正极前 5 周充放电曲线；
（c）普鲁士蓝//FeSb@NC 全电池循环性能及其（d）相对应的充放电曲线

## 5.4　低结晶度 $Sb@Sb_2O_3@C$ 异质结构的储钾性能研究

金属锑及锑的氧化物（$Sb_2O_3$：$1028mA \cdot h \cdot g^{-1}$）都具有较高的理论比容量，但严重的体积变化限制了其应用。为了提高锑的电化学性能，一种有效的方法是构筑 Sb/C 复合材料以及纳米化 Sb 基合金材料来缓解机械应力。Qian 等利用金属铝在 80℃ 的 $SbCl_3$ 熔盐中还原制备出大小为 55nm 的 Sb 颗粒，在 $0.5A \cdot g^{-1}$ 下循环 500 周后的可逆比容量为 $210mA \cdot h \cdot g^{-1}$。Chen 等利用 KCl 模板法用酒石酸锑钾制备了三维多孔锑碳复合材料并获得了优异的电化学性能。此外，解决因体积变化引起的结构和界面不稳定性问题的另一种有效方法是构筑低结晶度的金属氧化物，借助非晶态的结构缺陷和无序性来增强反应动力学，从而缓解巨大的体积变化。

本节通过熔盐模板法构筑了一种三维多孔碳限域的 $Sb@Sb_2O_3@C$ 复合材料，之后通过低温二次热处理方法，精确调控了金属锑和氧化锑的组分和结晶度。该材料有望实现优异的储钾性能。

### 5.4.1 材料的制备

将 NaCl（20.640g）、SbCl$_3$（0.409g）和柠檬酸（2.500g）充分溶解于 75mL 的去离子水中，冷冻后置于冷冻干燥机中去除水分。将获得的粉末放入管式炉中以 5℃·min$^{-1}$ 的升温速率升至 550℃ 保温 2h；向管式炉中通入氩气（1000L·min$^{-1}$）；冷却后洗涤样品除去氯化钠模板，干燥 12h 即可得到多孔碳限域的复合材料，记作 Sb@Sb$_2$O$_3$@C。之后将样品置于马弗炉中，在 240℃ 空气气氛下热处理 2h、4h、6h、12h，分别记为：HTSb@Sb$_2$O$_3$@C-2、HTSb@Sb$_2$O$_3$@C-4、HTSb@Sb$_2$O$_3$@C-6、HTSb@Sb$_2$O$_3$@C-12。作为比较，制备了纯多孔碳材料以及在氩气和氢气混合气氛下 600℃ 烧结 2h 的纯 Sb@C 材料。

### 5.4.2 结构与形貌表征

图 5-46(a) 为在氩气和氢气混合气氛下 600℃ 烧结的纯 Sb@C 材料的 XRD 图，其衍射峰很好地匹配于六方相的 Sb（R-3m166，JCPDS 35-0732）的衍射晶面。由于碳的非晶化以及纯锑合金的完全形成，XRD 图谱没有显示碳和其他相的衍射峰。

之后，把同样的前驱体在氩气气氛下 600℃ 烧结得到了 Sb@Sb$_2$O$_3$@C 复合材料。如图 5-46(b) 所示，新出现的衍射峰很好地匹配于立方相的 Sb$_2$O$_3$（Fd-3m227，JCPDS 43-1071）的衍射晶面，氧化锑的主峰强度相比于锑的主峰较弱，这可能是由于在氩气气氛下烧结得到的锑金属颗粒表面存在较薄的氧化层。随后，将 Sb@Sb$_2$O$_3$ 样品分为若干份，分别进行二次热处理。首先，在 240℃ 下对样品进热处理。如图 5-46(b) 所示，发现随着热处理时间延长，氧化锑和锑的主峰强度发生变化。具体表现为：氧化锑的主峰在 4h 热处理后，强度与锑的主峰强度基本持平；在随后热处理延长至 6h 时，峰强比基本没变化，但是整体强度有所降低；在热处理时间达到 12h 时，整体的峰强度相比于 4h 和 6h 的峰强度已表现出明显的降低。最后进行了 1800min 的超长时间热处理，但发现最终仍有锑结晶峰，并不能完全非晶化。为了探究二次热处理温度对合金的结晶度的影响，制定了从 280℃ 到 380℃ 的温度梯度，热处理时间定为 4h，结果如图 5-46(d) 所示。随着热处理温度升高，锑和氧化锑的峰强越来越低，最后 340℃ 和 380℃ 达到完全非晶化。

进一步地，通过 TGA 对 Sb@C 复合材料的碳含量进行了评估。从 TGA 曲线（图 5-47）可以看出，Sb@C 复合材料的质量变化主要归因于 Sb 的氧化和三维多孔碳的燃烧。在 300～430℃ 的轻微增重可以归因于 Sb$_2$O$_3$ 的形成，在

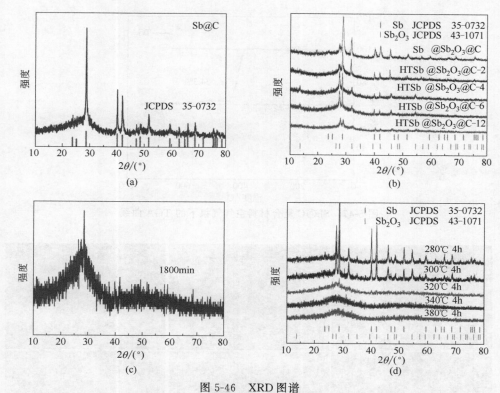

图 5-46　XRD 图谱

（a）纯 Sb@C 材料（$H_2+Ar$）；（b）Sb@$Sb_2O_3$@C 复合材料 240℃下热处理不同时间；
（c）Sb@$Sb_2O_3$@C 复合材料 240℃下热处理 1800min；（d）Sb@$Sb_2O_3$@C 复合材料
不同温度下热处理 4h

430～500℃的剧烈失重归因于碳的燃烧。所以 Sb@C 复合材料中多孔碳的质量分数确定为 34.3%。

　　如图 5-48（a）所示，可以观察到氩气气氛下的 Sb@$Sb_2O_3$@C 材料具有完整的多孔结构，很好地继承了 NaCl 模板的孔结构。这种交互连接的多孔碳网络不仅提供了电子快速传输的导电通路，而且促进了电解质在活性材料之间的渗透。在接下来的研究中，选取了二次热处理 2h、4h、12h 以及在 280℃和 340℃下热处理 4h 的样品进行形貌分析，如图 5-48（b）～（f）所示。

　　后期在空气气氛下热处理 2h 和 4h 的多孔碳的孔结构以及所包覆的合金颗粒相对于未处理的材料从形貌上看基本变化不大，合金颗粒仍然清晰可见［图 5-48（b）和图 5-48（c）］；而热处理 12h 的样品在薄层多孔碳边缘出现轻微断裂，孔结构呈现出一定的破碎。这可能是由于低温热处理时间较长导致薄层碳柔韧性降低，从而造成机械应力破碎。随后，对 280℃和 340℃条件下热处理 4h 的样品

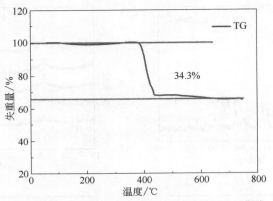

图 5-47　Sb@C 复合材料空气气氛下的 TGA 曲线

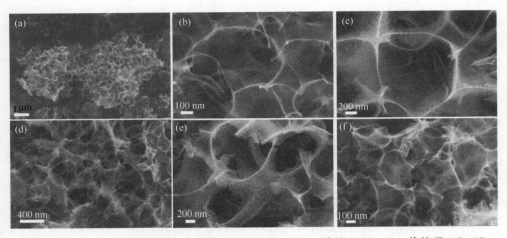

图 5-48　(a) Sb@Sb$_2$O$_3$@C 的 SEM 图；热处理 2h (b)、热处理 4h (c)、热处理 12h (d)、280℃下热处理 4h (e) 和 340℃下热处理 4h (f) 样品的 SEM 图

进行形貌表征，如图 5-48(e) 和图 5-48(f) 所示，在 280℃下热处理 4h 的样品孔结构表面呈现出更多的碎裂，此外碳网络之间的互联性也遭到一定程度的破坏，而且碳表面也更加粗糙；对于在 340℃下热处理 4h 的复合材料，可以明显观察到相互连接的碳网络已经成为独立的孔结构，碳壁遭到比较严重的破碎，而且之前立体的孔结构呈现出不同程度的塌陷。这些破碎主要是由于随着二次热处理温度的升高，薄层碳受热发生机械断裂，立体多孔结构向内收缩造成的。此外，如图 5-49 所示，通过透射电镜进一步研究复合材料的形貌，对 HTSb@Sb$_2$O$_3$@C-4 和 340HTSb@Sb$_2$O$_3$@C-4 复合材料进行表征。图 5-49(a) 为 HTSb@Sb$_2$O$_3$@C-4 的低倍 TEM 图，从中可以进一步证实复合材料的规则多孔结构以及较多细小的合金颗粒镶嵌于多孔碳中。

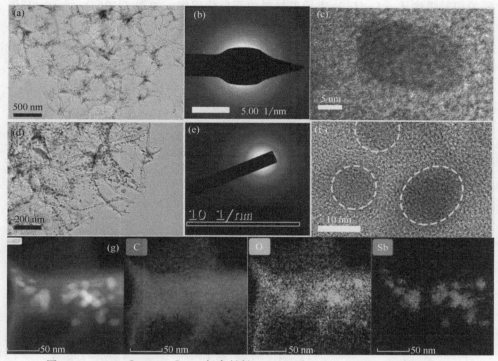

图 5-49　HTSb@Sb₂O₃@C-4 复合材料：TEM 图（a）；选区电子衍射图（b）；
HRTEM 图（c）；340HTSb@Sb₂O₃@C-4；TEM 图（d）；
选区电子衍射图（e）；HRTEM 图（f）；元素分布图（g）

　　图 5-49（b）为 HTSb@Sb₂O₃@C-4 的选区电子衍射，从图中可以观察到衍射斑点，表明样品为单晶结构。通过观察高倍的透射图［图 5-49（c）］，发现合金颗粒结晶度很低，合金内部晶格模糊，合金外面被非晶层包裹。此外，对 340 HTSb@Sb₂O₃@C-4 的样品也进行了透射表征，如图 5-49（d）所示，低倍下的透射图也显示出了多孔碳大的孔结构以及黑色细小合金镶嵌其中。进一步通过选区电子衍射来表征 340 HTSb@Sb₂O₃@C-4 整体的结晶程度，如图 5-49（e）所示，明显的非晶环证明其中并不存在结晶相。进而进行高倍的透射表征发现，如图 5-49（f）所示，合金颗粒相比 240℃下的合金颗粒已经完全看不到晶格条纹，与周围的非晶碳相比显示为不同的衬度。以上分析进一步证明了 HTSb@Sb₂O₃@C-4 复合材料结晶相与非晶相共存，且结晶度很低。图 5-49（g）为 HTSb@Sb₂O₃@C-4 复合材料的元素分布图，可以观察到 C、O 和 Sb 组分的均匀分布，而 O 组分的分布更集中在纳米颗粒上。

　　通过拉曼光谱对热处理后的样品进行表征。其中 D 峰（约 1338cm⁻¹）和 G 峰（约 1599cm⁻¹）与无序碳结构和 sp² 碳原子面内的振动相关。D 峰与 G 峰之间的相对强度比（$I_D/I_G$）表示碳材料的石墨化程度，如图 5-50（a）所示，其值在 0.88～0.89，这表示复合材料中的碳为高度无序结构，但是相比于未进行热处理的样品来说，空气下二次热处理并没有对样品造成更多的缺陷。进一步地，通过氮气吸脱附（BET）技术对 HTSb@Sb₂O₃@C-4 样品进行探究，获取其比表面积与孔结构的特征，如图 5-50（b）所示，BET 曲线显示出 IV 型曲线，其比

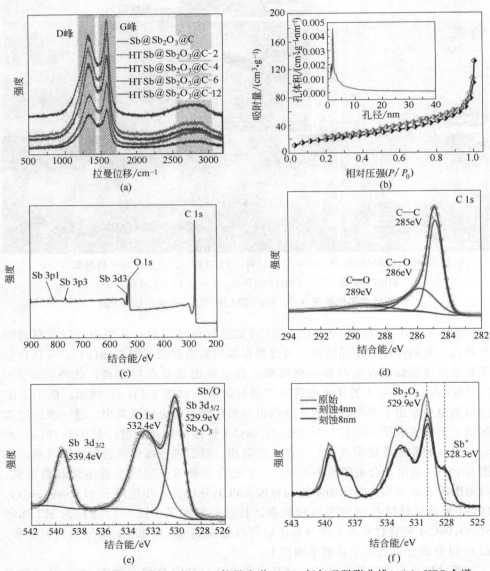

图 5-50　HTSb@Sb₂O₃@C-4 的（a）拉曼光谱；（b）氮气吸脱附曲线；（c）XPS 全谱；
（d）C 1s 的高分辨 XPS 谱；（e）Sb/O 的高分辨 XPS 谱；（f）Sb/O 刻蚀峰

表面积为 $296.3 m^2 \cdot g^{-1}$ 且孔体积为 $0.529 cm^3 \cdot g^{-1}$，其孔径分布在 $1 \sim 40 nm$，主要以 3nm 左右的强度最高。大比表面和丰富的孔体系不仅可以为钾离子的存储提供大量的活性位点，还能缓解金属锑与钾合金化过程中造成的体积膨胀。

此外，通过 XPS 研究这种低结晶度材料的表面物相组成。图 5-50（c）为 HTSb@Sb$_2$O$_3$@C-4 复合材料的全谱图，显示了只有 C 峰、O 峰和 Sb 峰存在。通过使用洛伦兹/高斯曲线拟合方法，HTSb@Sb$_2$O$_3$@C-4 的 C 1s 光谱［图 5-50（d）］可以拟合为 285eV、286eV 和 289eV 三个峰，这分别对应 C—C 键、C—O 键和 C ==O 键。图 5-50（e）显示了 Sb/O 的解卷积峰，529.9eV、532.4eV 和 539.4eV 处的三个峰分别对应 Sb 3d$_{5/2}$、O 1s 和 Sb 3d$_{3/2}$，其中 Sb 峰对应 Sb$_2$O$_3$ 的形成，这表明材料的表面都为氧化态的金属。进一步地，通过 XPS 刻蚀对材料内部进行剖析，如图 5-50(f) 所示，先进行约 4nm 深度的刻蚀，然后发现金属 Sb$^0$ 的峰（528.3eV）出现；随着刻蚀深度增加到 8nm，其峰位并没有明显变化。

此外，作为比较，对 Sb@C 材料也进行了 XPS 分析，如图 5-51 所示。图 5-51(a) 为 Sb@C 材料的 XPS 全谱图，与上述热处理 4h 的样品比较并没有明显

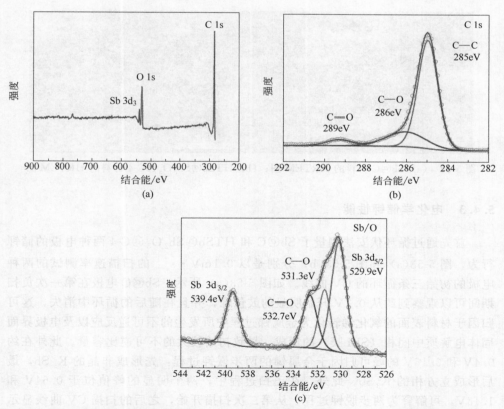

图 5-51　Sb@C 材料的 XPS 全谱（a）；C 1s 的高分辨 XPS（b）；Sb/O 的高分辨 XPS（c）

的不同，这表明两者所含有的元素基本一致。

图 5-51(b) 为解卷积的 C1s 峰，其可分为 C—C（285eV）、C—O（286eV）和 C═O（289eV）三个子峰，与二次热处理 4h 的样品相比较并没有明显区别。这表明热处理后的碳没有形成额外新的化学键。图 5-51(c) 为 Sb/O 的解卷积峰，从图中可以观察到 Sb 的两个子峰（Sb3d$_{3/2}$ 和 Sb3d$_{5/2}$），说明 Sb 仍然以高价态的氧化物形式存在。这表明 Sb@C 材料表面存在非晶氧化锑层。这一结果也可以解释前驱体在纯 Ar 气氛下烧结，会有较弱的氧化锑峰出现；在 H$_2$/Ar 混合气氛下，H$_2$ 的还原作用使得结晶态的氧化锑变为非晶的。

进一步地 HRTEM 分析了 Sb@C 和 HTSb@Sb$_2$O$_3$@C-4 材料的微观结构。如图 5-52(a) 所示，从图中明显观察到锑金属颗粒镶嵌在非晶碳中，其清晰的晶格条纹间距为 0.310nm，对应于锑的（012）晶面。值得注意的是，在结晶金属颗粒周围有一薄层与多孔碳衬度不同的氧化锑非晶层。对于 HTSb@Sb$_2$O$_3$@C-4 材料，如图 5-52(b) 所示，非晶层的厚度明显增加，非晶层所包围的结晶颗粒的晶格条纹仍然清晰可见，其周围的非晶多孔碳并没有明显的变化。

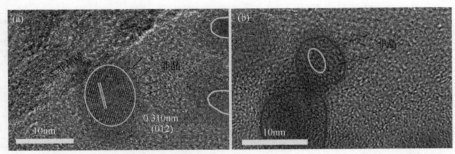

图 5-52　(a) Sb@C 材料的 HRTEM 图；(b) HTSb@Sb$_2$O$_3$@C-4 材料的 HRTEM 图

### 5.4.3　电化学储钾性能

首先通过循环伏安法测量了 Sb@C 和 HTSb@Sb$_2$O$_3$@C-4 两种电极的储钾行为。图 5-53(a) 和图 5-53(b) 分别是以 0.1mV·s$^{-1}$ 的扫描速率测试的两种电极的初始三条循环的 CV 曲线。如图 5-53(a) 所示，Sb@C 电极在第一次负扫期间可以观察到约从 0.7V 开始明显的鼓包峰，并且在随后的循环中消失，这可归因于材料表面的氧化锑转化为金属锑过程中所发生的不可逆反应以及电极界面固体电解质中间相（SEI 膜）的形成，导致初始较大的不可逆比容量。此外在约 0.4V 和 0.16V 的峰可归因于金属锑的两步嵌钾过程：先形成非晶的 K$_x$Sb，最后形成立方相的 K$_3$Sb。此外，在正扫过程中，两个明显的峰值位于 0.64V 和 1.13V，可解释为两步脱钾过程。从第二次扫描开始，之后的扫描 CV 曲线显示出了较好的重合性，这说明 Sb@C 电极良好的稳定性以及可逆性。图 5-53(b)

为 HTSb@Sb$_2$O$_3$@C-4 电极的前 3 周 CV 曲线，与 Sb@C 电极的 CV 曲线相比明显不同的是，其氧化还原峰并不是很明显。在 0.64V 左右，仍存在明显的不可逆峰，这也是由氧化锑的转化反应以及 SEI 膜的形成所造成的。随后的嵌钾过程中并没有发现明显的峰，这可能与材料的低结晶度有关。在随后的脱钾过程中，位于 0.64V 和 1.13V 的峰也显示出较弱的强度；而且此后的循环中，这两个峰的重合度显示出高度的一致性。这可能是低结晶度下赝电容效应起主要作用。

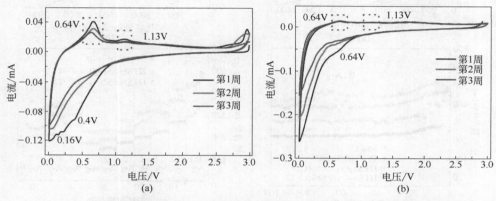

图 5-53　(a) Sb@C 电极的 CV 曲线；(b) HTSb@Sb$_2$O$_3$@C-4 电极的 CV 曲线

为了进一步研究低结晶度材料的钾离子存储性能，还进行了恒电流充放电测试。图 5-54(a) 和图 5-54(b) 分别为 Sb@C 电极和 HTSb@Sb$_2$O$_3$@C-4 电极在 100mA·g$^{-1}$ 电流密度下前 3 周的充放电曲线。从 Sb@C 电极可以观察到明显的充放电平台，其大致位于 0.6V 和 1V。首次放电和充电容量分别为 1447.9mA·h·g$^{-1}$ 和 489.2mA·h·g$^{-1}$，其库伦效率为 33.78%。Sb@C 电极首次不可逆容量较大，可归因于缺陷碳的不可逆储钾、氧化锑的转化反应以及 SEI 膜的形成消耗大量钾离子。图 5-54(b) 为 HTSb@Sb$_2$O$_3$@C-4 电极的充放电曲线，其首次放电和充电容量分别为 2515.1mA·h·g$^{-1}$ 和 543.9mA·h·g$^{-1}$，库伦效率为 21.6%。相比之下，Sb@C 电极的效率更低，这可能由于氧化锑的增加从而导致消耗更多的 K$^+$。但是其充电容量的提高可能得益于这种低结晶度的纳米颗粒其表面具有更多的活性位点。

此外，对 Sb@C、Sb@Sb$_2$O$_3$@C、HTSb@Sb$_2$O$_3$@C-4 和 HTSb@Sb$_2$O$_3$@C-12 电极在 0.1A·g$^{-1}$ 下进行 100 周的恒流充放电循环测试，如图 5-54(c) 所示，HTSb@Sb$_2$O$_3$@C-4 电极的循环性能明显优于其他电极材料，在 100 周后，Sb@C 电极的放电比容量为 316.4mA·h·g$^{-1}$，比容量保持率为 64.6%；而 HTSb@Sb$_2$O$_3$@C-4 电极 100 周后的放电比容量为 437.5mA·h·g$^{-1}$，其比容量保持率为 80.4%，明显优于同期相同电流密度测试的其他电极材料。这可

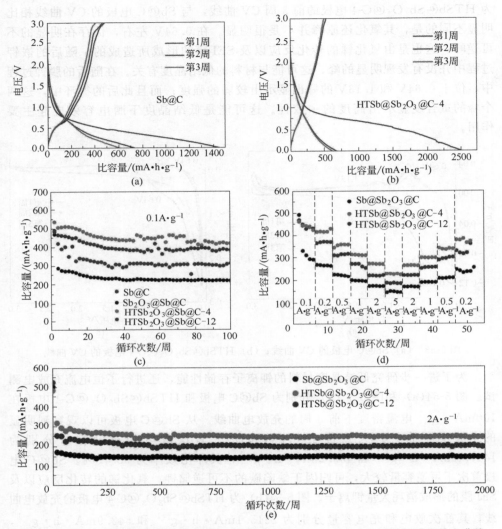

图 5-54 （a）Sb@C 电极的恒流充放电曲线；（b）HTSb$_2$O$_3$@C-4 电极的恒流充放电曲线、
（c）短循环性能、（d）倍率性能、（e）长循环性能

能得益于这种低结晶度的异质结构能够更稳定地脱嵌钾。之后，又通过倍率测试来评估这几个电极，如图 5-54（d）所示，HTSb@Sb$_2$O$_3$@C-4 电极的倍率性能优于其他两个，其在 0.1A·g$^{-1}$、0.2A·g$^{-1}$、0.5A·g$^{-1}$、1A·g$^{-1}$、2A·g$^{-1}$ 和 5A·g$^{-1}$ 的 电流密度下，充电比容量分别为 442.9mA·h·g$^{-1}$、420.2mA·h·g$^{-1}$、361.4mA·h·g$^{-1}$、311.3mA·h·g$^{-1}$、273mA·h·g$^{-1}$ 和 231mA·h·g$^{-1}$。当电流密度恢复到 2A·g$^{-1}$、1A·g$^{-1}$、0.5A·g$^{-1}$ 和 0.2A·g$^{-1}$ 时，充电比容量分别为 265.8mA·h·g$^{-1}$、300.8mA·h·g$^{-1}$、

$342.5 \mathrm{mA \cdot h \cdot g^{-1}}$ 和 $382.3 \mathrm{mA \cdot h \cdot g^{-1}}$，比容量保持率高达 90.98%。这种优异的倍率性能可归因于低结晶度的异质结构具有更快的离子扩散速率。

图 5-54(e) 为 $Sb@Sb_2O_3@C$、$HTSb@Sb_2O_3@C$-4 和 $HTSb@Sb_2O_3@C$-12 三个电极在 $2 \mathrm{A \cdot g^{-1}}$ 下的超长循环性能。经过 $100 \mathrm{mA \cdot g^{-1}}$、$200 \mathrm{mA \cdot g^{-1}}$、$500 \mathrm{mA \cdot g^{-1}}$ 和 $1000 \mathrm{mA \cdot g^{-1}}$ 四个小电流活化后，$HTSb@Sb_2O_3@C$-4 电极在 $2 \mathrm{A \cdot g^{-1}}$ 下循环 2000 周后，仍然释放出 $241.67 \mathrm{mA \cdot h \cdot g^{-1}}$ 的比容量；在约 700 周后，电极比容量基本不衰减。相比较于 $Sb@Sb_2O_3@C$ 和 $HTSb@Sb_2O_3@C$-12 电极，虽然初始的放电比容量相差不多，但 2000 周后 $HTSb@Sb_2O_3@C$-4 电极的比容量保持率更高，这进一步说明了二次热处理 4h 的样品的整体结构在所测试的样品中达到了一个比较稳定的状态。

与报道的大多数钾离子电池负极材料（$SnS_2@RGO$、$Sb@C$、$Sn_4P_3/C$、$CoS/NC$ 等）相比，$HTSb@Sb_2O_3@C$-4 电极的循环性能有着显著的优势。这不仅得益于其交互连接的碳网络，还归因于低结晶度的异质结构。$HTSb@Sb_2O_3@C$-4 和其他材料更加直观的倍率性能和长循环比容量比较图如图 5-55 和图 5-56 所示。

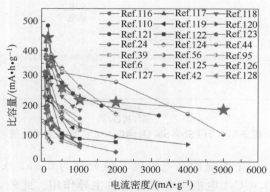

图 5-55　$HTSb@Sb_2O_3@C$-4 材料的倍率性能与其他材料比较图

作为比较，进一步测试了三维多孔碳热处理 4h 后 $HTSb@Sb_2O_3@C$-4 材料的长循环性能，如图 5-57 所示，相同活化条件（即在 $100 \mathrm{mA \cdot g^{-1}}$、$200 \mathrm{mA \cdot g^{-1}}$、$500 \mathrm{mA \cdot g^{-1}}$、$1000 \mathrm{mA \cdot g^{-1}}$ 电流密度下各循环 1 周），在 $2 \mathrm{A \cdot g^{-1}}$ 的电流密度下，循环 2000 周后材料的比容量为 $188.49 \mathrm{mA \cdot h \cdot g^{-1}}$。

为了深入了解电极的钾离子存储性能，采用循环伏安法来研究 $HTSb@Sb_2O_3@C$-4 电极的反应动力学。如图 5-58(a) 所示，测试了电极从 $0.1 \sim 3 \mathrm{mV \cdot s^{-1}}$ 下不同扫描速率的 CV 曲线。一般来说，这种立体式三维多孔结构以及低结晶的异质结构有助于电容式的储钾。这种电容式效应可用如下公式表示：

$$I = av^b$$

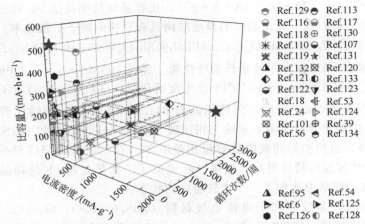

图 5-56　HTSb@Sb$_2$O$_3$@C-4 材料的长循环性能与其他材料比较图

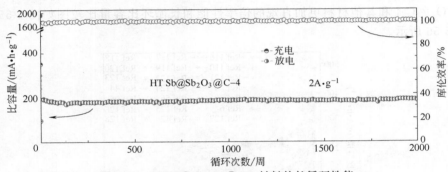

图 5-57　HTSb@Sb$_2$O$_3$@C-4 材料的长循环性能

如图 5-58(a)，三个明显的峰电流处 $b$ 值分别为 0.95、0.89 和 0.92，这证明了 HTSb@Sb$_2$O$_3$@C-4 电极是电容行为占主导作用。此外，在不同扫描速率下电容贡献也可以通过 Dunn 方法进一步评估：

$$I(v) = k_1 v + k_2 v^{1/2}$$

图 5-58(b) 显示电极电容（黑色区域）随着测试扫描速率的增加，其贡献百分比也增加；且在 3mV·s$^{-1}$ 时，达到 81%。此外，对 Sb@C 和纯多孔碳的电容贡献也进行了定量分析（图 5-59）。

图 5-59(a) 和图 5-59(c) 为 Sb@C 和纯多孔碳两种材料不同扫描速率的 CV 曲线，图 5-59(b) 和图 5-59(d) 为两种材料不同扫描速率下的电容和扩散贡献率。从图中可以看出，在同样的扫描速率范围内（0.1~3mV·s$^{-1}$），Sb@C 电极在较大的扫描速率下（3mV·s$^{-1}$）的电容贡献低于相同扫描速率下 HTSb@Sb$_2$O$_3$@C-4 电极的电容贡献，在低扫描速率下（0.1mV·s$^{-1}$），多孔碳电极则表现出了更低的电容贡献率，对比 HTSb@Sb$_2$O$_3$@C-4 电极低扫描速率下 34%

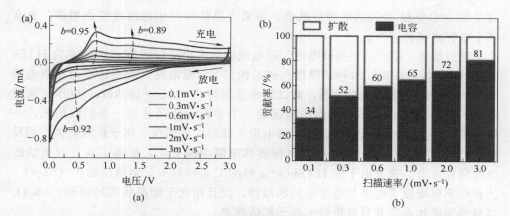

图 5-58　HTSb@Sb$_2$O$_3$@C-4 电极：（a）不同扫描速率的 CV 曲线；（b）在不同扫描速率下电容（黑色）和扩散贡献率

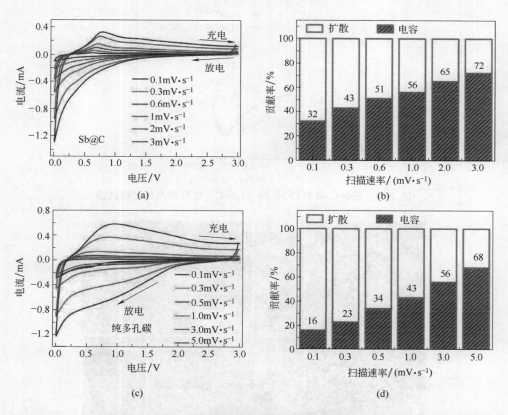

图 5-59　（a）Sb@C 和（c）纯多孔碳的不同扫描速率 CV 曲线；（b）Sb@C 和（d）纯多孔碳在不同扫描速率下电容（黑色）和扩散贡献（白色）率

以及 Sb@C 电极 32％的电容贡献率，可见非晶结构产生的活性位点增多，更有利于电容式储钾行为。

通过组装 CR2032 型扣式电池，对电池阻抗大小进行评估。图 5-60 为 HTSb@Sb$_2$O$_3$@C-4 电极和 Sb@C 电极在初始状态下（电池测试前并未进行充放电循环测试）的电化学阻抗对比图，测试频率范围为 0.01Hz～100kHz，电压区间为 0.01～3V。两者的 EIS 图都由中频区的一个半圆和低频区的一条斜线组成。一般来说，中频区的半圆表示电荷转移电阻；低频区的斜线与离子扩散有关。明显地，HTSb@Sb$_2$O$_3$@C-4 电极的电荷转移电阻半圆更小，证明了其具有更快的电荷转移速度。这是由于在 HTSb@Sb$_2$O$_3$@C-4 材料中低结晶度物相（Sb$_2$O$_3$）的存在不仅增强了电极与电解液的润湿性，而且相比于结晶状态的物相，Sb$_2$O$_3$ 自身的无序状态使其具有更快的离子扩散速率。

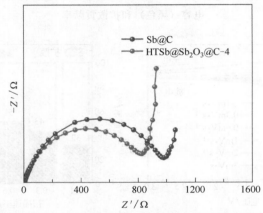

图 5-60　Sb@C 和 HTSb@Sb$_2$O$_3$@C-4 电极的电化学阻抗谱

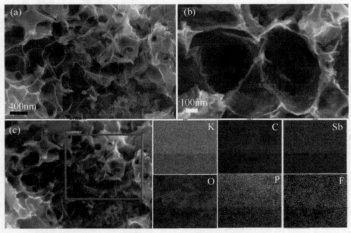

图 5-61　HTSb@Sb$_2$O$_3$@C-4 电极循环 1000 周后的 SEM 图（a）、（b）和 EDS 图（c）

用 SEM 检查循环后 HTSb@Sb$_2$O$_3$@C-4 电极表面的形态和组成变化。如图 5-61 所示，在 1000mA·g$^{-1}$ 的电流密度下循环 1000 周后，通过扫描电镜发现这种多孔结构仍然保持完整，通过高倍扫描图可以发现多孔碳表面有一层 SEI 膜，进一步可观察到合金颗粒仍然镶嵌其中，表明这种复合结构的稳定性。此外，面扫证明元素 K、C、Sb、O、P 和 F 呈现出均匀分布状态。

## 5.5 BiSb@Bi$_2$O$_3$/SbO$_x$@C 复合材料储钠、储钾性能研究

构筑 Sb 基合金/碳的复合结构是应对锑基材料体积膨胀问题的有效措施，然而合金颗粒与导电基体附着力不强的问题成为制约此类材料应用的限制因素。研究发现，通过在合金与碳基体之间构筑氧化层，利用其强有力的化学键，能大大加强合金与碳的结合力，进而提高材料的结构稳定性。

本节选用具有高表面积、优异的电子传导性和优异的界面结构的三维多孔碳作为基体，制备了 BiSb@Bi$_2$O$_3$/SbO$_x$@C 复合材料，并研究了其在钠离子电池和钾离子电池中的电化学性能。

### 5.5.1 材料的制备

将 NaCl（20.64g）、SbCl$_3$（0.20g）、Bi(NO$_3$)$_3$·5H$_2$O（0.43g）和柠檬酸（2.50g）溶解在 75mL 的去离子水中，搅拌均匀。之后，将澄清溶液倒入培养皿中，放置冰箱冷冻 2～3 天，再将溶液置于冷冻干燥机中 48h 以去除水分。然后将获得的白色粉末样品收集，装入坩埚，放入管式炉中以 5℃·min$^{-1}$ 的升温速率升至 750℃并保温 2h，在这期间管式炉中通入氩气（1000L·min$^{-1}$）；待自然冷却后，用去离子水洗涤样品 3～4 次，以除去氯化钠模板，将除去氯化钠模板的样品放入 80℃干燥箱真空干燥 10h 即可得到 BiSb@Bi$_2$O$_3$/SbO$_x$@C 复合材料。

### 5.5.2 结构与形貌表征

BiSb@Bi$_2$O$_3$/SbO$_x$@C 复合材料的结构示意图如图 5-62 所示。由于铋的合金化和柠檬酸的热解过程是同时进行的，因此煅烧后的铋合金纳米颗粒被牢固地包裹在碳层中；同时，在合金表面形成了非晶氧化层。柔性碳基体不仅提供了充足的空间来缓解体积膨胀，而且为电子快速传输和离子扩散提供了大量可用的路径。

图 5-63（a）～（c）为 BiSb@Bi$_2$O$_3$/SbO$_x$@C 的 SEM 图像，显示了由超薄碳

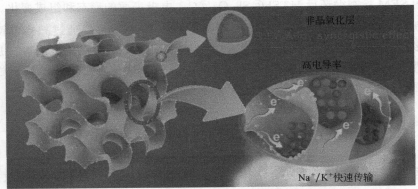

非晶氧化层

高电导率

Na$^+$/K$^+$快速传输

图 5-62　BiSb@Bi$_2$O$_3$/SbO$_x$@C 复合材料的结构示意图

层构成的三维连续多孔网络，其上有丰富的纳米颗粒。该材料利用原位形成的碳层的限域作用，有效控制了合金颗粒的生长和聚集，最终获得了超细的 BiSb 纳米颗粒，这种结构为 Na$^+$ 和 K$^+$ 提供了较短的扩散路径，有利于获得高比容量和优良的倍率性能。图 5-63(d)~(f) 为 BiSb@Bi$_2$O$_3$/SbO$_x$@C 的 TEM 图，粒径为 10~30nm 的单分散 BiSb 纳米颗粒被紧密、均匀地包裹在超薄碳层中。在图 5-63(f) 中观察到 $d$-间距为 0.32nm 的晶格条纹，这与 BiSb 的 (012) 晶面相匹配，表明合金是高度结晶的 BiSb 合金。值得注意的是，在图 5-63(f) 中也观察到，在 BiSb 合金外面有 1 层非晶氧化层，这与非晶态碳和 BiSb 合金完全不同，在后面的讨论中进一步确认为 Bi$_2$O$_3$/SbO$_x$，氧化层的存在增强了 BiSb 合金与碳的界面结合力，提高了电极结构的稳定性。如图 5-63(d)、(e) 所示，即使经历了剧烈的超声分散过程，BiSb 合金纳米颗粒仍然紧紧地固定在碳层上，表明碳基体与纳米颗粒之间存在强烈的相互作用。在图 5-63(e) 和 (f) 中也可以明显看到最外层的碳层，这是碳源原位热解产生的，可以抑制 BiSb 合金的聚集或过度生长，避免合金过多暴露在电解液中。元素分布图 [图 5-63(g)] 表明 Bi、Sb、C 在复合材料中均匀分布。

作为对比，研究了 Sb@SbO$_x$@C 和 Bi@Bi$_2$O$_3$@C 材料的形貌和结构，如图 5-64 和图 5-65 所示。图 5-64(a) 中 XRD 谱图显示，所有衍射峰都对应于 Sb 的特征峰（PDF 01-0802），没有其他杂峰存在。从图 5-64(b)、(c) 和图 5-64(d)、(e) 中 Sb@SbO$_x$@C 的 SEM 和 TEM 图中可见，纳米级的 Sb 均匀分散于三维多孔碳网中。图 5-64(f) 的 TEM 中可见 Sb 的周围存在非晶的包覆层。图 5-65(a) 显示了 Bi@Bi$_2$O$_3$@C 的 XRD，可以看到尖锐的衍射峰对应于 Bi 的特征峰，少量的弱峰对应于 Bi$_2$O$_3$。SEM 和 TEM 结果与 Sb@SbO$_x$@C 相似，同时 EDS 结果显示 C 和 Bi 都能均匀分布。

采用 TGA 分析了 BiSb@Bi$_2$O$_3$/SbO$_x$@C 材料中 BiSb、SbO$_x$/Bi$_2$O$_3$ 和 C

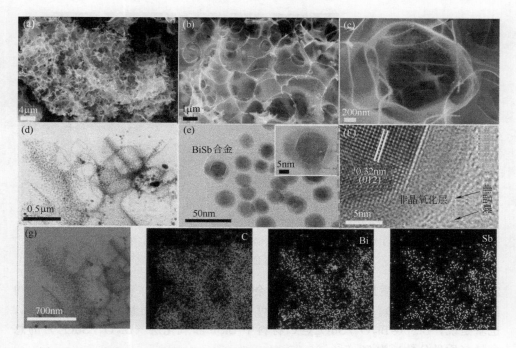

图 5-63　$BiSb@Bi_2O_3/SbO_x@C$ 材料的 SEM 图像（a）～（c）；TEM 图像（d）～（f）；
EDS 图谱（g）

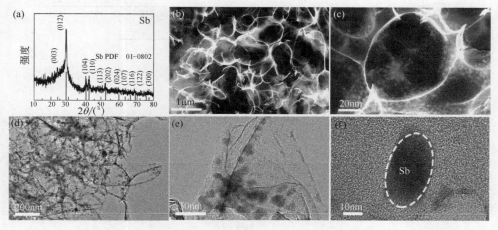

图 5-64　$Sb@SbO_x@C$ 材料的（a）XRD 图；（b）、（c）SEM 图；（d）～（f）TEM 图

的比例，如图 5-66 所示。在空气中以 $10℃ \cdot min^{-1}$ 加热速率将样品加热至 800℃。在 400～500℃的温度范围发生两个化学过程，一个是多孔碳的氧化过程，体现失重，另一个是 BiSb 氧化过程（$4Bi + 3O_2 \xrightarrow{\quad} 2Bi_2O_3$；$4Sb + 3O_2 \xrightarrow{\quad}$

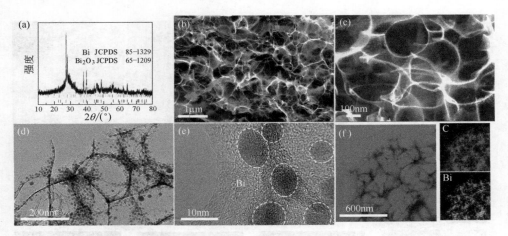

图 5-65　Bi@Bi₂O₃@C 材料的 XRD 图 (a)；SEM 图 (b)、(c)；TEM 图 (d)、(e)；
EDS 图 (f)

2Sb₂O₃)，对应于质量的增加。最终剩余产物主要是 $Sb_2O_3$ 和 $Bi_2O_3$（包含最初的 $SbO_x$ 和 $Bi_2O_3$）。根据以下等式，可计算出碳含量（质量分数）为 42.7%，也就是说，BiSb@Bi₂O₃/SbO_x@C 材料中 BiSb 和氧化层（$Bi_2O_3/SbO_x$）的总含量（质量分数）为 57.3%。

$$w(C)=\frac{m(BiSb@Bi_2O_3/SbO_x@C)-m(BiSb)\times\dfrac{m_{终}(Bi_2O_3/Sb_2O_3)}{m(Bi_2O_3/Sb_2O_3)}}{m_{终}(BiSb@Bi_2O_3/SbO_x@C)}$$

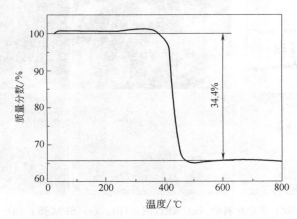

图 5-66　BiSb@Bi₂O₃/SbO_x@C 材料的 TG 曲线

通过 XRD 分析 BiSb@Bi₂O₃/SbO_x@C 的晶体结构，如图 5-67(a) 所示。XRD 谱图中所有的衍射峰都对应于六方晶系的 $Bi_{0.5}Sb_{0.5}$ 相（JCPDS　01-081-

3946、R3m 空间群）。尖锐的特征峰表明 BiSb 结晶程度高；没有出现碳对应的
衍射峰，说明石墨化程度较低；拉曼光谱可进一步证实碳材料的结构特征。根据
Scherrer 方程计算得到的平均晶粒尺寸为 12nm，与 TEM 结果一致。没有观察
到其他衍射峰，说明铋/锑氧化物是以非晶态的形式存在的。对 $BiSb@Bi_2O_3/$

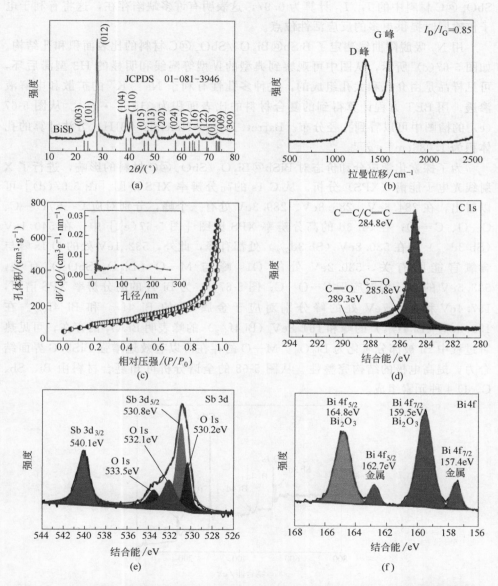

图 5-67　$BiSb@Bi_2O_3/SbO_x@C$ 材料的 XRD 谱图（a）；拉曼光谱（b）；$N_2$ 吸脱附曲线

及孔径分布（c）；C 1s（d）、Sb 3d（e）、Bi 4f（f）的高分辨率 XPS 谱图

SbO$_x$@C 材料中的碳结构进行了拉曼光谱表征,如图 5-67(b)所示,可以观察到位于 1330cm$^{-1}$(D 峰)和 1590cm$^{-1}$(G 峰)的两个典型峰。通常,G 峰与 sp$^2$ 杂化碳的振动有关,D 峰是指无序碳的振动。此外,D 峰和 G 峰的强度比($I_D/I_G$)反映了碳的无序程度,$I_D/I_G$ 越高,碳的缺陷越多,BiSb@Bi$_2$O$_3$/SbO$_x$@C 材料中的 $I_D/I_G$ 计算为 0.97,这表明有许多缺陷存在,这将有利于电子传输同时提供更多的反应活性位点。

用 N$_2$ 吸脱附曲线测定了 BiSb@Bi$_2$O$_3$/SbO$_x$@C 材料的比表面积和孔结构。如图 5-67(c)所示,从图中可观察到典型的 IV 型等温线和明显的 H3 型滞后环,可见样品是由介孔和大孔组成的,这种多孔性有利于 Na$^+$/K$^+$ 的扩散和电解液渗透。用 BET 方程计算得到的复合材料的比表面积为 310m$^2$·g$^{-1}$。从图 5-67(c)的插图中可以看到孔径分布。Barrett-Joyner-Halenda(BJH)方法计算的孔体积为 1.086cm$^3$·g$^{-1}$。

为了探索化学成分和价态对 BiSb@Bi$_2$O$_3$/SbO$_x$@C 材料的影响,进行了 X 射线光电子能谱(XPS)分析。从 C 1s 的高分辨率 XPS 谱图[图 5-67(d)]可以看出,在 284.8eV、285.8eV、289.3eV 处有三个峰,分别对应 C—C/C=C、C—O、C=O;在 Sb 3d 的高分辨率 XPS 谱图[图 5-67(e)]中,在 540.1eV(Sb 3d$_{3/2}$)和在 530.8eV(Sb 3d$_{5/2}$)处都有峰,此外,532.1eV 处的 O 1s 峰与含氧官能团有关,530.2eV 处的 O1s 峰与 M—O(Bi$_2$O$_3$/SbO$_x$)有关,533.5eV 的 O1s 峰对应于 C—O—C;图 5-67(f)为 Bi 4f 的高分辨率 XPS 谱图,157.4eV 和 162.7eV 处的峰分别对应于金属 Bi 的 Bi 4f$_{7/2}$ 和 Bi 4f$_{5/2}$。在 159.5eV(Bi 4f$_{7/2}$)的峰和 164.8eV(Bi 4f$_{5/2}$)的峰表明 Bi$_2$O$_3$ 的存在,可见热解过程中 Bi 被部分氧化为 Bi$_2$O$_3$。M—O 的存在可以有效地增强 BiSb/C 界面结合力,提高电极的结构完整性。从图 5-68 的全谱分析可知复合材料由 Bi、Sb、C、O 4 种元素组成。

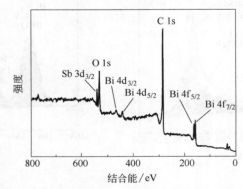

图 5-68  BiSb@Bi$_2$O$_3$/SbO$_x$@C 材料的 XPS 全谱

### 5.5.3　电化学储钠、储钾性能

为研究 $BiSb@Bi_2O_3/SbO_x@C$ 材料在钠离子电池中的电化学性能，首先在扫描速率为 $0.1mV \cdot s^{-1}$、电压范围为 $0.01 \sim 3V$ 的条件下，进行了循环伏安（CV）测试，如图 5-69(a)，在第 1 周循环中出现了三个明显的还原峰：$0.12V$、$0.5V$ 和 $0.98V$。位于 $0.12V$ 左右出现的还原峰对应 $Na^+$ 在碳中的插入过程，在 $0.5V$ 处出现的峰主要与 $Na_3Sb$ 和 $Na_3Bi$ 的形成有关，在 $0.98V$ 处的宽峰与电解液分解和其他副反应导致的 SEI 膜形成有关。在第 2 周循环中，$0.98V$ 附近的峰消失，表明初始激活过程完成后，形成了稳定的界面结构。同时，从第 2 周开始在 $0.12V$ 和 $0.50V$ 处的峰位向高电位移动，表明极化降低。第 1 周循环后，后续 CV 曲线交叠良好，表明循环稳定性较好。氧化峰出现在 $0.77V$ 和 $0.83V$ 处，这与 $Na^+$ 从碳中脱出以及 $Na_3Sb$ 和 $Na_3Bi$ 的去合金过程有关。与第 1 周相比，合金/去合金过程对应的氧化还原峰强度略有降低，峰面积变小，说明由于上述不可逆反应和结构重构，$Na_3Sb$ 和 $Na_3Bi$ 无法完全恢复。考虑到 $K^+$ 的半径比 $Na^+$ 的大，这种现象在钾离子电池中更为严重。

图 5-69(b) 为典型的恒流充放电曲线，$BiSb@Bi_2O_3/SbO_x@C$ 材料先在 $0.1A \cdot g^{-1}$、$0.2A \cdot g^{-1}$ 和 $0.5A \cdot g^{-1}$ 的电流密度下循环 3 周，然后在 $1A \cdot g^{-1}$ 的电流密度下循环 500 周。初始放充电比容量分别为 $981mA \cdot h \cdot g^{-1}$ 和 $418mA \cdot h \cdot g^{-1}$，对应的库伦效率（CE）为 $45.5\%$。较大的不可逆比容量损失主要是由电解质的分解、SEI 膜的形成以及 $Na^+$ 不可逆插入微孔和缺陷造成的。比容量贡献由两部分组成，一部分是由于 $Na_3Sb$ 和 $Na_3Bi$ 的合金化过程，另一部分是由于 $Na^+$ 插入薄碳层中。可以识别出 $0.5 \sim 1V$ 附近的连续电压平台，对应于 CV 曲线中 $0.5V$ 和 $0.96V$ 处的峰。图 5-69(c) 显示了 $BiSb@Bi_2O_3/SbO_x@C$ 材料在 $0.1A \cdot g^{-1}$ 电流密度下的循环性能。如图 5-69(c) 所示，经过 100 周循环后，$BiSb@Bi_2O_3/SbO_x@C$ 材料的比容量稳定在 $274.2mA \cdot h \cdot g^{-1}$，高于 $Bi@Bi_2O_3@C$ 材料（$178mA \cdot h \cdot g^{-1}$），低于 $Sb@SbO_x@C$ 材料（$329mA \cdot h \cdot g^{-1}$）（图 5-71）。与 $Sb@SbO_x@C$ 材料相比钠离子存储比容量更低可能是由于 Bi 的引入，而 Bi 的理论钠离子存储比容量小于 Sb（$Na_3Sb$：$660mA \cdot h \cdot g^{-1}$；$Na_3Bi$：$386mA \cdot h \cdot g^{-1}$）。此外，在循环 30 周左右 $BiSb@Bi_2O_3/SbO_x@C$ 材料的比容量略有增加，这可能是由于结构重排，暴露出更多的活性位点，从而提高了负极材料的利用率。$BiSb@Bi_2O_3/SbO_x@C$ 材料在钠离子电池中的倍率性能如图 5-69(d) 所示。在电流密度为 $0.1A \cdot g^{-1}$、$0.2A \cdot g^{-1}$、$0.5A \cdot g^{-1}$、$1A \cdot g^{-1}$、$2A \cdot g^{-1}$ 和 $5A \cdot g^{-1}$ 时，材料的可逆比容量分别为 $324mA \cdot h \cdot g^{-1}$、$296mA \cdot h \cdot g^{-1}$、$275mA \cdot h \cdot g^{-1}$、$230mA \cdot h \cdot g^{-1}$、$205mA \cdot h \cdot g^{-1}$ 和

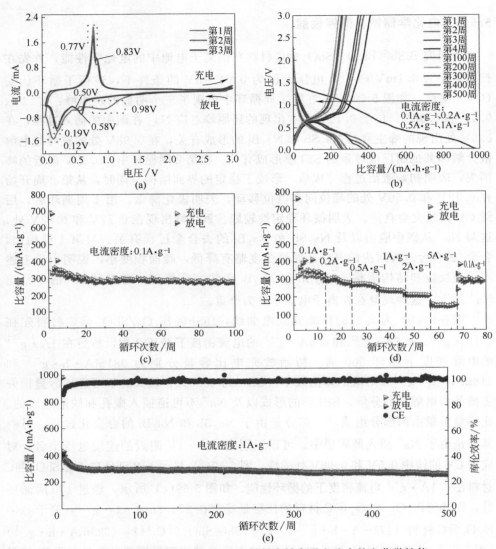

图 5-69　$BiSb@Bi_2O_3/SbO_x@C$ 材料在钠离子电池中的电化学性能

(a) CV 曲线；(b) 不同循环的恒流充放电曲线；(c) 在 $0.1A \cdot g^{-1}$ 循环 100 周的循环性能；
(d) 倍率性能；(e) 长循环性能

$147mA \cdot h \cdot g^{-1}$。当电流密度降低到 $0.1A \cdot g^{-1}$ 时，$BiSb@Bi_2O_3/SbO_x@C$ 材料的比容量可以恢复超过 90%，表现出 $293mA \cdot h \cdot g^{-1}$ 的比容量，证明了材料极好的可逆性。此外，即使在 $1A \cdot g^{-1}$ 的条件下循环 500 周，可逆比容量也高达 $248.4mA \cdot h \cdot g^{-1}$，比容量保留率超过 70%（与第 4 周循环比容量 $353.2mA \cdot h \cdot g^{-1}$ 相比），CE 接近 100%。材料优异的循环性能与其独特的结

构有关，该结构为 BiSb 的体积变化提供了足够的缓冲空间，为 Na$^+$ 的存储提供了丰富的活性位点。此外，碳涂层有效地抑制了 BiSb 循环过程中的聚集和裂纹，氧化层防止了合金脱落和失去活化。

BiSb@Bi$_2$O$_3$/SbO$_x$@C 材料的钾离子储存性能如图 5-70 所示。图 5-70(a)

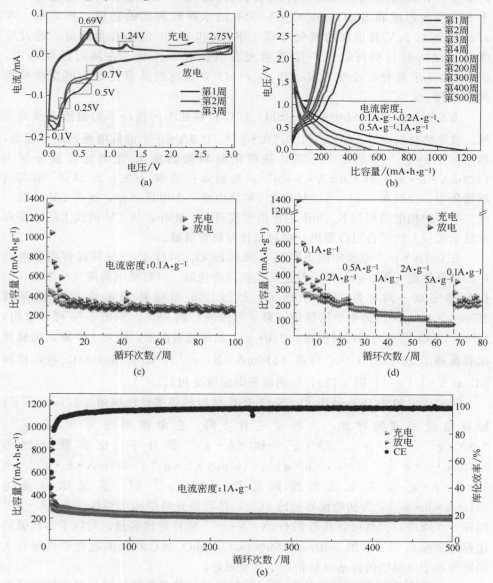

图 5-70　BiSb@Bi$_2$O$_3$/SbO$_x$@C 材料在钾离子电池中的电化学性能

(a) CV 曲线；(b) 不同循环的恒流充放电曲线；(c) 在 0.1A·g$^{-1}$ 循环 100 周的循环性能；

(d) 倍率性能；(e) 长循环性能

为 BiSb@Bi$_2$O$_3$/SbO$_x$@C 材料在钾离子电池中初始三个循环的 CV 曲线，在 0.1V、0.25V、0.5V 和 0.7V 处出现了明显的还原峰。0.1V 处的还原峰可以归因于 K$^+$ 在碳中的插入，而 0.25V、0.5V 和 0.7V 处的还原峰与 BiSb 的多步钾化反应生成 K$_x$Bi 和 K$_x$Sb 有关。另外，0.5V 左右的不可逆峰归因于 SEI 膜的形成和 Sb$_2$O$_3$/Bi$_2$O$_3$ 在 BiSb 纳米颗粒表面的还原。相应地，在 0.69V 和 1.24V 处出现的氧化峰属于 K$_x$Bi 和 K$_x$Sb 的去合金反应。通过后续 X 射线衍射分析可以进一步阐明充放电过程和产物。在随后的循环中，CV 曲线几乎重合，说明 BiSb@Bi$_2$O$_3$/SbO$_x$@C 材料具有良好的可逆性和结构稳定性。

图 5-70(b) 为 BiSb@Bi$_2$O$_3$/SbO$_x$@C 材料在不同循环下的恒流充放电曲线。首先将材料在 0.1A·g$^{-1}$、0.2A·g$^{-1}$、0.5A·g$^{-1}$ 的低电流密度下激活，然后在 1A·g$^{-1}$ 下测定 500 周，获得的材料初始放电/充电比容量分别为 1323mA·h·g$^{-1}$ 和 450mA·h·g$^{-1}$，初始库伦效率（CE）为 34%。在第 1 周循环中，分别在 0.5V、1.0V 和 2.5V 处出现三个电压平台，这与 CV 曲线一致。平台的相继出现与 K$_x$BiSb 的逐渐形成有关。此外，从 CV 曲线上的峰值和充放电曲线上的平台可以看出，碳对总比容量有贡献。

在 0.1A·g$^{-1}$ 电流密度下测试 BiSb@Bi$_2$O$_3$/SbO$_x$@C 材料在钾离子电池中的循环性能 [图 5-70(c)]。经过几次循环活化后，材料被电解液充分渗透，结构重排完成，循环性能趋于稳定，经过 100 周循环充电比容量仍保留 269mA·h·g$^{-1}$，为初始比容量（第 9 周循环）的 86%。从图 5-70 可以看出，BiSb@Bi$_2$O$_3$/SbO$_x$@C 材料在 0.1A·g$^{-1}$ 的电流密度下，循环 100 周后的储钾比容量高于 Bi@Bi$_2$O$_3$@C 材料（116mA·h·g$^{-1}$），低于 Sb@SbO$_x$@C 材料（310mA·h·g$^{-1}$）（图 5-71），与钠离子电池情况相似。

钾离子电池中 BiSb@Bi$_2$O$_3$/SbO$_x$@C 材料的倍率性能如图 5-70(d) 所示。随着电流密度的增加，比容量略有下降，在电流密度为 0.2A·g$^{-1}$、0.5A·g$^{-1}$、1A·g$^{-1}$、2A·g$^{-1}$ 和 5A·g$^{-1}$ 条件下，比容量分别为 214mA·h·g$^{-1}$、170mA·h·g$^{-1}$、144mA·h·g$^{-1}$、111mA·h·g$^{-1}$ 和 82mA·h·g$^{-1}$，当电流密度恢复到 0.1A·g$^{-1}$ 时，恢复比容量为 221mA·h·g$^{-1}$，为初始比容量的 96%，具有良好的结构可逆性。在 1A·g$^{-1}$ 循环 500 周后，仍然可以获得 214mA·h·g$^{-1}$ 的可逆比容量，对应于每次循环比容量衰减 0.13%（图 5-70），BiSb@Bi$_2$O$_3$/SbO$_x$@C 材料的电化学性能与大多数钾离子电池中的锑基材料相当，甚至更好。

为了解释 BiSb@Bi$_2$O$_3$/SbO$_x$@C 材料优异的倍率性能，对材料在钠离子电池和钾离子电池中不同循环周数后进行了阻抗分析。如图 5-72 和图 5-73 所示。所有的 EIS 图均由代表电荷转移阻抗的半圆和代表离子扩散阻抗的斜线组成。

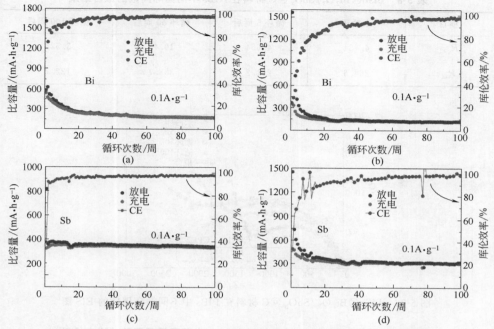

图 5-71　(a)、(b) Bi@Bi$_2$O$_3$@C 材料在 NIBs 和 PIBs 中的循环性能；
(c)、(d) Sb@SbO$_x$@C 材料在 NIBs 和 PIBs 中的循环性能

从图 5-72 和表 5-8 可知，$R_{SEI}$ 随着循环的进行不断增大，但循环 100 周后，$R_{SEI}$ 显著减小，低于循环前；$R_{ct}$ 也在 50 周循环后达到最高。在钾离子电池中，如图 5-73 和表 5-9 所示，$R_{SEI}$ 在 100 周达到最高，而 $R_{ct}$ 随着循环的进行有减小趋势。

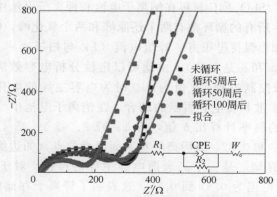

图 5-72　BiSb@Bi$_2$O$_3$/SbO$_x$@C 材料在 NIBs 不同循环周数的 EIS 图

表 5-8　BiSb@Bi$_2$O$_3$/SbO$_x$@C 材料在 NIBs 不同循环周数的拟合结果

| 项目 | 未循环 | 循环 5 周后 | 循环 50 周后 | 循环 100 周后 |
|---|---|---|---|---|
| $R_{SEI}$ | 4.434 | 4.664 | 10.43 | 3.528 |
| $R_{ct}$ | 264.6 | 261.2 | 338.7 | 122.7 |

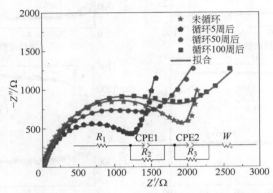

图 5-73　BiSb@Bi$_2$O$_3$/SbO$_x$@C 材料在 PIBs 中不同循环周数的 EIS 图

表 5-9　BiSb@Bi$_2$O$_3$/SbO$_x$@C 材料在 PIBs 中不同循环周数的拟合结果

| 项目 | 未循环 | 循环 5 周后 | 循环 50 周后 | 循环 100 周后 |
|---|---|---|---|---|
| $R_{SEI}$ | 0.374 | 3.736 | 6.792 | 29.39 |
| $R_{ct}$ | 1916 | 1289 | 1346 | 1380 |

采用基于 CV 的动力学分析方法，在 0.1～1mV·s$^{-1}$ 的不同扫描速率下分析了 BiSb@Bi$_2$O$_3$/SbO$_x$@C 材料在钠离子电池和钾离子电池中的存储机制。如图 5-74(a) 所示，所有的循环都有两个还原峰和两个氧化峰，CV 曲线的形状随着扫描速率的增加而保持得很好。峰值电流（$I$）与扫描速率（$v$）之间的关系描述为 $I = av^b$（$a$ 和 $b$ 是常数），由此可以定性分析电容效应的程度，$b$ 值为 0.5 时为离子扩散控制过程，$b$ 值为 1.0 时为电容主导的电化学反应，$b$ 值为 0.5～1 时为离子扩散和赝电容贡献的结合。在钠离子电池中［图 5-74(a)］，由 lg($I$) 与 lg($v$) 的斜率计算出 $b$ 值，峰 1、峰 2、峰 3、峰 4 处的 $b$ 值分别为 0.92、0.98、0.87 和 0.82，表明离子在表面活性位点（如边缘、缺陷和含氧官能团）处的吸附存储，是一个高表面电容主导的过程。对于钾离子电池［图 5-74(d)］，$b$ 值的范围为 0.61 到 0.75，这表明了钾离子存储的混合控制过程。根据 $I = k_1v + k_2v^{1/2}$ 方程分离电流，可以量化一定扫描速率下的电容贡献，固定电压下，$k_1v$ 表示电容过程，$k_2v^{1/2}$ 表示扩散过程。结果表明，在

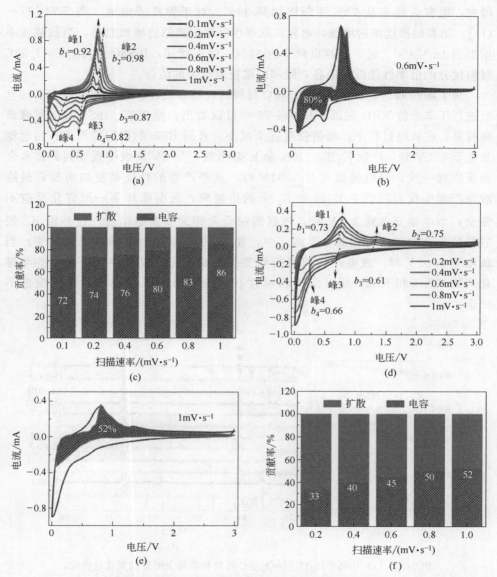

图 5-74　$BiSb@Bi_2O_3/SbO_x@C$ 材料在钠离子电池和钾离子电池中的动力学分析

（a）、（d）不同扫描速率（$0.1\sim1mV\cdot s^{-1}$）下的 CV 曲线；（b）、（e）带有电容贡献的 CV 曲线（阴影部分）；（c）、（f）不同扫描速率下电容控制和扩散控制的贡献率

$0.6mV\cdot s^{-1}$ 时，钠离子电池中 $BiSb@Bi_2O_3/SbO_x@C$ 材料的电容贡献率高达 80%［图 5-74（b）］，这也是钠离子存储性能优异的原因。图 5-74（c）显示了钠离子电池在不同扫描速率下的电容贡献率，随着扫描速率从 $0.1\sim1mV\cdot s^{-1}$ 的

增加，电容贡献率从 72％逐渐增加到 86％。对于钾离子电池〔图 5-74(d)～(f)〕，随着扫描速率的增加，电容贡献率也呈现出类似的增加趋势，当扫描速率增加到 1mV·s$^{-1}$ 时，电容贡献率为 52％。综上所述，BiSb@Bi$_2$O$_3$/SbO$_x$@C 材料优异的倍率性能源于电容贡献和扩散控制行为的结合。

为了阐明 BiSb@Bi$_2$O$_3$/SbO$_x$@C 材料的钾储存机理，对不同电荷态下的电极进行了非原位 XRD 测试。从图 5-75 中可以看出，循环前，BiSb 的衍射峰清晰可见，在放电过程中，峰值强度逐渐减小，直到 BiSb 的衍射峰消失；当电池放电至 0.2V 时，产物 K$_3$Bi$_2$、KBi 和 KSb 出现，与 CV 曲线中观察到的多步合金反应相一致；当电池放电至 0.01V 时，这些产物的特征峰更加明显，最终放电产物中没有对应于 K$_3$Bi 和 K$_3$Sb 的衍射峰，表明循环第一周钾化反应不完全；当电池充电到 3.0V 时，观察到铋合金相为非晶态结构，这是由 K$^+$ 脱嵌导致的结构重排，在第 2 周循环中，发生了从非晶态结构到结晶的转变；当放电至 0.01V 时，放电产物的特征峰变尖。而在充电过程中，仍有一些与钾化产物（KBi 和 KSb）相对应的弱峰存在，表明第 2 周循环中钾化反应也不完全。

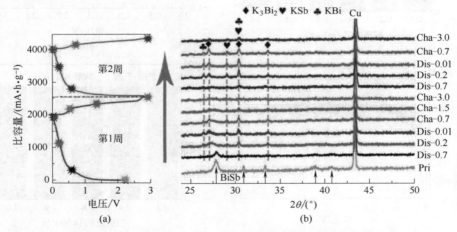

图 5-75　(a) BiSb@Bi$_2$O$_3$/SbO$_x$@C 材料初始两个循环的充放电曲线；
(b) BiSb@Bi$_2$O$_3$/SbO$_x$@C 材料在不同电荷态下的 Ex-XRD 谱图

为进一步研究材料的结构稳定性，将 BiSb@Bi$_2$O$_3$/SbO$_x$@C 材料在钾离子电池循环 50 周后进行 SEM 测试，如图 5-76 所示，循环后的材料仍完好地保持三维多孔结构，未见合金颗粒明显长大和结构大范围破碎，可见该结构具有非常好的稳定性。EDS 显示所有元素都能保持均匀分布，没有明显团聚现象发生。

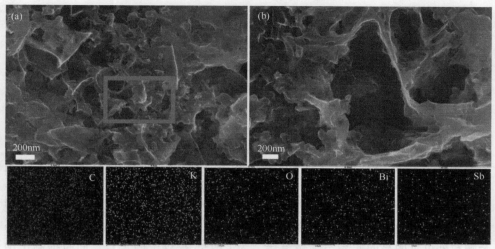

图 5-76　BiSb@Bi$_2$O$_3$/SbO$_x$@C 材料在 PIBs 中循环 50 周后的
SEM 图和 EDS 图

## 5.6　Cu$_2$Sb@3DPC 复合材料储钠、储钾性能研究

本研究采用可控真空冷冻干燥-碳热还原法制备了 Cu$_2$Sb 纳米合金/三维多孔碳阳极材料（Cu$_2$Sb@3DPCs）。由于纳米合金与碳基体同时形成，保证了纳米合金在碳中的良好分散，避免了纳米合金的聚集。三维多孔结构、大的表面积和超高的电导率不仅提供了足够的 Na$^+$/K$^+$ 存储位点和离子扩散/电子转移路径，而且提供了缓冲空间缓解体积膨胀，有效地提高了材料的结构稳定性和完整性。Cu$_2$Sb@3DPCs 在钠离子电池和钾离子电池中都表现出了高比容量、优越的循环和倍率性能。

### 5.6.1　材料的制备

将 2.50g 柠檬酸、0.26g Cu(NO$_3$)$_2$·6H$_2$O、0.20g SbCl$_3$、20.65g NaCl 溶于 70mL 去离子水中，搅拌 12h。所有试剂均为分析纯，使用时无需进一步处理。将上述溶液在冰箱中放置 24h 直至完全固化，然后将冷冻后的样品转移到冷冻干燥机中保存 24h，得到白色粉末，所得粉末在 600℃、H$_2$/Ar 混合气氛下煅烧 2h。为了去除 NaCl 模板，将煅烧后的样品用水清洗，然后在 110℃下烘干过夜。最终得到的产品命名为 Cu$_2$Sb@3DPCs。

### 5.6.2 结构与形貌表征

图 5-77(a) 显示了 $Cu_2Sb@3DPCs$ 的合成过程。首先，将柠檬酸、$Cu(NO_3)$·$6H_2O$、$SbCl_3$ 和 NaCl 均匀混合。之后，在冻干过程中形成了包裹 $Cu^{2+}/Sb^{2+}$ 复合物的自组装立方 NaCl 前驱体；在随后的炭化过程中，$Cu_2Sb$ 纳米颗粒在 NaCl 模板表面原位生成，同时将柠檬酸热解成碳。最后，去除氯化钠模板，得到了固定在多孔碳上的 Cu-Sb 纳米合金复合材料。从图 5-77(b)、(c) 中可以观察到相互连通的三维多孔结构，该结构继承了 NaCl 模板，并嵌入了大量的超细纳米颗粒。TEM 结果进一步证实了这一形态特征 [图 5-77(d)]，根据 TEM 图像的粒度分布分析 [图 5-77(e)]，合金的平均尺寸为 6.5nm。为了确定所制备产物的结构，进行了 HRTEM 分析，如图 5-77(f) 所示，可以观察到晶格间距为 0.292nm，这与 $Cu_2Sb$ 晶体的 (110) 面一致 (JPCDS 65-2851)。纳米合金颗粒外可见明显的非晶态碳包覆层，为 $Cu_2Sb$ 提供了固定点，同时抑制了纳米颗粒合金的生长和团聚。图 5-77(g)~(j) 为 $Cu_2Sb@3DPCs$ 材料的元素分布图，可以明显看出 Cu、Sb、C 的分布区域相同，这说明 $Cu_2Sb$ 纳米合金颗粒与多孔碳之间存在界面锚定作用。这种多孔碳网络有利于提高材料的电导率、释放 Sb 的体积膨胀应力。

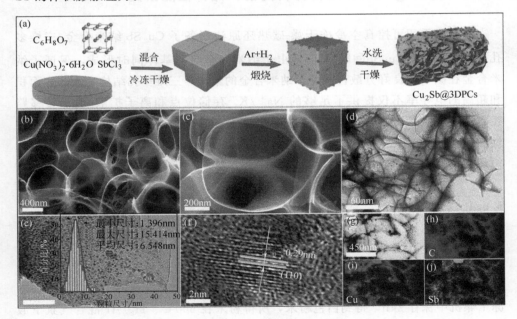

图 5-77 $Cu_2Sb@3DPCs$ 材料 (a) 合成工艺示意图；(b)、(c) SEM 图；(d)、(e) TEM 图；(f) HRTEM 图；(g)~(j) $Cu_2Sb@3DPCs$ 的元素扫描图

　　从图 5-78（a）所示的 XRD 图谱中可观察到清晰、尖锐的衍射峰，表示结晶度良好。这些尖锐的衍射峰与 $Cu_2Sb$ 的标准图谱（PDF　65-2851）相匹配。除了在 26°左右有一个峰外，没有发现与碳相对应的明显的衍射峰，这表明碳是非晶态结构。用拉曼光谱进一步测定了碳的存在形式，如图 5-78（b）所示，

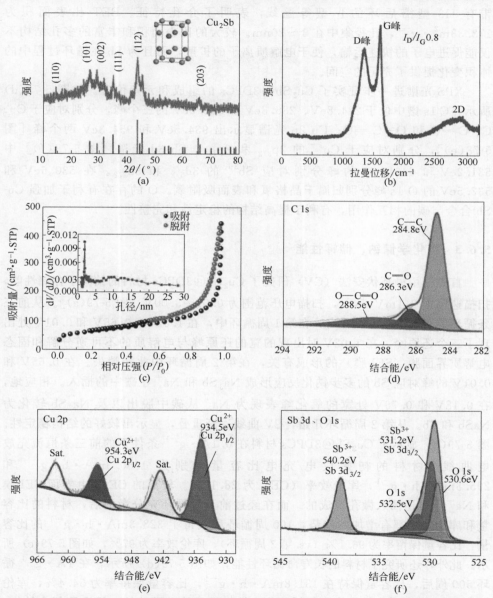

图 5-78　$Cu_2Sb@3DPCs$ 材料的 XRD 图谱（a）；拉曼光谱（b）；$N_2$ 吸脱附曲线和孔径分布曲线（c）；C 1s（d）；Cu 2p（e）；Sb 3d 和 O 1s（f）高分辨率 XPS 谱

$1342cm^{-1}$、$1601cm^{-1}$ 和 $2920cm^{-1}$ 处明显的拉曼峰代表典型的 D 峰、G 峰和 2D 峰。D 峰与 G 峰之比（$I_D/I_G$）为 0.8，表明碳的无序程度较高，这一现象与 XRD 和 TEM 观察结果一致。无序的碳结构有利于提供更多的活性储存位点，有利于缓解 Sb 的体积膨胀。$Cu_2Sb@3DPCs$ [图 5-78(c)] 的 $N_2$ 吸脱附曲线为带有 H3 型滞后环的Ⅳ型等温线，表明了介孔特征。BET 比表面积为 $173.38m^2 \cdot g^{-1}$，孔径集中在 $1\sim20nm$。较大的比表面积和丰富的多孔结构不仅能促进电子的快速运输，便于电解质离子的扩散，而且为 Sb 在循环过程中的体积变化提供了充足的空间。

XPS 光谱进一步证实了 $Cu_2Sb@3DPCs$ 的组成和元素价态。如图 5-78(d) 所示，C 1s 谱中位于 284.8eV、286.3eV 和 288.5eV 的三个峰，分别对应于 C—C、C＝O 和 O—C＝O；Cu 2p 光谱显示出 934.5eV 和 954.3eV 两个峰 [图 5-78(e)]，分别对应于 $Cu^{2+}$ 的 $2p_{3/2}$ 和 $2p_{1/2}$。Sb 3d 光谱 [图 5-78(f)] 中 531.2eV 和 540.2eV 的峰分别对应 $Sb^{3+}$ 的 $3d_{5/2}$ 和 $3d_{3/2}$。在 530.6eV 和 532.5eV 的 O 1s 峰分别归属于晶格氧和表面吸附氧。O 的存在有利于加强 Cu-Sb 合金与碳的相互作用，有利于提高结构的稳定性和完整性。

### 5.6.3 电化学储钠、储钾性能

首先采用循环伏安法（CV）研究了 $Cu_2Sb@3DPCs$ 材料的钠离子存储性能，扫描速率为 $0.1mV \cdot s^{-1}$，扫描电压范围为 $0.01\sim3.00V$ [图 5-79(a)]。从前三条循环的 CV 曲线可以看出，在第 1 周循环中，在 1.02V、0.65V 和 0.01V 处出现了三个还原峰。在 1.02V 时出现的宽的还原峰与电解质的不可逆分解和固态电解质界面膜（SEI 膜）的形成有关，在第 2 周循环中此峰消失。在 0.65V 和 0.01V 的峰对应 Sb 的多步钠化反应形成 $Na_3Sb$ 和 $Na^+$ 在碳中的插入。相应地，在 0.18V 和 0.76V 处宽的氧化峰表现为 $Na^+$ 从碳中脱出以及 $Na_3Sb$ 转化为 NaSb 和 Sb。从第 2 周循环开始，CV 曲线逐渐重叠，显示出较好的结构稳定性。图 5-79(b) 显示了 $Cu_2Sb@3DPCs$ 材料在 $0.1A \cdot g^{-1}$ 条件下的前三条恒流充放电曲线。材料的初始放电/充电比容量分别为 $1050.3mA \cdot h \cdot g^{-1}$ 和 $295.3mA \cdot h \cdot g^{-1}$，库伦效率（CE）为 28.12%。较低的 CE 是由界面 SEI 膜和 $Na^+$ 不可逆插入微孔造成的。而在经过前几个循环充分激活后，材料的比容量和库伦效率都有增加的趋势，100 周循环后获得了 $328.3mA \cdot h \cdot g^{-1}$ 的比容量，比容量保留率为 96.1%（vs. 第 3 周循环），库伦效率为 97%，如图 5-79(c) 所示。此外，还研究了材料的长寿命循环性能，如图 5-79(d) 所示，在 $1A \cdot g^{-1}$ 循环 500 周后，比容量保持在 $131.8mA \cdot h \cdot g^{-1}$，比容量保持率为 54.4%，库伦效率稳定在 99%。材料优异的循环稳定性得益于精心设计的三维多孔复合结构，它能够提供充足的空间容纳 Sb 的体积膨胀，有效地保持电极的完整性。

如图 5-79(e) 所示，对 $Cu_2Sb@3DPCs$ 材料的倍率性能进行评估，从 $0.1\sim$ $5A\cdot g^{-1}$，其比容量分别为 $296mA\cdot h\cdot g^{-1}$、$293mA\cdot h\cdot g^{-1}$、$260mA\cdot h\cdot g^{-1}$、$235mA\cdot h\cdot g^{-1}$、$220mA\cdot h\cdot g^{-1}$ 和 $199mA\cdot h\cdot g^{-1}$。当电流密度恢复到 $0.1A\cdot g^{-1}$ 时，材料的可逆比容量达到了 $292mA\cdot h\cdot g^{-1}$，可见材料在快速充放电过程中能保持良好的结构稳定性。材料优异的倍率性能主要与超细合金颗粒缩短离子扩散路径和三维多孔碳提供了良好的电子导电性有关。

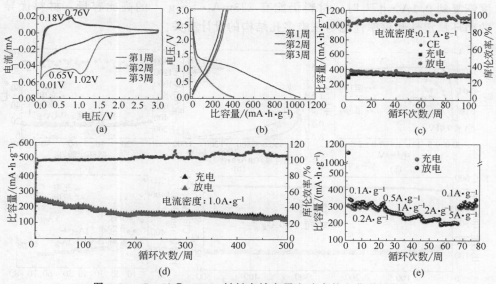

图 5-79　$Cu_2Sb@3DPCs$ 材料在钠离子电池中的电化学性能
（a）CV 曲线；（b）充放电曲线；（c）、（d）循环性能；（e）倍率性能

之后，对 $Cu_2Sb@3DPCs$ 材料的储钾性能进行了详细的研究。首先在 $0.01\sim$ $3.0V$ 的电压范围，以 $0.1mV\cdot s^{-1}$ 的扫描速率测试了 $Cu_2Sb@3DPCs$ 材料的 CV 曲线 [图 5-80(a)]。显然，在钾离子电池中，峰强度相对较弱，这可能与 $K^+$ 较大的离子半径和由此产生的较小的离子扩散系数有关。在约 $0.01V$ 处出现的还原峰与 $K^+$ 在碳中的插入有关，在 $0.2V$ 处出现的还原峰与 Sb 与 K 的合金化反应有关，在 $0.59V$ 处出现的还原峰反映了固态电解质界面膜（SEI 膜）的形成，在 $0.33V$ 和 $1.5V$ 处宽的氧化峰表明 $K^+$ 从碳以及 $K_xSb$ 相中脱出。

图 5-80(b) 为 $Cu_2Sb@3DPCs$ 材料在 $0.1A\cdot g^{-1}$ 电流密度下，$0.01\sim 3.0V$ 的电压范围内的充放电曲线，首次放电/充电比容量为 $1480.7mA\cdot h\cdot g^{-1}/$ $302.5mA\cdot h\cdot g^{-1}$。经过第 1 周循环后，材料的充放电曲线基本一致，表明材料具有很好的循环可逆性。图 5-80(c) 和图 5-80(d) 为 $Cu_2Sb@3DPCs$ 材料的循环性能，从图中可以看出，经过最初的几次循环激活后，可逆比容量保持稳

定，100 周循环（$0.1A \cdot g^{-1}$）后的比容量保留率为 86％，表现出 $260mA \cdot h \cdot g^{-1}$ 的比容量，500 周循环（$1A \cdot g^{-1}$）后的比容量保留率为 68.2％。$Cu_2Sb@3DPCs$ 材料的倍率性能如图 5-80（e）所示，其在电流密度为 $0.1A \cdot g^{-1}$、$0.2A \cdot g^{-1}$、$0.5A \cdot g^{-1}$、$1A \cdot g^{-1}$、$2A \cdot g^{-1}$ 和 $5A \cdot g^{-1}$ 下分别有 $285mA \cdot h \cdot g^{-1}$、$236mA \cdot h \cdot g^{-1}$、$203mA \cdot h \cdot g^{-1}$、$187mA \cdot h \cdot g^{-1}$、$170mA \cdot h \cdot g^{-1}$ 和 $148mA \cdot h \cdot g^{-1}$ 的比容量。在大电流充放电后，当电流密度恢复到 $0.1A \cdot g^{-1}$ 时，材料仍能有 $233mA \cdot h \cdot g^{-1}$ 的高比容量。材料优异的循环稳定性和倍率性能与三维多孔结构的设计有关。

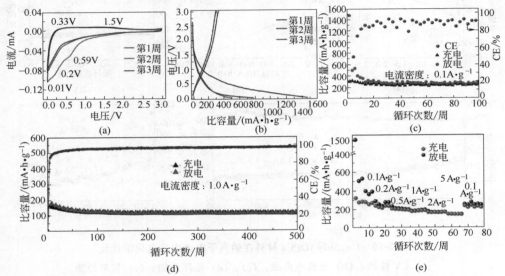

图 5-80　$Cu_2Sb@3DPCs$ 材料在钾离子电池中：CV 曲线（a）；充放电曲线（b）；
循环性能（c）、（d）；倍率性能（e）

　　为了解 $Cu_2Sb@3DPCs$ 材料的电化学储能机理，进行了不同扫描速率（$0.2mV \cdot s^{-1}$、$0.6mV \cdot s^{-1}$、$1mV \cdot s^{-1}$、$2mV \cdot s^{-1}$、$4mV \cdot s^{-1}$）下的 CV 测试（图 5-81）。随着扫描速率的增加，除了峰强增加和峰位轻微变化外，曲线形状基本一致，表现出相似的电化学行为。电化学过程可表示为式（5-17）和式（5-18）。

$$I = av^b \tag{5-17}$$

$$\lg I = \lg a + b \lg v \tag{5-18}$$

　　式中 $I$ 表示电流，$v$ 表示扫描速率，$a$、$b$ 为常数。当 $b$ 值接近 0.5 时，表明动力学过程是由扩散控制的，当 $b$ 值接近 1 时，表明动力学过程是由电容控制的。当 $b$ 值在 0.5～1 时，可以认为反应过程是由两种机理共同控制的。由 $\lg I$ 和 $\lg v$ 的线性关系可以得到 $b$ 值，计算在钠离子电池中 $b$ 为 0.9，在钾离子电池

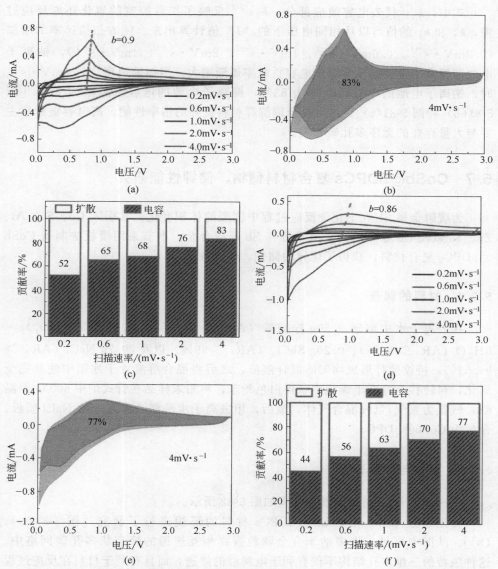

图 5-81　$Cu_2Sb@3DPCs$ 材料在钠离子电池和钾离子电池中：(a)、(d) 不同扫描速率下的
CV 曲线；(b)、(e)4.0mV·$s^{-1}$ 时的电容贡献率和扩散贡献率；(c)、(f) 不同扫描速率
控制下的电容和扩散贡献率

中 $b$ 为 0.86，表明在两种储能装置中，表面诱导电容过程都是主导机制。为了
定量分析电容的贡献率，可以用下式表示：

$$I(v) = k_1 v + k_2 v^{1/2} \tag{5-19}$$

式中，$k_1v$ 代表电容效应部分，$k_2v^{1/2}$ 反映了扩散控制的氧化还原反应过程，$k_1$ 和 $k_2$ 的值可以从相同电压下的"$I$"值计算出来。随着扫描速率的增加（$0.2\text{mV} \cdot \text{s}^{-1}$、$0.6\text{mV} \cdot \text{s}^{-1}$、$1\text{mV} \cdot \text{s}^{-1}$、$2\text{mV} \cdot \text{s}^{-1}$、$4\text{mV} \cdot \text{s}^{-1}$），钠离子电池和钾离子电池的表面感应电容贡献率逐渐增大。当扫描速率达到 $4\text{mV} \cdot \text{s}^{-1}$ 时，钠离子电池的电容贡献率为 $83\%$，钾离子电池的电容贡献率为 $77\%$ [图 5-81（b）和图 5-81（e）]，这可以合理解释材料良好的倍率性能。高电容贡献率主要与大量存在的无序多孔碳有关。

## 5.7  CoSb@3DPCs 复合材料储钠、储钾性能研究

为缓解金属 Sb 在电化学反应过程中剧烈的体积变化，常引入 Co、Se、Al、Zn、Ni 以及 Cu 等非活性金属成分与 Sb 形成合金。本节采用模板法制备 CoSb@3DPCs 复合材料，获得了优异的储钠、储钾性能。

### 5.7.1  材料的制备

在去离子水中溶解 2.50g 柠檬酸（AR，$>99.5\%$）、0.26g Co（NO$_3$）$_2$ · 6H$_2$O（AR，$>99\%$）、0.20g SbCl$_3$（AR，$>99\%$）以及 20.7g NaCl（AR，$>99.5\%$），持续搅拌形成均匀的混合溶液，之后将混合溶液置于冰箱中使其完全固化，再转移至冷冻干燥机中获得白色粉末，将粉末样品在管式炉中 600℃ 保温 8h，气氛为氢气/氩气混合气体。最后，用去离子水洗涤 5 次以去除 NaCl 模板，命名为 CoSb@3DPCs。

### 5.7.2  结构与形貌表征

CoSb@3DPCs 材料的制备过程如图 5-82 所示。

首先通过 SEM 对 CoSb@3DPCs 材料的形貌进行了研究 [图 5-83（a）、(b)]。从图中可见，许多纳米合金颗粒嵌在相互连通的蜂窝状多孔碳网络中。这种独特的三维多孔结构不仅有利于电解液的渗透，而且有利于材料在反应过程中适应体积膨胀，抑制纳米合金颗粒团聚，从而提高材料的力学性能。进一步通过 TEM 和 HRTEM 了解 CoSb@3DPCs 材料的显微组织和形貌。TEM 图 [图 5-83（c）] 显示，CoSb 纳米颗粒均匀分布在连通的多孔碳网络中，这与 SEM 结果一致。从图 5-83（d）中可以清楚地观察到层间距为 0.26nm 的晶格，对应于 CoSb 晶体的（002）晶面。图 5-83（e）为 CoSb@3DPCs 的 EDS 图，显示了 C、Co、Sb 在样品中的均匀分布状态。

CoSb@3DPCs 材料的 XRD 图谱如图 5-84（a）所示，所有的衍射峰都与六边

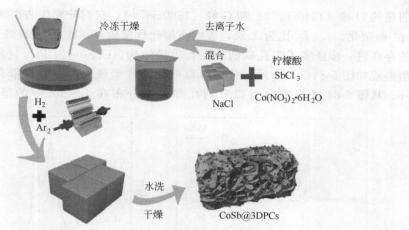

图 5-82　CoSb@3DPCs 材料的制备过程示意图

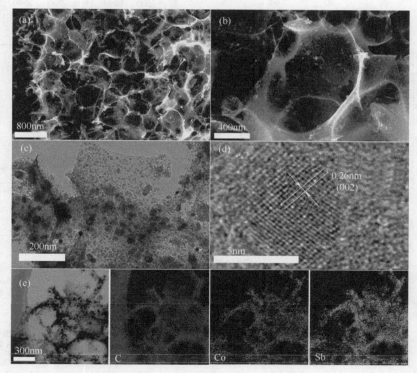

图 5-83　CoSb@3DPCs 材料的 (a)、(b) SEM 图；(c) TEM 图；
(d) HRTEM 图；(e) EDS 图

形晶体结构的 CoSb（JCPDS　65-6573，P63/mmc（194）空间群）很好地匹配，尖锐的衍射峰表明结晶度较高。图 5-84(b) 中 CoSb@3DPCs 的拉曼光谱显示出明显的 D 峰（1340cm$^{-1}$）和 G 峰（1590cm$^{-1}$），它们分别代表碳缺陷的边缘和 sp$^2$ 碳杂化。$I_G/I_D$ 比为 1.25，表明石墨化程度较高。此外，2D 峰（2700cm$^{-1}$）的存在进一步证实了多孔碳的少层石墨烯结构。CoSb@3DPCs 材料的 N$_2$ 吸脱附曲线如图 5-84（c）所示，此图可以归类为 Ⅳ 型吸附等温线，带有 H3 型滞后环。从图 5-84 的插图中可以看到孔隙大小分布在 1～30nm 的范围。CoSb@

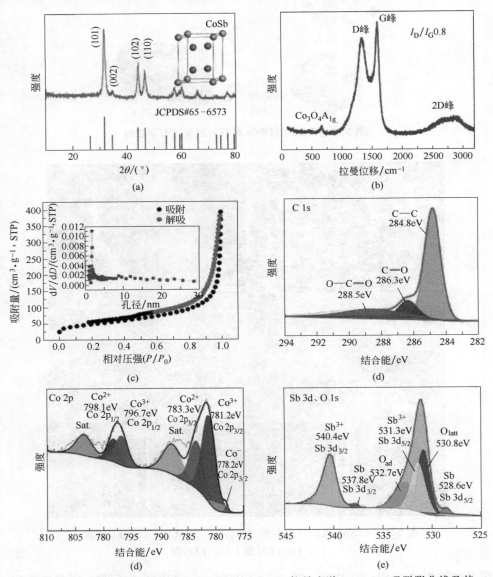

图 5-84 CoSb@3DPCs 材料的（a）XRD 图；（b）拉曼光谱；（c）N$_2$ 吸脱附曲线及其对应的孔径分布高分辨率 XPS 谱：(d) C 1s、(e) Co 2p 和（f）Sb 3d、O 1s

3DPCs 材料的 BET 比表面积为 $128.5 m^2 \cdot g^{-1}$。

此外，对 CoSb@3DPCs 材料中元素的价态进行了 XPS 分析，如图 5-84(d)～(f) 所示。图 5-84(d) 所示的 C 1s 谱分裂为 3 个峰，结合能分别为 284.8eV、286.3eV 和 288.5eV，分别对应 C—C 键、C═O 键和 O—C═O 键。图 5-84(e) 为 Co 2p 的高分辨率 XPS 谱，可以观察到主峰位于 781.2eV 和 796.7eV，783.3eV 和 798.1eV，这与 Co $2p_{3/2}$ 和 Co $2p_{1/2}$ 自旋轨道双峰有关。Co$2p_{3/2}$ 显示 $Co^{2+}$ 峰和 $Co^{3+}$ 峰的积分面积之比近似为 1:2，这与 $Co_3O_4$ 中的原子比是一致的。结果表明，CoSb 合金表面的 Co 主要处于氧化状态，只有少量 $Co^0$ (778.2eV) 存在。如图 5-84 所示，Sb3d 光谱中的 531.3～540.4eV 的峰对应 $Sb^{3+}$（$Sb_2O_3$）的 $3d_{3/2}$ 和 $3d_{5/2}$，位于 537.8eV 和 528.6eV 的 2 个弱峰代表 $Sb^0$ 的 $3d_{3/2}$ 和 $3d_{5/2}$，这表明只有痕量的 Sb 存在于样品表面，大部分都被氧化了。此外，从图 5-84(f) 中可以看到晶格氧，它的存在有利于可逆的氧化还原反应，使材料获得较高的 $Na^+$ 和 $K^+$ 的存储比容量。

### 5.7.3　电化学储钠、储钾性能

为了揭示 CoSb@3DPCs 材料的储钠机理和性能，对 CR2032 扣式电池进行了一系列电化学测试。首先在 0.01～3.0V 的电压范围内通过循环伏安法（CV）观察了 CoSb@3DPCs 材料对 $Na^+$/Na 在 $0.1 mV \cdot s^{-1}$ 下的电化学行为。如图 5-85(a) 所示，首次阴极扫描中还原峰值为 0.88V，可归因于不可逆的电解液分解以及在 CoSb@3DPCs 表面形成的 SEI 膜，而峰值为 0.38V 对应于 $Na_xSb$ 的形成过程，0.01V 处的峰则可归因于 $Na^+$ 插入多孔碳的反应。在 0.73V 和 1.75V 的两个氧化峰对应 $Na_3Sb$ 合金的逐级脱钠。在接下来的循环中，位于 1.0V 处的还原峰，对应于 Na 和 Sb 的多级合金化过程。第 1 周扫描后，CV 曲线很好地重叠，表明 CoSb@3DPCs 材料具有良好的循环可逆性和稳定性。图 5-85(b) 给出了 CoSb@3DPCs 材料在 $100 mA \cdot g^{-1}$、0.01～3.0V 下的恒流充放电曲线。第 1 周循环充、放电比容量分别为 $288 mA \cdot h \cdot g^{-1}$ 和 $1085.6 mA \cdot h \cdot g^{-1}$，库伦效率为 26.54%，库伦效率较低是由于在 CoSb@3DPCs 材料表面形成 SEI 膜，由于材料比表面积大，因此首次不可逆比容量较高。第 1 周循环后，充放电曲线重叠良好，这与 CV 结果一致。图 5-85(c) 展示了 CoSb@3DPCs 材料的循环性能，从图中可见库伦效率逐渐增大，循环 80 周后达到 99%，充电比容量为 $251 mA \cdot h \cdot g^{-1}$。为了进一步研究材料的循环稳定性，进行了图 5-85(d) 所示的长循环性能测试，可以看到，经过 500 周后，比容量维持在 $211.2 mA \cdot h \cdot g^{-1}$ 左右，库伦效率为 99%，材料优异的循环稳定性归因于其三维多孔结构，抑制了 Sb 纳米颗粒在循环过程中的体积膨胀和团聚。图 5-85(e) 显示了 CoSb@3DPCs 材料的倍率性能，当电流密度为 $0.1 A \cdot g^{-1}$、

$0.2A \cdot g^{-1}$、$0.5A \cdot g^{-1}$、$1A \cdot g^{-1}$、$2A \cdot g^{-1}$ 和 $5A \cdot g^{-1}$ 时，对应的材料平均 比 容 量 分 别 为 $279mA \cdot h \cdot g^{-1}$、$265mA \cdot h \cdot g^{-1}$、$232mA \cdot h \cdot g^{-1}$、$197mA \cdot h \cdot g^{-1}$、$166mA \cdot h \cdot g^{-1}$ 和 $144mA \cdot h \cdot g^{-1}$。随着电流密度的增加，比容量仅略有下降，显示出良好的倍率性能。当电流密度再次恢复到 $0.1A \cdot g^{-1}$ 时，比容量增大到 $255mA \cdot h \cdot g^{-1}$，说明 CoSb@3DPCs 材料具有良好的结构稳定性。

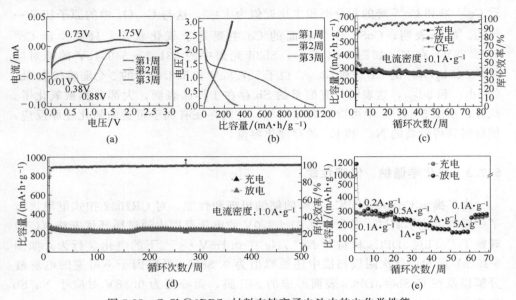

图 5-85　CoSb@3DPCs 材料在钠离子电池中的电化学性能
（a）循环伏安曲线；（b）$100mA \cdot g^{-1}$、$0.01\sim3.0V$ 下的恒流充放电曲线；（c）循环性能；
（d）长循环性能；（e）倍率性能

　　此外，还研究了 CoSb@3DPCs 材料在钾离子电池中的储能特性。如图 5-86（a）所示，在 $0.1mV \cdot s^{-1}$ 的扫描速率下从 $0.01\sim3.0V$ 进行了 CV 测试，与钠离子电池相比，钾离子电池的 CV 曲线中的峰值明显减弱，这可能是由钾离子半径较大造成的。第 1 周有一个较宽的还原峰（0.63V），这可能是由于电极表面形成 SEI 膜以及 K 与锑的合金化，相应地，位于 0.27V 的氧化峰与 $K_x$Sb 相去合金化有关。第 2 周循环和第 3 周循环的 CV 曲线几乎重合，表明材料具有良好的结构稳定性。图 5-86（b）为 CoSb@3DPCs 材料在 $100mA \cdot h \cdot g^{-1}$、$0.01\sim3.0V$ 下的恒流充放电曲线，其形状与钠离子电池相似。在完成第 1 周充放电循环之后，曲线在接下来的循环中基本上是重叠的。对 CoSb@3DPCs 材料的循环稳定性也进行了评估，如图 5-86（c）和（d）所示，在循环 80 周后仍能获得 $241.5mA \cdot h \cdot g^{-1}$ 的比容量，库伦效率高于

90％。经过500周循环后，比容量仍能维持在 287.5mA·h·g$^{-1}$，库伦效率稳定在99％左右。图 5-86(e) 显示了 CoSb@3DPCs 材料的倍率性能，当电流密度为 0.1A·g$^{-1}$、0.2A·g$^{-1}$、0.5A·g$^{-1}$、1A·g$^{-1}$、2A·g$^{-1}$、5A·g$^{-1}$ 时，比容量分别为 308mA·h·g$^{-1}$、245mA·h·g$^{-1}$、206mA·h·g$^{-1}$、176mA·h·g$^{-1}$、160mA·h·g$^{-1}$ 和 134mA·h·g$^{-1}$。当电流密度恢复到 0.1A·h$^{-1}$ 时，比容量达到 241.5mA·h·g$^{-1}$。材料优异的倍率性能与纳米尺度的 CoSb 颗粒和特殊的三维多孔碳网络结构有关，该结构为 K$^+$ 的快速扩散提供了更多的迁移通道。

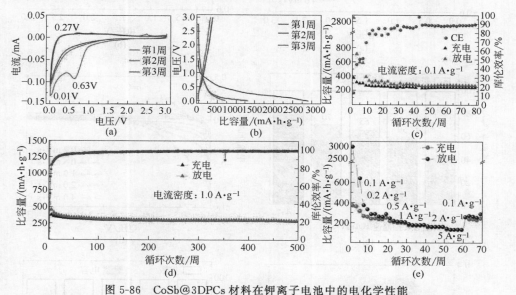

图 5-86 CoSb@3DPCs 材料在钾离子电池中的电化学性能

(a) 循环伏安曲线；(b)100mA·g$^{-1}$、0.01~0.3V 下的充放电曲线；(c) 循环性能；
(d) 长循环性能；(e) 倍率性能

为了探究 CoSb@3DPCs 材料的储能机理，对钠离子电池和钾离子电池进行了不同扫描速率下（0.1~4mV·s$^{-1}$）的 CV 测试 [图 5-87(a) 和图 5-87(d)]。从图中可以看出，不同扫描速率下的 CV 曲线形状差异不明显，表明材料具有良好的可逆性能。CV 曲线所围成的区域代表电池的储能比容量，一般由赝电容、非法拉第贡献和法拉第贡献三部分组成。前两部分可以用式(5-20)、式(5-21)表示。

$$I = av^b \tag{5-20}$$

$$\lg I = \lg a + b\lg v \tag{5-21}$$

式中，$I$ 表示电流，$v$ 表示扫描速率，$a$ 和 $b$ 是常数。当 $b$ 值接近 0.5 时，表明动力学过程是由扩散控制的，当 $b$ 值接近 1 时，表示电容控制动力学过程，当 $b$ 值在 0.5~1 时，可以认为两种类型的控制都出现了。由 $\lg I$ 和 $\lg v$ 的线性

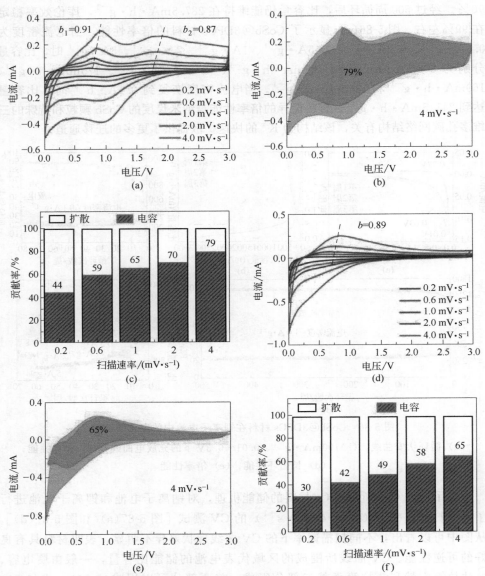

图 5-87　CoSb@3DPCs 在钠离子电池和钾离子电池中不同扫描速率（0.1～4.0mV·s⁻¹）
下的 CV 曲线（a）、（d）；在4mV·s⁻¹ 下电容控制和扩散控制贡献率（b）、（e）；
在不同扫描速率下的电容控制和扩散控制贡献率（c）、（f）

关系可以得出 $b$ 值，可以发现 CoSb@3DPCs 材料表现出表面感应电容为主的机制，扩散的贡献很小。可以用下式定量分析电容贡献率：

$$I(v) = k_1 v + k_2 v^{1/2} \tag{5-22}$$

其中，$k_1v$ 代表电容效应部分，$k_2v^{1/2}$ 反映扩散控制的氧化还原反应过程，$k_1$ 和 $k_2$ 的值可以从固定电压下的峰电流值计算出来。随着扫描速率从 $0.1\mathrm{mV \cdot s^{-1}}$ 增加到 $4\mathrm{mV \cdot s^{-1}}$，钠离子电池和钾离子电池的表面感应电容贡献率都逐渐增大。当扫描速率达到 $4\mathrm{mV \cdot s^{-1}}$ 时，钠离子电池的电容贡献率达到 79%，钾离子电池的电容贡献率达到 65%［图 5-87(b) 和 (e)］。CoSb@3DPCs 材料的高赝电容贡献率是其优异的倍率性能的主要原因。

## 小结

基于多电子反应的 Sb 基材料具有在碱金属离子电池中理论比容量高、导电性好等优势，但由于在碱金属离子脱嵌过程中容易产生较大的体积膨胀，会导致比容量迅速衰减，目前仍不能实现商业化应用。基于这一现状，本章从多维度改善锑基材料的结构稳定性和电子导电性，全面提升其电化学性能。如与 C 复合以缓解体积膨胀，增强导电性；引入惰性（Cu、Co）/活性（Sn）组分形成合金，并将纳米合金原位限域于三维多孔碳中，充分缓解了 Sb 的体积膨胀，同时缩短了离子扩散路径；为了增强合金与碳之间的附着力，在合金与碳层之间构筑氧化层（BiSb@Bi$_2$O$_3$/SbO$_x$@C），通过强有力的化学键和作用加强复合材料的结构稳定性，此外，设计低结晶度的 Sb@Sb$_2$O$_3$@C 异质结构，进一步改善电子的导电性。另外，对三维多孔碳进行进一步的杂原子掺杂改性（FeSb@NC），获得了更多的缺陷位点，增加导电性的同时也获得了更多的活性位点，最后，从电解液体系的角度，进一步调控了材料的电化学性能。

采用水溶性模板辅助冷冻干燥-热处理的制备方法，可以有效构筑三维复合结构，以 SnSb@SnO$_x$/SbO$_x$ 为例，该结构由均匀分散的二元纳米合金 SnSb（10～35nm）构成内核，次外层为锡和锑的非晶氧化物层，最外层是碳包覆层，整体形貌呈蛋黄壳状结构。该结构很大程度上缓解了锡锑纳米颗粒的团聚、长大和体积变化；该结构设计既保证了锡锑合金高比容量的发挥；同时又为锡锑合金化过程中的体积变化提供了缓冲空间，还增加了电解液的浸润性，缩短了离子扩散路径，改善了材料的导电性。最终 SnSb@SnO$_x$/SbO$_x$@C 复合材料表现出了优异的电化学性能。通过不同扫描速率下的 CV 曲线结合公式得出电容的贡献在材料的电荷存储过程中起主导作用。

## ● 第六章 ●
# 富缺陷二氧化钛/石墨烯
# 复合负极材料

锐钛矿结构 $TiO_2$ 具有成本低、环境友好且不与电解液反应等特点；在锂离子脱嵌过程中 $TiO_2$ 几乎没有晶格改变，体积效应小于 4%，具有良好的结构稳定性和优异的循环寿命。$TiO_2$ 放电平台（$1.4 \sim 1.7V$）高于石墨（低于 $0.2V$ Vs. $Li^+/Li$），能够在一定程度上抑制 SEI 膜和枝晶的产生，因此其安全性能更高。然而，$TiO_2$ 材料电子的电导率仅有 $10^{-12} \sim 10^{-7}S \cdot cm^{-1}$，$Li^+$ 的扩散速率仅为 $10^{-15} \sim 10^{-9}cm^2 \cdot S^{-1}$，在大电流密度下电解质/电极界面电阻较大。为了解决以上问题，主要的改性方法可以分为以下 4 种：

① 合成不同结构、形貌的纳米 $TiO_2$，如纳米管、纳米线、纳米棒、纳米颗粒等。

② 将 $TiO_2$ 和导电性较好的材料进行复合或者将 $TiO_2$ 纳米颗粒负载在其他载体上，不仅可以防止颗粒团聚，还可以增强材料的导电性。

③ 引入表面缺陷，如氧空位缺陷或者异质界面。氧空位可以激发电子并且使电子发生离域化，有利于提高电子的电导率和促进电荷的运输；异质界面不仅可以存储多余的离子，产生更高的比容量，还能构建离子运输的快速通道、提高材料和 SEI 膜的稳定性。

④ 离子掺杂，通过影响二氧化钛的电子结构而影响其电化学性能。

## 6.1 $TiO_2$ 前驱体 $NH_4TiOF_3$ 的气相改性研究

$NH_4TiOF_3$ 中间晶是一种 $TiO_2$ 的前驱体，其晶体形貌具有很好的可控性，是由层状纳米颗粒组成的微米结构。本节将纳米材料多尺度结构构筑和表/界面结构设计相结合，将 $TiO_2$ 前驱体 $NH_4TiOF_3$ 中间晶直接改性作为电极材料。通过微米级的结构调控有效缓解电极材料在充放电过程中的团聚现象，同时利用其内部的纳米结构促进电子和离子的传输。退火后获得的界面结构之间的内置电场可以加快锂离子的扩散动力学速率而提高材料的倍率性能。

### 6.1.1 材料的制备

将氟化铵（$NH_4F$，1.30g）加入去离子水（10mL）中，待氟化铵完全溶解后加入乙二醇 [$(CH_2OH)_2$，100mL]，再加入硫酸氧钛-硫酸水合物（$TiOSO_4 \cdot H_2SO_4 \cdot H_2O$，3.22g），搅拌混合物形成均匀溶液，再将其转移到聚四氟乙烯内衬的不锈钢高压釜中，在200℃的条件下反应70min。自然冷却至室温后，分别用蒸馏水和无水乙醇洗涤产物3次。最后，将产物在60℃的烘箱中干燥12h，得到最终的药片状 $NH_4TiOF_3$（以下简称为NTF-AP）。

将上述制备好的NTF-AP样品放在管式炉中通入氩气退火。具体的操作为：将NTF-AP样品在不同温度（0℃、150℃、250℃、350℃和450℃）下退火保温2h，待炉温冷却到室温后将样品（NTF-AP、NTF-150、NTF-250、NTF-350和NTF-450）取出备用。

### 6.1.2 结构及形貌分析

通过XRD分析粉末样品的晶体结构和相组成。如图6-1所示，NTF-AP样品所有的衍射峰都可以与 $NH_4TiOF_3$ 相（JCPDS 54-0239）很好地匹配，没有观察到与其他杂质相关的峰，表明样品是纯相。NTF-150样品的衍射图中观察到三个物相的衍射峰，除了 $NH_4TiOF_3$ 相，在约17.20°、18.44°和25.39°处出现的峰与 $(NH_4)_2TiF_6$ 相的（100）晶面、（001）晶面和（101）晶面相对应（JCPDS 30-0067）；此外在约48.05°处发现一个对应于 $TiO_2$ 锐钛矿相的（200）晶面的微弱衍射峰（JCPDS 21-1272）。在NTF-150样品中看到三个相的原因可能是 $NH_4TiOF_3$ 相的表面在低温下分解成 $(NH_4)_2TiF_6$ 相和 $TiO_2$ 相，并且 $(NH_4)_2TiF_6$ 相不能稳定存在。随着温度的升高，NTF-250样品由两相构成，分别为 $NH_4TiOF_3$ 相和锐钛矿 $TiO_2$ 相。值得注意的是，此时颗粒表面在高温下被分解，其中 $NH_4^+$ 和 $F^-$ 被带走，$TiO_2$ 薄层在颗粒表面出现形成 $NH_4TiOF_3$-$TiO_2$ 界面结构。随着温度的持续上升，锐钛矿型 $TiO_2$ 相的比例越来越高，界面层也越来越厚，但是只有在界面厚度适中时才会形成内界电场，因此需要调整温度控制界面厚度。NTF-350也是由 $NH_4TiOF_3$ 相和锐钛矿 $TiO_2$ 相组成的，但是其中的 $TiO_2$ 含量高于NTF-150和NTF-250样品。当温度达到450℃时，NTF-450样品的所有衍射峰都能与锐钛矿型 $TiO_2$ 相完全匹配，没有观察到额外的衍射峰，这表明是纯 $TiO_2$ 相。由XRD分析结果可知，随着温度的升高有 $TiO_2$ 相出现，这会引发界面结构形成，最终产生界电场，使样品的电化学性能得以改善。

高可以满足大电流倍率放电条件要求而构成的保护电压电流。

流延法制备……

首先人工C，电……

(H₂SO₄、H₂……

向�} 乙醇溶液中} 在……

结晶反应过程水} 在 200℃ ……

将} 乙醇溶液} 加入} 加酸 2 滴……

将干} 放入 XTB-AL 样品……

将 NTF-AP} 加酸在 600℃ ……

2 h，得} 样品……

是 NTF-450} 的} ……

图} XRD} 衍射} 图中 6-1} 中} 图} XTB-AP 样……

样品} 在} 含 NH₄TiOF₃} 在} 的 (JCPDS 54-0239) 相} 由} ，} ……

NG} 衍射} 峰} 的} ……

NH₄TiOF₃ 相} 25.89} ……

(JCPDS ……

晶面峰} 对应} AJCPDS ……

间，NH₄TiOF₃} 相} 的} ……

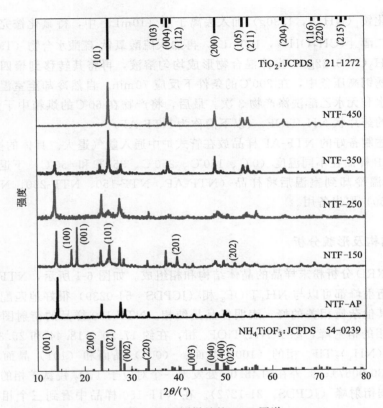

图 6-1 不同样品的 XRD 图谱

图 6-2 为样品的 SEM 图。如图 6-2(a)、(b) 所示，NTF-AP 样品呈现药片状微米级颗粒，其形貌规则、表面光滑并且分散性良好；颗粒的平均粒径约为 $10\mu m$，厚度约为 $1\mu m$。与 NTF-AP 相比，烧结后的样品形貌和尺寸没有明显变化，但是随着温度的升高，颗粒表面会变得粗糙。NTF-450 样品 [图 6-2(i)、(j)] 的表面最为粗糙，这与温度升高时吸附水流失以及样品的结构不稳定有关。由于材料结构的完整性对于其电化学性能有重要影响，因此选择适当的温度退火，在保证结构的完整性的同时又能引发少量的 $TiO_2$ 界面层出现，是最佳的改性方案。

为了研究在气相改性过程中样品活性面积的变化，通过氮气吸脱附曲线对不同样品进行比表面积和孔径特征分析（图 6-3）。通过 BET 方法计算得到 NTF-AP、NTF-150、NTF-250、NTF-350 和 NTF-450 样品的比表面积分别为 $7.744\,m^2\cdot g^{-1}$、$7.594\,m^2\cdot g^{-1}$、$21.182\,m^2\cdot g^{-1}$、$14.589\,m^2\cdot g^{-1}$ 和 $18.737\,m^2\cdot g^{-1}$。可见，

图 6-2 (a)、(b) NTF-AP;(c)、(d) NTF-150;(e)、(f) NTF-250;
(g)、(h) NTF-350;(i)、(j) NTF-450 的 SEM 图

NTF-250 样品的比表面积高于另外四个样品。通过孔隙分布图（图 6-3 内嵌图），基于样品的 BJH 方法计算得到五个样品的孔径均在 10～50nm 的范围内。结果表明，选择合适的退火温度，能有效控制材料的比表面积及孔隙结构；而高比表面积有利于电解液的渗透和接触，进而改善材料的电化学性能。

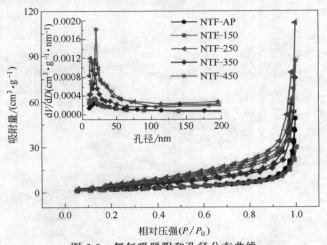

图 6-3　氮气吸脱附和孔径分布曲线

为了进一步分析样品表面的化学元素组成和价态，采用 XPS 方法对样品进行了分析。图 6-4（a）为 NTF-AP、NTF-150、NTF-250、NTF-350 和 NTF-450 样品 Ti 2p 的拟合曲线，其中 457.5eV 和 463.5eV 处的峰属于 $Ti^{3+}$，从图中可以看到在 NTF-AP 和 NTF-150 样品中没有 $Ti^{3+}$ 存在，在其他样品中有 $Ti^{4+}$ 被还原成 $Ti^{3+}$，这与 XRD 测试中 NTF-AP 仅有 $NH_4TiOF_3$ 存在的测试结果一致。这也进一步证明了 NTF-150 样品表面的 $NH_4TiOF_3$ 在高温时被分解成 $(NH_4)_2TiF_6$ 相和 $TiO_2$ 相，没有缺陷的产生以及价态的变化。459.1eV 和 464.8eV 两个峰与 $Ti^{4+}$ 有关；460.2eV 和 466.2eV 峰与 Ti—N 键的存在有关，但是在 NTF-450 样品中没有观察到 Ti—N 键，这表明样品中的 N 在 450℃时完全消失。从其他样品中也可以看出，Ti—N 键的比例随着温度的升高而逐渐减少，这与 XRD 中的随着温度升高样品中 $TiO_2$ 含量增加的结果一致。在 NTF-150 样品中 461.8eV 处的峰是其卫星峰（表示为"sat"）。

高分辨 O 1s XPS 光谱［图 6-4（b）］由位于 530.06eV、531.41eV 和 533.06eV 的三个峰组成，分别对应于晶格中的氧原子（$O_L$）、氧空位（$O_V$）以及被吸附在表面的水分子中的氧原子（$O_W$）。但是在 NTF-150 样品中没有看到与 $O_W$ 相关的峰。这说明 NTF-150 样品表面的 $O_W$ 在分解过程中被带走。随着温度的升高，NTF-250、NTF-350 和 NTF-450 样品中的 $O_W$ 含量逐渐降低，450℃时 $O_W$ 完全消失。

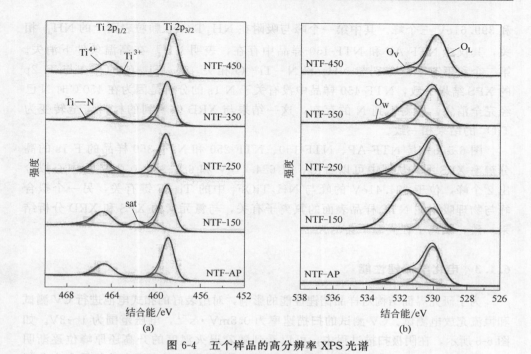

图 6-4　五个样品的高分辨率 XPS 光谱

（a）Ti 2p 区域；（b）O 1s 区域

图 6-5（a）显示了 N 1s 的高分辨率 XPS 光谱，拟合为 402.56eV、401.76eV

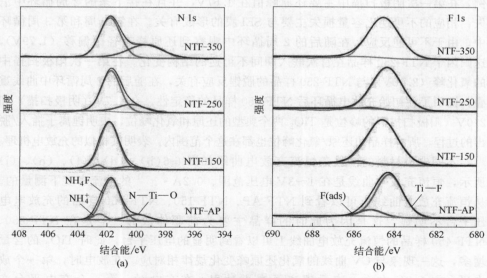

图 6-5　四个样品的高分辨率 XPS 光谱

（a）N 1s 区域；（b）F 1s 区域

和 399.61eV 三个峰。其中第一个峰与吸附在 $NH_4TiOF_3$ 颗粒表面上的 $NH_4^+$ 相关，其仅在 NTF-AP 和 NTF-150 样品中存在，表明 $NH_4^+$ 在高温条件下消失。第二个和第三个峰分别与 $NH_3$ 和 N—Ti—O 相关，N—Ti—O 的存在与 Ti 2p 的 XPS 结果一致，NTF-450 样品中没有关于 N 1s 的分析是因为在 450℃时 N 已经完全消失，检测不到 N 的存在，这一结果与 XRD 中看到的材料完全转变为 $TiO_2$ 的结果相一致。

图 6-5(b) 是 NTF-AP、NTF-150、NTF-250 和 NTF-350 样品的 F 1s 的高分辨率 XPS 图。从图中可以看出，以 684.41eV 和 685.56±0.2eV 为中心拟合出 2 个峰，位于 684.41eV 的峰与 $NH_4TiOF_3$ 中的 Ti—F 键有关，另一个拟合峰与物理吸附在 NTF 样品表面的氟离子有关，与氮元素的 XPS 和 XRD 分析结果一致，氟离子在高温下会消失。

### 6.1.3　电化学储锂性能

为了研究界面结构对样品储锂性能的影响，对组装好的扣式电池进行 CV 测试和恒流充放电测试。CV 测试的扫描速率为 $0.5mV \cdot s^{-1}$，电压范围为 1～3V。如图 6-6 所示，在阴极扫描过程中，可以看到随着退火温度的升高还原峰位逐渐明显，到 450℃时是典型的 $TiO_2$ 的还原峰位。不同样品的还原峰大致位置和变化规律一致。通过 CV 曲线可以看到，低温改性的首周曲线与后两周曲线相比变化较大，而 NTF-250 和 NTF-450 样品的曲线比较稳定。以 NTF-250 样品（图 6-6）为例，在第一次阴极扫描中主要还原峰值在 1.67V，并且在接下来的 2 周循环中消失，相应的不可逆比容量损失主要与 SEI 膜的形成有关。在第 2 周和第 3 周循环中，由于不可逆反应，在随后的 2 周循环中观察到还原峰有轻微偏移（1.79V），这归因于 NTF-250 样品在首次嵌入期间不可逆的结构变化。在第一次阳极扫描中的氧化峰（2.00V）与 NTF-250 样品的脱锂反应有关，在随后的 2 周循环中曲线重叠，证明了在初始充放电循环后 NTF-250 样品的稳定性。在 1.7V（阴极扫描）和 2.0V（阳极扫描）的峰位是 $TiO_2$ 两个典型的还原和氧化峰位，表明锂离子插入/脱出的过程，所有样品的还原/氧化峰位也都在这个范围内，表明其相似的充放电机理。

不同电极材料的前三条恒流充放电曲线如图 6-6(b)、(d)、(f)、(h)、(j) 所示，恒流充放电曲线是在 1～3V 电压范围、$0.2A \cdot g^{-1}$ 的电流密度下测量的。从恒流充放电曲线上可以看到 NTF-AP、NTF-150、NTF-250 样品的充放电电压平台不明显，这是因为此时的样品主要为前驱体成分。但是在 NTF-350、NTF-450 样品的恒流充放电曲线上可以看到明显的电压平台，此时 $TiO_2$ 的含量增多，这一现象与 CV 曲线的氧化还原峰变化规律相对应。在放电时，第一个放电平台在 1.7V 左右，表示锂离子嵌入过程；在充电时，第一个充电平台在 2.0V 附近，这与脱锂过程有关。在充电期间电压变化不明显，表明材料的稳定性较好。NTF-250 样品第 1 周循环的放电和充电比容量分别为 202.5mA·h·g$^{-1}$ 和 113.1mA·h·g$^{-1}$，库伦效率为 55.8%，其初始库伦效率不高与不可逆 SEI 膜的形成有关。从图 6-6(b)、(d)、(j) 中可以看到 NTF-AP、NTF-150 和 NTF-450 的稳定性也较好，但是比容量较低。从图 6-6(h) 中看到 NTF-350 样品的比容量较高但是稳定性较差，而 NTF-250 样品的稳定性较好，充放电比容量也较高，这得益于合适温度下气相改性的 NH$_4$TiOF$_3$ 材料的较高的比表面积和适宜的异质界面的存在。

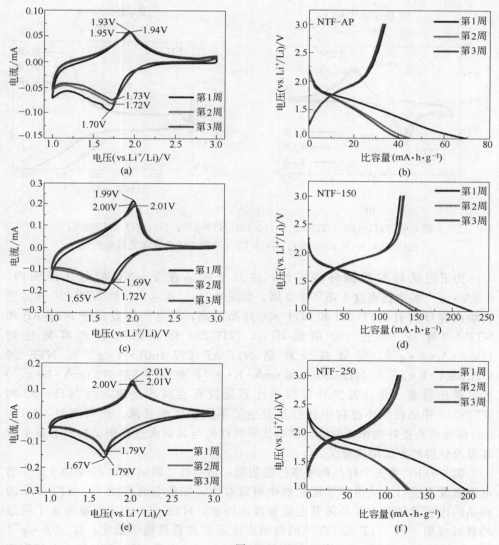

图 6-6

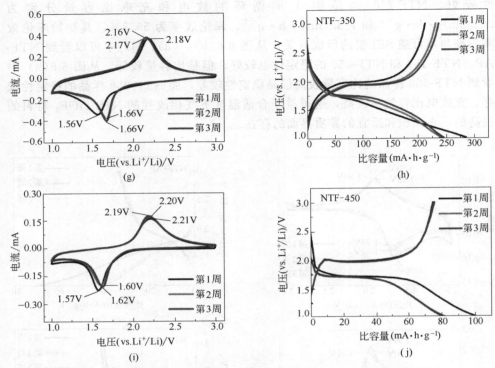

图 6-6　(a)、(b) NTF-AP；(c)、(d) NTF-150；(e)、(f) NTF-250；
(g)、(h) NTF-350；(i)、(j) NTF-450 的 CV 曲线和充放电曲线

　　为了测试材料的循环稳定性，将五个样品在 1～3V 的电压范围内，
$0.2A \cdot g^{-1}$ 的电流密度下循环 200 周。如图 6-7(a) 所示，虽然 NTF-250 样品的
初始比容量没有 NTF-150 和 NTF-350 样品的高，但是仍明显高于 NTF-AP 和
NTF-450 样品。经过 200 周循环后，NTF-250 样品的可逆比容量达到
$159.5mA \cdot h \cdot g^{-1}$，明显高于样品 NTF-AP（$37.1mA \cdot h \cdot g^{-1}$）、NTF-150
（$121.5mA \cdot h \cdot g^{-1}$）、NTF-350（$108.6mA \cdot h \cdot g^{-1}$）和 NTF-450（$72.0mA \cdot h \cdot g^{-1}$）
的可逆比容量，并且其循环过程中比容量没有衰减的迹象，而 NTF-150 和
NTF-350 样品在循环过程中比容量发生了不同程度的衰减。结果表明，NTF-
250 样品具有更好的循环性能，材料优异的性能与其退火过程中结构没有发生破
坏以及获得的界面结构有关。

　　图 6-7(b) 为五个样品的倍率性能曲线，倍率性能测试在 $0.2～20A \cdot g^{-1}$ 的
电流密度下进行。从倍率性能曲线中可以看出，在低电流密度下，NTF-350 的
样品的比容量最高。但是随着电流密度的增加，NTF-350 的比容量发生了明显
的衰减现象，而 NTF-250 在不同电流密度下的比容量趋于稳定，在 $20A \cdot g^{-1}$
的电流密度下，NTF-250 的比容量高于 NTF-350，说明 NTF-250 在大电流密度

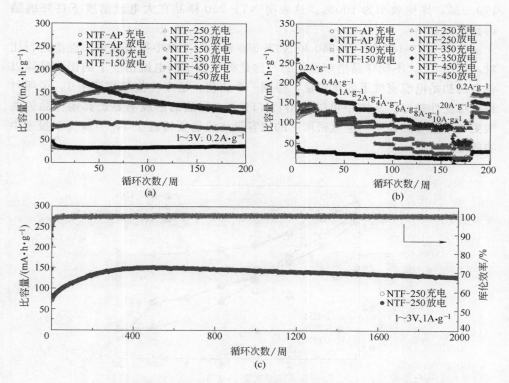

图 6-7　五个样品的循环性能（a）；倍率性能（b）；NTF-250 样品的
长循环性能（c）

下具有更好的倍率性能。NTF-250 在电流密度为 0.2A·g$^{-1}$、0.4A·g$^{-1}$、1A·g$^{-1}$、2A·g$^{-1}$、4A·g$^{-1}$ 和 6A·g$^{-1}$ 时，比容量分别为 123.6mA·h·g$^{-1}$、122.6mA·h·g$^{-1}$、110.3mA·h·g$^{-1}$、101.9mA·h·g$^{-1}$、94.6mA·h·g$^{-1}$ 和 91.4mA·h·g$^{-1}$。即使在 8A·g$^{-1}$、10A·g$^{-1}$ 和 20A·g$^{-1}$ 的大电流密度下充/放电，NTF-250 仍然能够提供 89.4mA·h·g$^{-1}$、87.7mA·h·g$^{-1}$ 和 89.6mA·h·g$^{-1}$ 的比容量，保持率分别为 66.8%、65.7% 和 66%，表明 NTF-250 在锂离子电池中具有显著的倍率性能。当电流密度恢复到初始的 0.2A·g$^{-1}$ 时，比容量甚至比原始值更高。这种优异的性能可归因于由纳米颗粒组成的微米级颗粒可以缩短离子的扩散距离并防止纳米材料团聚，同时层状纳米结构为锂离子的运输提供更多的通道。更重要的是，低温煅烧可以形成界面结构，界面结构之间的电场可以提高固有的电子电导率，有利于离子和电子的运输，从而提高材料的倍率性能。

图 6-7(c) 显示了 NTF-250 样品的长循环性能，在 1A·g$^{-1}$ 的电流密度下循环 2000 周后其充电比容量为 128.6mA·h·g$^{-1}$，比容量保持率为

179.3%，库伦效率为100%。这表明NTF-250样品在大电流密度下良好的结构稳定性。

选取NTF-150、NTF-250和NTF-350样品与文献中报道的倍率性能进行比对，如图6-8。不同样品倍率性能的对比是将样品不同电流密度下的比容量除以各自的初始电流密度下的比容量，得到一个比值，这个比值越接近于1，说明材料的可逆性越好。从图中可以看出，NTF-250样品的曲线明显比其他样品的曲线更加平滑，其在不同电流密度下的比容量比值也更接近于1，明显优于报道中的样品。

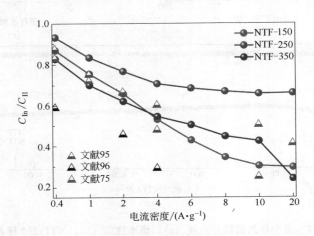

图 6-8　倍率性能对比图

文献 95：带有石墨涂层的 $TiO_2$ 介孔空心球、文献 96：富氮碳涂层包覆的 $TiO_2$ 纳米颗粒、

文献 75：$Ti^{3+}$ 自掺杂的深色金红石 $TiO_2$

通常原子空位是增强锂离子储存性能的一个关键因素，因为空位区域不均匀的电荷分布会导出自适应的局部内建电场，继而影响锂离子储存。为了研究 $NH_4TiOF_3$ 表面/界面结构和缺陷对储锂性能和机制的影响，进行了一系列DFT计算。首先松弛了 $TiO_2$ 和 $NH_4TiOF_3$ 的结构，从中确定前者的晶格参数为 $3.78Å×3.78Å×9.5Å$，而后者的晶格参数为 $7.55Å×7.58Å×6.30Å$。两种材料之间较大的晶格失配可能会在界面处引起较大的应力，这可能会阻止形成稳定的 $TiO_2$-$NH_4TiOF_3$ 界面，但是整个原子层一定厚度上的稀疏原子填充的无序区成为界面，将有助于释放界面应力并且形成影响离子传输的局部电场。为了证明这一假设，构建了一个平面界面模型，该模型由六层 $TiO_2$ 平面和两层 $NH_4TiOF_3$ 组成，如图6-9(a) 所示。为了显示局部电场分布，根据以下公式计算平板系统的差分电荷密度，并绘制在图6-9(b) 中。

$$\Delta\rho = \rho_{TiO_2/NH_4TiOF_3} - \rho_{TiO_2} - \rho_{NH_4TiOF_3} \tag{6-1}$$

式中，$\rho_{TiO_2/NH_4TiOF_3}$、$\rho_{TiO_2}$ 和 $\rho_{NH_4TiOF_3}$ 分别表示平面系统、$TiO_2$ 层和 $NH_4TiOF_3$ 层的电荷密度。通过电荷密度分布模拟，如图 6-9(c) 所示，结果表明堆叠的层之间以及氧空位周围可能会出现不平衡的面平均电荷分布，这会在界面处和内部产生界面电场。不平衡的电荷分布在本质上会诱导出界面内置电场，电场作用在表面上，这将提供外来的库伦力而加快锂离子扩散动力学，加速锂离子迁移并提高 LIBs 的倍率性能。另外，在界面上形成的额外迁移路径将促进电荷传输，从而进一步增强样品的锂存储性能，所以 NTF-250 样品具有高倍率性能和超长的循环稳定性。这项工作展示了一种界面结构与多尺度构筑的协同改性方法。

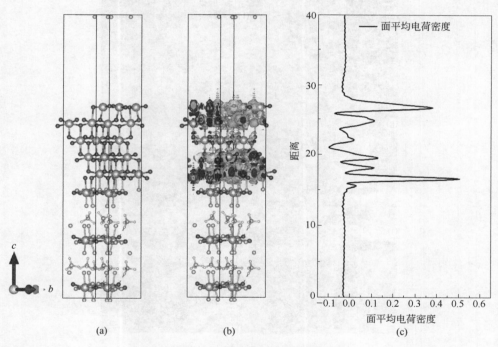

图 6-9　$TiO_2$-$NH_4TiOF_3$ 界面体系模型

(a) 松弛结构；(b) 三维差分电荷密度；(c) 面平均电荷密度

　　为了证明样品结构的稳定性，对循环 200 周后的样品进行 SEM 测试。从图 6-10 中可以看到所有样品循环后的形貌与循环前相比没有发生明显变化，表面依旧光滑并且没有发生破损，表明样品在充放电过程中结构具有良好的稳定性。

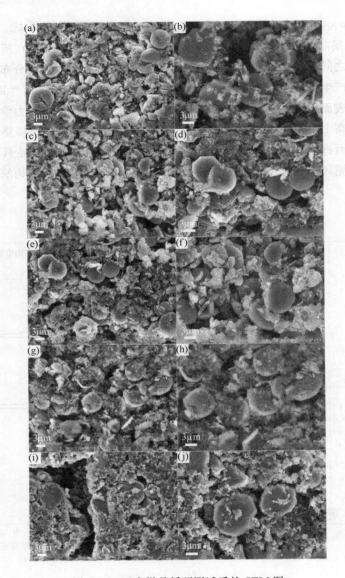

图 6-10　五个样品循环测试后的 SEM 图

(a)、(b) NTF-AP；(c)、(d) NTF-150；(e)、(f) NTF-250；

(g)、(h) NTF-350；(i)、(j) NTF-450

## 6.2　$TiO_2$/石墨烯气相处理改性的研究

　　由于纳米 $TiO_2$ 材料在循环期间容易发生团聚，形成较差的导电网络并且失去颗粒连接性，需对其进一步改性处理。前面介绍了一种通过将纳米材料进行宏观结构设计来克服其团聚的方法并获得了一定程度的改善。除了多尺度结构的构筑以外，将活性材料与导电介质相结合、对纳米结构进行调控（引入缺陷）也可以有效地提高材料的电化学性能。

本节将上述方法结合，采用价格低廉的 $TiO_2$（P25）作为原材料，通过气相处理得到带有缺陷的 $TiO_2$，再使带有缺陷的 $TiO_2$ 与石墨烯进行自发的氧化还原反应，在自发反应的过程中，复合物之间形成一种连接键，为离子的运输提供快捷的通道。$TiO_2$ 带有的纳米级缺陷可以促进电荷传递动力学，产生大量的活性位点，同时保持电极结构的完整性。

## 6.2.1 材料的制备

本实验分为两组，第一组实验是通入氩气气氛改性获得缺陷，第二组实验是氩氢混合气体［流速为 $v(H_2):v(Ar)=10:200mL\cdot min^{-1}$］改性获得缺陷。具体方案为：将 $TiO_2$（P25）放入旋转的管式炉中，保证气氛与样品进行充分接触，在管式炉升温前预先通入所需气体30min，30min 后以 $5℃\cdot min^{-1}$ 的速率加热到指定温度并且保温 2h，待炉温降到室温后将样品取出备用。再将氧化石墨烯配成 $1mg\cdot mL^{-1}$ 的溶液，将不同气氛、不同温度处理的 $TiO_2$ 配成浓度为 $5mg\cdot mL^{-1}$ 溶液。最后将处理后的样品与氧化石墨烯按照质量比 100:3 的比例进行混合，将混合后的溶液放到磁力搅拌器上充分搅拌 2h 后，进行冷冻干燥获得所需样品。其中氩气气氛改性后的混合样品命名为 $TiO_2$-T（T＝0、100、250、400、550），氩氢混合气氛改性后的混合样品命名为 $HTiO_2$-T（T＝0、100、250、400、550）。为了分析影响材料性能的主要因素，了解引入缺陷和发生自发氧化还原反应两者的影响程度，增加了 250℃氩气和氩氢混合气体退火 2h 的程序，但是不与氧化石墨烯混合，直接作为负极材料，分别命名为 $TiO_2$-Ar、$HTiO_2$-AH。

## 6.2.2 氩气气相改性 $TiO_2$ 与氧化石墨烯复合材料的结构及形貌分析

通过 XRD 分析样品的晶体结构和相组成、纯度。如图 6-11 所示，$TiO_2$-0 样品由两相组成，分别为锐钛矿型 $TiO_2$ 相（JCPDS 21-1272）和金红石型 $TiO_2$ 相（JCPDS 87-0710），这与典型的 P25 相组成一致。$TiO_2$-0 样品的衍射峰可以与这两相很好地匹配，没有观察到其他杂质峰，尖锐的峰表明样品具有良好的结晶度，但是在样品中没有看到与氧化石墨烯相关的峰位，这是因为氧化石墨烯的添加量很少，仅为 $TiO_2$ 的 3%，所以检测不到氧化石墨烯的存在。其他温度氩气退火 $TiO_2$ 后与氧化石墨烯混合的样品中也没有看到与杂质相关的峰，结晶度也无明显的变化。另外，250℃氩气退火且不与氧化石墨烯混合的对比样品 $TiO_2$-Ar 与混合样品的 XRD 无明显的区别。综上所述，氩气退火对混合样品的相组成和结晶度无明显的影响。

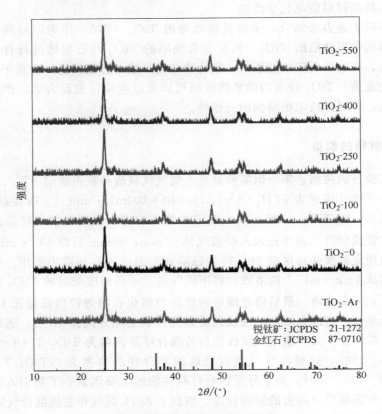

图 6-11　不同样品的 XRD 图谱

图 6-12(b) 为 $TiO_2$-0 样品的 SEM 图，从图中可以看到，$TiO_2$ 为不规则形貌的小颗粒，平均粒径大约为 25nm，均匀分散于氧化石墨烯片层上，但是仍然有轻微的团聚现象，这是因为 $TiO_2$ 的颗粒尺寸过小。经过氩气不同温度退火后的混合样品［图 6-12(c)~(f)］的形貌无明显的变化，$TiO_2$ 颗粒的尺寸也没有发生明显的改变。说明 $TiO_2$ 经过氩气退火后再和氧化石墨烯混合对于样品的形貌无明显的影响。此外，样品 $TiO_2$-Ar［图 6-12(a)］的 SEM 图显示样品由 25nm 的 $TiO_2$ 颗粒组成，说明氩气退火对样品的形貌和尺寸无明显的影响。

为了更加清楚地观察样品的微观结构，选取了 $TiO_2$-Ar 和 $TiO_2$-250 2 个样品进行了 TEM 检测。图 6-13(a)~(c) 是样品 $TiO_2$-Ar 的 TEM 图像，从图 6-13(a) 中可以看到 $TiO_2$-Ar 样品是不规则的纳米颗粒，其形貌、尺寸与 SEM

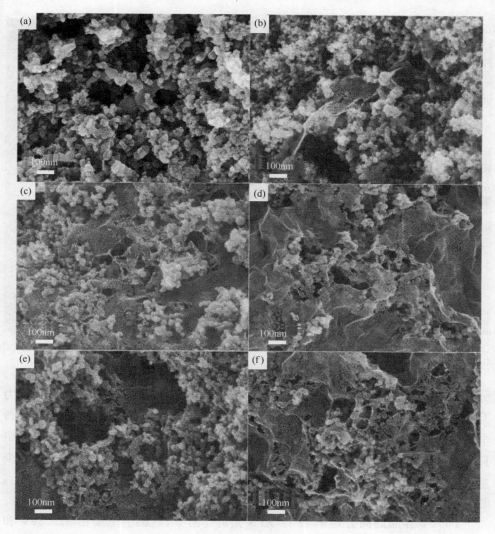

图 6-12　$TiO_2$-Ar（a）；$TiO_2$-0（b）；$TiO_2$-100（c）；$TiO_2$-250（d）；$TiO_2$-400（e）；
$TiO_2$-550（f）的 SEM 图

分析一致。从图 6-13（a）的内嵌图中可以在大范围内看到 $TiO_2$ 尺寸无明显变化。图 6-13（b）、（c）是 $TiO_2$-Ar 的 HRTEM 图，可以测量出大约 0.351nm 的晶格间距，对应于锐钛矿型 $TiO_2$ 的（101）晶面。

　　图 6-13（d）为样品 $TiO_2$-250 的 TEM 图像。结果表明，与氧化石墨烯混合后 $TiO_2$ 的形貌仍然没有变化。从该样品的 HRTEM 图像［图 6-13（e）］中可以观察到无定形碳的存在。通过将 HRTEM 图像［图 6-13（f）］放大分析，可以测量出大约 0.352nm 的晶格间距，为锐钛矿型 $TiO_2$ 的（101）晶面。

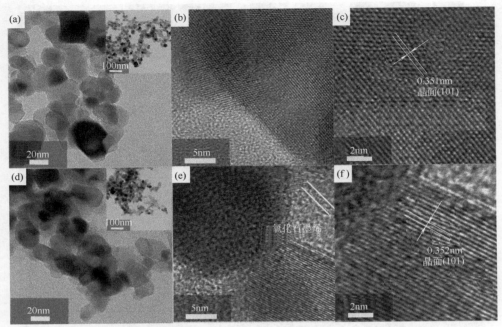

图 6-13　TEM 及 HRTEM 图：(a)~(c) TiO$_2$-Ar；(d)~(f) TiO$_2$-250

　　为了探究样品还原后内部的缺陷，对样品表面进行了 XPS 表征（图 6-14），分析了样品的化学组成和电子状态。如图 6-14(a)，两个样品的 Ti 2p 可分裂为 Ti 2p$_{3/2}$ 和 Ti 2p$_{1/2}$。其中 Ti$^{3+}$ 的特征峰分别位于 457.7eV 和 463.4eV，另外两个结合能位于 458.3eV 和 464.1eV 的峰为 Ti$^{4+}$ 的特征峰。可见，TiO$_2$-0 样品中只有 Ti$^{4+}$，TiO$_2$-250 样品中有少量的 Ti$^{3+}$，这一结果说明氩气气氛条件下有少量 Ti$^{4+}$ 被还原成 Ti$^{3+}$，伴随着还原过程可能会有缺陷产生，所以需要对 O 1s 图谱进行分析。

　　TiO$_2$-0 样品的高分辨率 O 1s XPS 光谱［图 6-14(b)］主要由 529.3eV 和 531.3eV 处的两个主峰组成，分别对应于晶格中的氧原子（O$_L$）和被吸附在表面的水分子中的氧原子（O$_W$）；TiO$_2$-250 样品的 O 1s 峰由 529.6eV、531.7eV 和 531.9eV 的三个峰拟合而成，分别对应于晶格中的氧原子（O$_L$）、氧空位（O$_V$）以及被吸附在表面的水分子中的氧原子（O$_W$）。O$_V$ 的存在证明 Ti$^{4+}$ 被还原为 Ti$^{3+}$ 时有缺陷产生。上述微观结构和组成分析表明材料在氩气中退火有少量的氧空位缺陷产生。

　　为了进一步研究复合材料的结构，选取了 TiO$_2$-0 和 TiO$_2$-250 两个样品进行傅里叶变换红外光谱测试。如图 6-15 所示，在 3450cm$^{-1}$ 附近有一个清晰且宽的吸收峰，这与羟基（O—H）的伸缩振动有关，1632cm$^{-1}$ 处的吸收峰是由

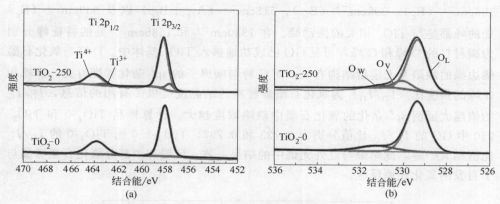

图 6-14　$TiO_2$-0 和 $TiO_2$-250 样品的高分辨率 XPS 光谱

（a）Ti 2p 区域；（b）O 1s 区域

C—OH 的伸缩振动引起的，$1382cm^{-1}$ 处的吸收峰是由 C—O 键的伸缩振动引起的，$1050cm^{-1}$ 处的小吸收峰是 C—O—C 键的振动吸收峰。可见氧化石墨烯（Graphene Oxide，简称 GO）中含有大量的含氧官能团，两种样品中的伸缩振动峰强度变化很小，所以氧化石墨烯在混合过程中并没有被完全还原成还原氧化石墨烯。结果说明，$TiO_2$ 和氧化石墨烯发生的自发氧化还原反应并不明显，可能只有少部分的氧化石墨烯被还原。在 $665cm^{-1}$ 附近有一个明显的红外特征吸收峰，该峰由 $TiO_2$ 的 Ti—O 键的伸缩振动引起，表明样品中 $TiO_2$ 的存在。

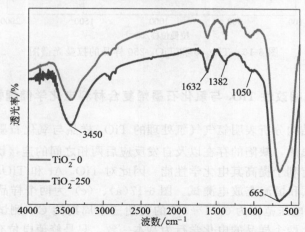

图 6-15　$TiO_2$-0 和 $TiO_2$-250 样品的红外光谱图

为了进一步确认材料的组成，对 $TiO_2$-0、$TiO_2$-250 样品在 $100\sim2000cm^{-1}$ 范围内进行了拉曼测试。从图 6-16 的拉曼光谱中看到频率在 $147cm^{-1}$（$E_g$）、

$196\mathrm{cm}^{-1}$（$E_{1g}$）、$399\mathrm{cm}^{-1}$（$B_{1g}$）、$518\mathrm{cm}^{-1}$（$A_{1g}+B_{1g}$）以及 $639\mathrm{cm}^{-1}$（$E_g$）处的峰都是与 $TiO_2$ 相关的振动峰。在 $1330\mathrm{cm}^{-1}$ 和 $1585\mathrm{cm}^{-1}$ 处的特征峰分别为碳材料的 D 峰和 G 峰，可见 GO 已成功地掺入 $TiO_2$ 基体中。D 峰与氧化石墨烯边缘的缺陷及无定型结构有关，而 G 峰与碳原子的 $sp^2$ 杂化程度有关。D 峰和 G 峰的强度比（$I_D/I_G$）为氧化石墨烯材料的结晶度提供了有用的信息，$I_D/I_G$ 的值越大证明 $sp^2$ 杂化的氧化石墨中缺陷浓度越大。计算样品 $TiO_2$-0 和 $TiO_2$-250 中 GO 的 $I_D/I_G$ 比值分别为 0.723 和 0.797，$TiO_2$-250 比 $TiO_2$-0 的 $I_D/I_G$ 比值稍大一些，此结果与红外光谱中的结果一致，证明有少部分氧化石墨烯参与了自发的氧化还原反应。

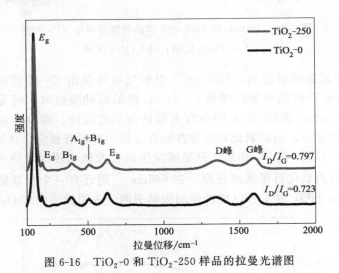

图 6-16　$TiO_2$-0 和 $TiO_2$-250 样品的拉曼光谱图

### 6.2.3　氩气气相改性 $TiO_2$ 与氧化石墨烯复合材料电化学储锂性能分析

上述微观结构分析表明氩气气氛处理的 $TiO_2$ 样品与氧化石墨烯混合可以部分还原氧化石墨烯，缺陷的存在以及自发反应后两相之间的连接键可能会提高样品的电导率，有利于提高其电化学性能。因此对 $TiO_2$-Ar 和 $TiO_2$-250 两个样品进行了 CV 测试和恒流充放电测试。图 6-17(a)、(c) 为两个样品在扫描速率为 $0.2\mathrm{mV\cdot s}^{-1}$，电压范围为 $0.01\sim3\mathrm{V}$ 的初始三个周期的 CV 测试曲线。在阴极扫描的过程中，两个样品的电化学行为基本一致，只是峰值电位有所偏移。在第一次阴极扫描时，两个样品的主还原峰（$TiO_2$-Ar 为 1.67V，$TiO_2$-250 为 1.65V）都在随后的 2 周循环消失，这个主还原峰与不可逆 SEI 膜的形成有关。而第一次阳极扫描氧化峰（$TiO_2$-Ar 为 2.03V，$TiO_2$-250 为 2.07V）的出现与脱锂过程有关。在随后的 2 周循环中可以明显地看到还原峰向更高的电位偏移

（$TiO_2$-Ar 为 1.72V 和 1.73V，$TiO_2$-250 为 1.72V 和 1.74V），这是因为在第一次锂离子插入负极材料的过程中，$TiO_2$ 电极结构发生了不可逆变化，氧化峰的后 2 周循环与第 1 周循环相比电位变化不明显。两个样品的后 2 周 CV 曲线重合度较高，说明 $TiO_2$ 样品在初始充放电后稳定性较好。

图 6-17(b)、(d) 为 $TiO_2$-Ar 和 $TiO_2$-250 两个样品在 0.01～3V 电压范围，1 C（1 C＝168mA·$g^{-1}$）的电流密度下测量的前 3 个周期恒流充放电曲线。两个样品的第一个放电平台都在 1.7V 左右出现且呈现平稳的状态，对应于 $TiO_2$ 电极中锂离子嵌入的过程以及 SEI 膜的形成。充电时，两个样品充电平台都在 2.0V 左右，这与锂离子的脱出过程有关。$TiO_2$-250 比 $TiO_2$-Ar 的初始充/放电比容量稍高一些，分别为 221.2mA·h·$g^{-1}$ 和 514.1mA·h·$g^{-1}$，库伦效率为 49.5％，初始库伦效率过低是 SEI 膜的形成造成的；第二次的初始充/放电比容量分别为 136.4mA·h·$g^{-1}$ 和 243.5mA·h·$g^{-1}$，第三次时分别为 130.6mA·h·$g^{-1}$ 和 177.8mA·h·$g^{-1}$，这一结果与 CV 结果一致，样品后 2 周的比容量变化没有那么显著。结果证明，$TiO_2$-250 比 $TiO_2$-Ar 的充放电性能稍好一些，氩气气氛改性可以对材料的电化学性能产生积极的作用，但是效果不是特别明显。

为了研究不同样品的循环稳定性和倍率性能，先对所有的样品进行了循环测试，在电压范围为 0.01～3V、电流密度为 1 C 的条件下循环测试 200 周。如图 6-18(a) 所示，$TiO_2$-0、$TiO_2$-100、$TiO_2$-250、$TiO_2$-400、$TiO_2$-550 样品在 200 周循环后的可逆比容量分别为 171.6mA·h·$g^{-1}$、188.4mA·h·$g^{-1}$、199.8mA·h·$g^{-1}$、193.6mA·h·$g^{-1}$ 和 191.3mA·h·$g^{-1}$。$TiO_2$-0 的可逆比容量接近其理论比容量，可能与氧化石墨烯的少量添加有关，$TiO_2$-250 样品在循环后具有最高的可逆比容量（199.8mA·h·$g^{-1}$），这可能与缺陷的存在为锂离子提供了反应活性位点有关。为了对比，测试了未与氧化石墨烯混合的 $TiO_2$-Ar 样品的电化学性能，其循环比容量仅为 133.5mA·h·$g^{-1}$。

如图 6-18(b) 所示，在 1～50 C 的不同电流密度下对样品进行了倍率性能测试。1 C 条件下 $TiO_2$-0、$TiO_2$-100、$TiO_2$-250、$TiO_2$-400 以及 $TiO_2$-550 的可逆比容量分别为 215.3mA·h·$g^{-1}$、221.9mA·h·$g^{-1}$、233.7mA·h·$g^{-1}$、212.5mA·h·$g^{-1}$ 和 222.1mA·h·$g^{-1}$，50 C 时样品的可逆比容量分别为 49.6mA·h·$g^{-1}$、42.5mA·h·$g^{-1}$、54.3mA·h·$g^{-1}$、61.4mA·h·$g^{-1}$ 和 63.8mA·h·$g^{-1}$。总体来说，$TiO_2$-250 的倍率性能稍好一些，而对比 $TiO_2$-Ar 的可逆比容量在 43.6～120.9mA·h·$g^{-1}$ 范围内变化，其倍率性能远低于 $TiO_2$-250。以上分析结果说明缺陷的存在和自发的氧化还原反应会对材料的比容量和倍率性能有积极的作用；但是在大电流密度下，效果不是特别明显。

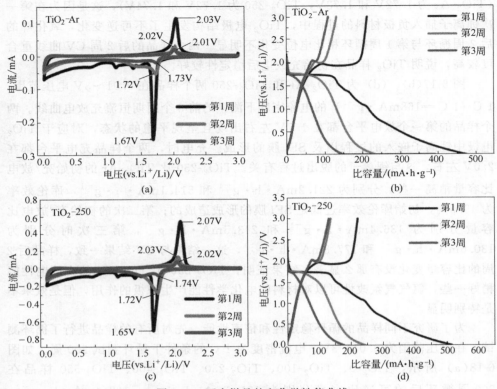

图 6-17　两个样品的电化学性能曲线

(a)、(b) TiO₂-Ar；(c)、(d) TiO₂-250

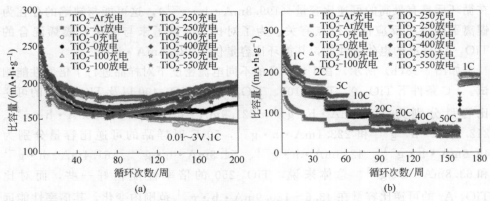

图 6-18　不同样品的电化学性能曲线

(a) 循环性能；(b) 倍率性能

### 6.2.4 氩氢混合气体气相改性 TiO₂ 与氧化石墨烯复合材料的结构及形貌分析

为了进一步利用缺陷和自发的氧化还原反应提升锂离子电池性能，将实验条件改变，通过氩氢混合气体气相改性以获得更多被还原的 $TiO_2$ 和氧空位。期望还原程度更强的 $TiO_2$ 能与氧化石墨烯之间发生更强的反应，使二者之间的连接更加紧密，对材料性能产生更大的影响。氩氢混合气体气相改性退火温度与前一部分氩气气相改性退火温度一致，因此将本部分实验所得到的样品命名为 $HTiO_2$-T（T=0、100、250、400、550）。同样为了证明性能改变的原因，增加了氩氢混合气体 250℃ 退火但是不与氧化石墨烯混合的样品，命名为 $HTiO_2$-AH。

为了分析样品的晶体结构、物相组成、纯度，通过 XRD 对样品进行检测，如图 6-19 所示。$HTiO_2$-0 样品是由锐钛矿型 $TiO_2$ 相（JCPDS 21-1272）和金红石 $TiO_2$ 相（JCPDS 87-0717）两相组成，与前一部分样品的相组成一致；而且 $HTiO_2$-0 样品的衍射峰与标准卡片完全一致，没有观察到与杂质相关的峰，峰的尖锐度表明样品具有良好的结晶度，同样因为氧化石墨烯的添加量很少，没

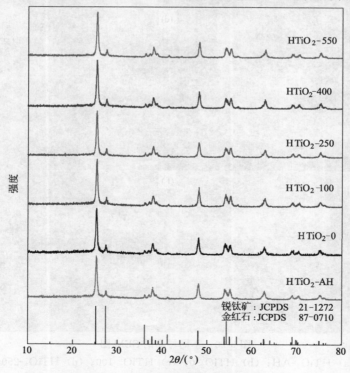

图 6-19　不同样品的 XRD 图谱

有观察到与氧化石墨烯相关的峰。在其他的混合样品中也没有看到与杂质相关的峰，结晶度也无明显的变化。$HTiO_2$-AH 样品的 XRD 图谱与其他样品的 XRD 图谱无明显的区别。以上结构分析说明氩氢混合气体退火不会对样品的结晶度造成影响，也不会引入其他杂质。

为了更加直观地观测样品的形貌，对样品进行了 SEM 测试。图 6-20(b)～(f) 为 $HTiO_2$-T（T＝0、100、250、400、550）样品的 SEM 图，从图中可以明显地看到 $TiO_2$ 颗粒和氧化石墨烯片层，$TiO_2$ 为不规则形貌的小颗粒，粒径尺寸约为 25nm，$TiO_2$ 颗粒均匀地分散在氧化石墨烯片层上。不同温度退火后

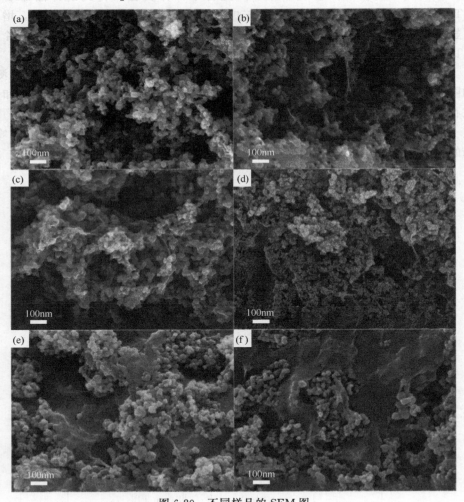

图 6-20　不同样品的 SEM 图
(a) $HTiO_2$-AH；(b) $HTiO_2$-0；(c) $HTiO_2$-100；(d) $HTiO_2$-250；
(e) $HTiO_2$-400；(f) $HTiO_2$-550

的混合样品的形貌无明显差异，TiO$_2$ 颗粒的尺寸也基本未变。说明 TiO$_2$ 经过氩氢混合气体退火后再和氧化石墨烯混合对样品的形貌无明显的影响，但是整体相较上一部分实验，氧化石墨烯更加分散。图 6-20（a）中也可以看到 HTiO$_2$-AH 样品中 25nm 左右的 TiO$_2$ 颗粒。

选取 HTiO$_2$-AH 和 HTiO$_2$-250 两个样品进行了 TEM 检测。图 6-21（a）为 HTiO$_2$-AH 的 TEM 图像，从图中可见 TiO$_2$ 纳米颗粒的微观形貌和尺寸与 SEM 测试中的结果一致。图 6-21（b））、（c）为 HTiO$_2$-AH 的 HRTEM 图，从图中可以看到明显的晶格条纹，晶格间距大约为 0.351nm，对应于锐钛矿型 TiO$_2$ 的（101）晶面。图 6-21（d）～（f）为 HTiO$_2$-250 样品的 TEM 图像，HTiO$_2$-250 中 TiO$_2$ 的形貌没有变化。从该样品的 HRTEM 图像［图 6-24（e）］中可以观察到在 TiO$_2$ 颗粒外面附着一层氧化石墨烯。通过将 HRTEM 图像放大分析［图 6-21(f)］，可以测量出被氧化石墨烯包围的晶格间距大约为 0.351nm，对应于锐钛矿型 TiO$_2$ 的（101）晶面。HTiO$_2$-250 样品的 TEM 图可以证明氧化石墨烯的存在，且氧化石墨烯和 TiO$_2$ 之间连接紧密。

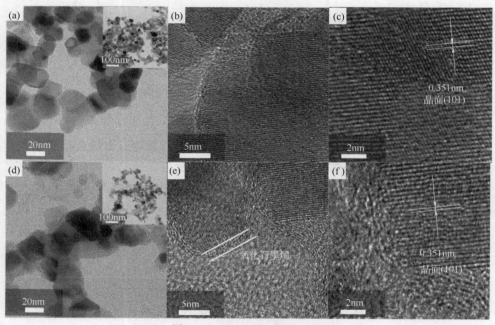

图 6-21  TEM 及 HRTEM 图
(a)～(c) HTiO$_2$-AH；(d)～(f) HTiO$_2$-250

为了进一步了解样品的表面组成，进行 XPS 表征。如图 6-22（a）所示，HTiO$_2$-250 样品的 Ti2p XPS 图由 457.8eV、458.3eV、463.0eV 和 464.0eV 四个峰拟合而成，分别对应于 Ti 2p$_{3/2}$（Ti$^{3+}$ 和 Ti$^{4+}$）和 Ti 2p$_{1/2}$（Ti$^{3+}$ 和

$Ti^{4+}$）。$HTiO_2$-0 样品中只有 $Ti^{4+}$ 出现，$HTiO_2$-250 样品中有少量 $Ti^{3+}$ 出现，这说明 $TiO_2$ 在氩氢混合气体条件下退火有少量 $Ti^{4+}$ 被还原成 $Ti^{3+}$。为了证明在还原过程中有缺陷产生，对两个样品 O 1s XPS 图谱进行分析 [图 6-22(b)]。$HTiO_2$-250 样品的 O 1s XPS 图由 529.6eV、531.7eV 和 531.8eV 三个峰拟合而成，分别对应于晶格中的氧原子（$O_L$）、氧空位（$O_V$）以及被吸附在表面的水分子中的氧原子（$O_W$）。$HTiO_2$-250 样品中 $O_V$ 的存在证明在氩氢混合气体中退火，伴随着 $Ti^{4+}$ 被还原成 $Ti^{3+}$ 有氧空位缺陷产生。$HTiO_2$-0 样品的 O 1s 拟合峰中没有氧空位出现。

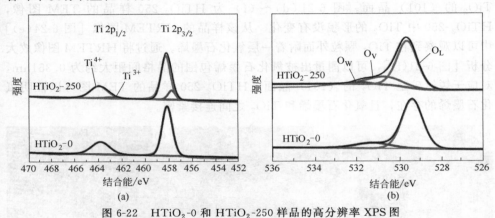

图 6-22　$HTiO_2$-0 和 $HTiO_2$-250 样品的高分辨率 XPS 图
(a) Ti 2p 区域；(b) O 1s 区域

当 $TiO_2$ 和氧化石墨烯发生自发氧化还原反应时，氧化石墨烯会被还原，为了证明 $TiO_2$ 和氧化石墨烯发生了自发的氧化还原反应以及二者之间连接键的存在，对 $HTiO_2$-0 和 $HTiO_2$-250 两个样品进行傅里叶变换红外光谱测试（图 6-23）。$HTiO_2$-0 样品位于 $3450cm^{-1}$、$1632cm^{-1}$、$1382cm^{-1}$ 和 $1050cm^{-1}$ 的吸收峰，分别和羟基（O—H）、C—OH 键、C—O 键和 C—O—C 键的伸缩振动有关，这些官能团的存在证明 GO 中含有大量含氧官能团。这些官能团使 GO 带负电荷，并且提供了与带正电的 $TiO_2$ 键合的条件。从 $HTiO_2$-250 样品的红外光谱图中可以看到 GO 的含氧官能团明显减少，说明被还原的 $TiO_2$ 和氧化石墨烯混合的过程中发生了自发的氧化还原反应，氧化石墨烯被还原，$TiO_2$ 通过化学键与氧化石墨烯键合，减弱了氧化石墨烯表面含氧官能团吸收峰的强度。因此，氧化石墨烯与 $TiO_2$ 之间的键增加了电子导电性，为 $HTiO_2$-250 样品提供了电子导电路径。在 $665cm^{-1}$ 附近有一个明显的红外特征吸收峰，该峰属于 $TiO_2$ 的 Ti—O 键的伸缩振动，说明了样品中 $TiO_2$ 的存在。

对 $HTiO_2$-0、$HTiO_2$-250 样品在 $100\sim2000cm^{-1}$ 范围内进行了拉曼测试。

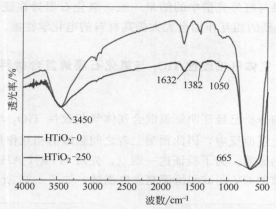

图 6-23 HTiO$_2$-0 和 HTiO$_2$-250 样品的红外光谱图

从图 6-24 的拉曼光谱中看到频率在 148cm$^{-1}$（E$_g$）、195cm$^{-1}$（E$_g$）、399cm$^{-1}$（B$_{1g}$）、518cm$^{-1}$（A$_{1g}$＋B$_{1g}$）以及 639cm$^{-1}$（E$_g$）处的峰都是与 TiO$_2$ 相关的振动峰。与 HTiO$_2$-0 相比，锐钛矿 TiO$_2$ 相在 HTiO$_2$-250 样品中的上述频率都向高频方向有移动。在 1330cm$^{-1}$ 和 1585cm$^{-1}$ 处的特征峰分别为碳材料的 D 峰和 G 峰，说明 GO 成功地掺入 TiO$_2$ 基体中。G 峰产生于 sp$^2$ 杂化碳原子的平面振动。D 峰与石墨烯边缘的缺陷及无定型结构有关，是氧化石墨烯或还原氧化石墨烯（Reduced graphene oxide，简称 RGO）无序的标志，来自于与空位、晶界和非晶态碳有关的缺陷。D 峰和 G 峰的强度比（$I_D/I_G$）为石墨烯材料的结晶度提供了有用的信息，$I_D/I_G$ 的值越大，证明 sp$^2$ 杂化的石墨烯中缺陷浓度越大。HTiO$_2$-250 中的 $I_D/I_G$ 值为 0.962，远大于 HTiO$_2$-0 中的 $I_D/I_G$ 值（$I_D/I_G=$0.723），揭示了混合过程中石墨烯缺陷的产生和无序现象，这是由 TiO$_2$ 与 RGO 之间较强的相互作用所致，这种相互作用可以大大地提高 TiO$_2$ 的电子运

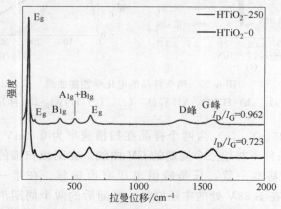

图 6-24 HTiO$_2$-0 和 HTiO$_2$-250 样品的拉曼光谱图

输性能。上述结果与红外光谱中的结果一致，氧化石墨烯在混合过程中被还原，它与 $TiO_2$ 之间强烈的相互作用会大大提高材料的电化学性能。

### 6.2.5 氩氢混合气体气相改性 $TiO_2$ 与氧化石墨烯复合材料的电化学储锂性能分析

上述微观结构分析已经证明氩氢混合气体气相改性 $TiO_2$ 与氧化石墨烯混合可以发生自发氧化还原反应，因此预测二者之间强烈的相互作用可以对样品的储锂性能产生积极的影响。为了验证这一观点，先对 $HTiO_2$-AH 和 $HTiO_2$-250 样品进行了相同参数的 CV 测试和恒流充放电测试，如图 6-25 所示。

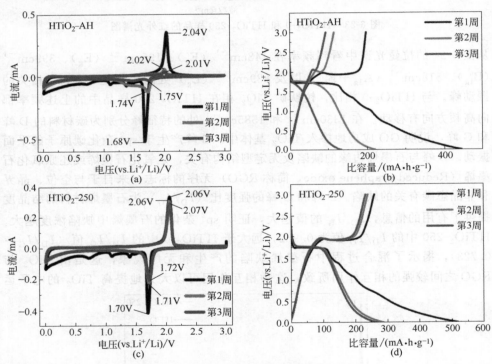

图 6-25 两个样品的电化学性能曲线
（a）、（b） $HTiO_2$-AH 样品；（c）、（d） $HTiO_2$-250 样品

首先，图 6-25(a)、(c) 为两个样品在扫描速率为 $0.2 mV \cdot s^{-1}$、电压范围为 $0.01 \sim 3V$ 的条件下初始三个周期的 CV 曲线。在阴极扫描的过程中，两个样品的电化学行为基本一致，只是峰值电压有所偏移。在第一次阴极扫描时，$HTiO_2$-AH 样品在 1.68V 处的主还原峰，在随后的两个周期消失，这个主还原峰与 SEI 膜的形成有关。$HTiO_2$-250 样品的主还原峰在 1.70V 处。两个样品在

第一次阳极扫描中氧化峰（HTiO$_2$-AH 为 2.02V，HTiO$_2$-250 为 2.06V）的出现与脱锂过程有关。在随后的两个周期可以明显地看到 HTiO$_2$-AH 的还原峰向更高的电位偏移（分别为 1.74V 和 1.75V），这是因为在第一次锂离子插入负极材料的过程中，HTiO$_2$-AH 样品结构发生了不可逆的变化。HTiO$_2$-250 样品的还原峰变化不明显，说明其结构比较稳定，两个样品的氧化峰均变化不明显。HTiO$_2$-250 样品的后两个周期 CV 曲线重合度远高于 HTiO$_2$-AH，说明 HTiO$_2$-250 在初始充放电后稳定性较好。

图 6-25(b)、(d) 为在 0.01～3V 电压范围、1 C 的电流密度下测量的 HTiO$_2$-AH 和 HTiO$_2$-250 样品前三个周期恒流充放电曲线。两个样品的第一个放电平台都在 1.7V 左右出现且呈现平稳的状态，对应于 TiO$_2$ 中锂离子的嵌入和 SEI 膜的形成过程。充电时，两个样品在 2.0V 附近的充电平台都与锂离子的脱出过程有关。HTiO$_2$-250 的初始充电和放电比容量 [图 6-28(d)] 明显高于 HTiO$_2$-AH，分别为 260.0mA·h·g$^{-1}$ 和 518.3mA·h·g$^{-1}$，库伦效率为 50.2%，初始库伦效率过低是 SEI 膜的形成造成的；接下来的两个周期曲线趋于平稳，第二次的充电和放电比容量分别为 239.8mA·h·g$^{-1}$ 和 288mA·h·g$^{-1}$，第三次时分别为 233mA·h·g$^{-1}$ 和 265.5mA·h·g$^{-1}$。

图 6-26(a) 为所有的样品在电压范围为 0.01～3V、电流密度为 1 C 的条件下的循环性能。HTiO$_2$-0、HTiO$_2$-100、HTiO$_2$-250、HTiO$_2$-400 以及 HTiO$_2$-550 样品 200 周循环后的可逆比容量分别为 171.1mA·h·g$^{-1}$、231.0mA·h·g$^{-1}$、258.0mA·h·g$^{-1}$、246.9mA·h·g$^{-1}$ 和 157.5mA·h·g$^{-1}$。其中 HTiO$_2$-250 样品表现出最优异的循环性能。而 HTiO$_2$-AH 样品 200 周循环后的比容量仅为 133.5mA·h·g$^{-1}$，低于所有样品，可见对 TiO$_2$ 还原获得缺陷以及 TiO$_2$ 与石墨烯之间的相互作用都对样品的电化学性能有重要影响。图 6-26(b) 展示了 1～50 C 电流密度下所有样品的倍率性能。当电流密度为 1 C

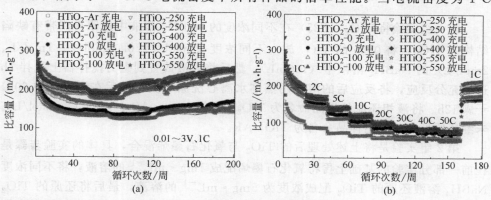

图 6-26 不同样品的电化学性能曲线

(a) 循环性能；(b) 倍率性能

时，上述样品的可逆比容量依次为 182.3mA·h·g$^{-1}$、228.1mA·h·g$^{-1}$、221.8mA·h·g$^{-1}$、212.7mA·h·g$^{-1}$ 和 177.7mA·h·g$^{-1}$；当电流密度为 50 C 时，其可逆比容量分别为 68.5mA·h·g$^{-1}$、75.6mA·h·g$^{-1}$、76.5mA·h·g$^{-1}$、75.6mA·h·g$^{-1}$ 和 47.2mA·h·g$^{-1}$。在全部电流密度下，HTiO$_2$-250 的可逆比容量比 HTiO$_2$-AH 的可逆比容量要高得多。以上结果说明缺陷的存在和自发的氧化还原反应会对样品的电化学性能有积极的作用。

## 6.3 TiO$_2$/石墨烯液相处理改性的研究

近年来，越来越多的研究学者利用缺陷、异质结构来提高电极材料的电化学性能，纳米级缺陷更是可以提供更多的活性位点，同时促进离子和电子的快速传输。在上一节的实验中主要研究了对材料进行 TiO$_2$ 气相改性获得缺陷，并使材料获得了优异的电化学性能。但是在氩气和氢气混合的过程中可能存在混合不均匀或者 TiO$_2$ 颗粒不能与混合气氛充分接触，导致还原过程不够充分等问题，同时实验过程也不能精准控制，因此需要进一步改进实验方法。

本节采用液相还原的实验方法将 TiO$_2$ 进行还原改性。通过不同浓度 NaBH$_4$ 溶液对 TiO$_2$ 中氧空位的含量进行调控，TiO$_2$ 颗粒可以与 NaBH$_4$ 溶液充分接触使得氧空位分布均匀，材料的电化学性能得到明显改善。改性后的最佳样品在 1 C 的电流密度下循环 200 周后，其可逆比容量为 281.3mA·h·g$^{-1}$，在 50 C 的大电流密度下，可逆比容量仍保持 97mA·h·g$^{-1}$。但是当 NaBH$_4$ 溶液的浓度超过一定值时，样品的结晶度会降低，所以平衡氧空位的含量和样品的结晶度是本部分实验的关键。

### 6.3.1 材料的制备

第 1 组实验将 TiO$_2$（P25）在不同浓度的 NaBH$_4$ 溶液中还原得到带有缺陷结构的 TiO$_2$。将 0.5g 的 TiO$_2$ 放入不同浓度（0mol/L、0.05mol/L、1mol/L、2mol/L）的 NaBH$_4$ 溶液中（100mL），然后将溶液放置到磁力搅拌器上搅拌 1h 进行充分反应，将反应后的溶液用蒸馏水离心洗涤 3 次，最后在干燥箱中 60℃ 干燥 12h。将液相还原的样品命名为 TiO$_2$-S（S＝50mmol/L、1mol/L、2mol/L）。未经还原处理的原始样品命名为 TiO$_2$-AR。

第 2 组实验是将上述处理后的 TiO$_2$ 与氧化石墨烯混合，具体的实验步骤是在前一部分实验的基础上再将氧化石墨烯配成 1mg·mL$^{-1}$ 的溶液，将不同浓度 NaBH$_4$ 溶液还原的 TiO$_2$ 配成浓度为 5mg·mL$^{-1}$ 的溶液，最后将还原的 TiO$_2$ 与氧化石墨烯按照 100：3 比例进行混合，将混合后的溶液放到磁力搅拌器上搅拌 2h 后冷冻干燥获得所需样品，将混合后的样品命名为 GTiO$_2$-S（S＝

50mmol/L、1mol/L、2mol/L），将未经还原的 $TiO_2$ 与氧化石墨烯的混合样品命名为 GTiO$_2$-AR。

### 6.3.2 液相改性 $TiO_2$ 材料的结构及形貌分析

XRD 的检测结果分析如图 6-27 所示，所有样品均是由锐钛矿 $TiO_2$ 相（JCPDS 21-1272）和金红石 $TiO_2$ 相（JCPDS 87-0710）两相组成，其衍射峰与标准卡片完全一致且无杂质。样品经过 $NaBH_4$ 溶液处理后结晶度会发生变化，尤其是 $TiO_2$-2M 样品的衍射峰不像原始样品那么尖锐，也可以观察到锐钛矿相（101）晶面的特征峰变宽的同时峰强也减弱了，说明 $NaBH_4$ 溶液的浓度超过一定值之后会降低样品的结晶度。通常样品的结晶度会对其电化学性能产生重要的影响，所以需要精准控制 $NaBH_4$ 溶液的浓度，以调控氧空位和结晶度之间的最优状态。

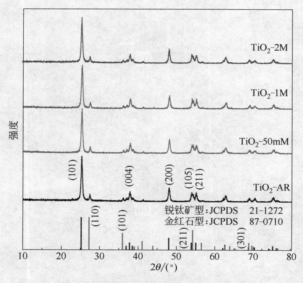

图 6-27 不同还原样品的 XRD 图谱

为了观测不同样品的形貌，对所有的样品进行了 SEM 检测（图 6-28）。图 6-28(a)、(b) 为 $TiO_2$-AR 样品的 SEM 图，从图中可以明显地看到 $TiO_2$ 平均粒径大约为 25nm，颗粒有团聚现象。经过 $NaBH_4$ 溶液还原的 $TiO_2$ 样品［图 6-28(c)～(h)］形貌无明显变化，颗粒尺寸也无明显变化，说明液相还原不会对样品形貌造成明显的影响。

图 6-29 为样品的 TEM 和 HRTEM 图像。从图 6-29(a)、(b) 中可以看到 $TiO_2$ 的形貌与 SEM 中的观测结果一致。从 $TiO_2$-AR 的 HRTEM 图像［图 6-29(c)］中看到晶格条纹周围边界清晰，经过测定其晶格间距为 0.352nm，对应于

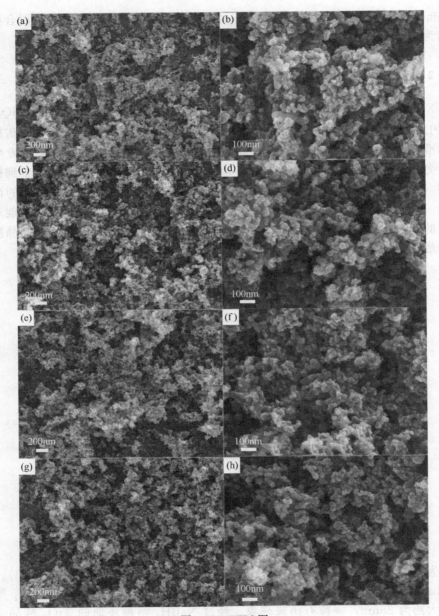

图 6-28  SEM 图

(a)、(b) TiO$_2$-AR；(c)、(d) TiO$_2$-50mmol/L；(e)、(f) TiO$_2$-1mol/L；

(g)、(h) TiO$_2$-2mol/L

锐钛矿型 TiO$_2$ 的（101）晶面。样品经过不同浓度的 NaBH$_4$ 溶液还原后形貌 ［图 6-29(d)～(l)］无明显变化，说明 NaBH$_4$ 还原不会对 TiO$_2$ 的形貌和尺寸造成影响。TiO$_2$-S样品（S＝50mmol/L、1mol/L、2mol/L）的晶格间距分别为0.352nm、0.352nm、0.351nm，均对应锐钛矿型 TiO$_2$ 的（101）晶面。TEM检测结果表明样品经过液相还原后形貌无明显变化。

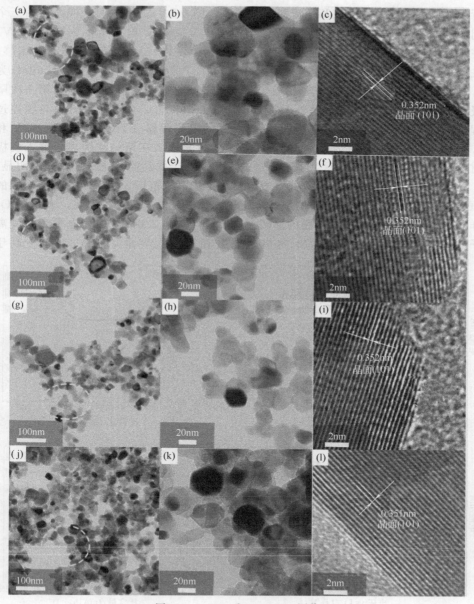

图 6-29　TEM 和 HRTEM 图像

（a）～（c）TiO$_2$-AR、（d）～（f）TiO$_2$-50mmol/L、（g）～（i）TiO$_2$-1mol/L、
（j）～（l）TiO$_2$-2mol/L

### 6.3.3　液相改性 $TiO_2$ 的电化学储锂性能

为了研究缺陷对样品的电化学性能的影响，对 $TiO_2$-AR 和 $TiO_2$-1M 样品进行了相同参数的 CV 测试和恒流充放电测试。图 6-30(a、c) 为两个样品初始三个周期的 CV 曲线，CV 测试的扫描速率为 $0.2\text{mV}\cdot\text{s}^{-1}$，电压范围为 $0.01\sim3\text{V}$。在阴极扫描过程中，两个样品的电化学行为基本一样，只是峰值电压有所偏移。在第一次阴极扫描时，观察到主还原峰（$TiO_2$-AR 为 $1.63\text{V}$，$TiO_2$-1mol/L 为 $1.72\text{V}$）在随后的两个周期消失，这与 SEI 膜的形成有关；而两个样品第一次阳极扫描氧化峰（$TiO_2$-AR 为 $2.04\text{V}$，$TiO_2$-1mol/L 为 $2.03\text{V}$）的出现与脱锂过程有关。在随后的两个周期主还原峰向更高的电位偏移（$TiO_2$-AR 为 $1.72\text{V}$ 和 $1.74\text{V}$，$TiO_2$-1mol/L 为 $1.74\text{V}$ 和 $1.75\text{V}$），这是因为在第一次锂离子插入负极材料时，$TiO_2$ 样品结构发生了不可逆的变化，两个样品的氧化峰变化均不明显。

图 6-30 (b)、(d) 为两个样品在 $0.01\sim3\text{V}$ 电压范围、1 C 下前三个周期的恒流充放电曲线。两个样品的第一个放电平台都在 $1.7\text{V}$ 左右出现，表示 $TiO_2$ 样品中锂离子的嵌入和 SEI 膜的形成过程。充电时，$2.0\text{V}$ 处的充电平台与锂离子的脱出过程有关。$TiO_2$-1M 的初始充电和放电比容量 [图 6-30(d)] 高于

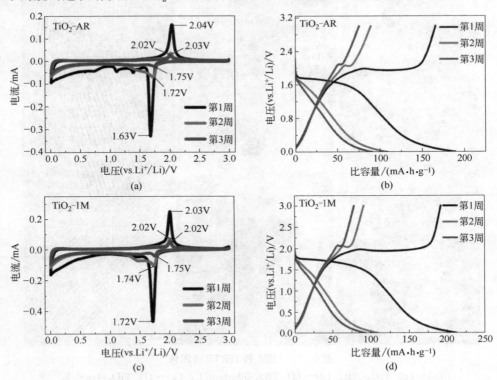

图 6-30　(a)、(b) $TiO_2$-AR 样品；(c)、(d) $TiO_2$-1M 样品的电化学性能曲线

$TiO_2$-AR，分别为 192.1mA·h·g$^{-1}$ 和 212.1mA·h·g$^{-1}$，$TiO_2$-1M 的库伦效率为 90.5%；但是在接下来的两个周期比容量继续衰减，第二次的充电和放电比容量分别为 90.7 和 109.4mA·h·g$^{-1}$，第三次时分别为 78.3mA·h·g$^{-1}$ 和 92.8mA·h·g$^{-1}$。$TiO_2$-AR 的充放电曲线如图 6-30(b) 所示，$TiO_2$-AR 和 $TiO_2$-1mol/L 的恒流充放电分析结果与 CV 分析结果一致，$TiO_2$-AR 的充放电比容量低于 $TiO_2$-1mol/L。

为了进一步检测不同样品的循环稳定性和倍率性能，在 0.01～3V 的电压范围内、1C 下循环测试 180 周 [图 6-31(a)]。$TiO_2$-AR、$TiO_2$-50mmol/L、$TiO_2$-1mol/L 以及 $TiO_2$-2mol/L 样品在 180 周循环后的可逆比容量分别为 77.1mA·h·g$^{-1}$、82.6mA·h·g$^{-1}$、68.7mA·h·g$^{-1}$ 和 72.9mA·h·g$^{-1}$。可见液相改性后材料可释放出更高的比容量。如图 6-31(b) 所示，在 1～50C 的不同电流密度下对样品进行倍率性能测试。当电流密度为 1C 时，上述样品的可逆比容量依次为 71.8mA·h·g$^{-1}$、66.3mA·h·g$^{-1}$、65.7mA·h·g$^{-1}$ 和 68.2mA·h·g$^{-1}$，当电流密度为 50C 时，其可逆比容量分别为 16.5mA·h·g$^{-1}$、14.2mA·h·g$^{-1}$、11.8mA·h·g$^{-1}$ 和 18.8mA·h·g$^{-1}$，说明样品在大电流密度下比容量极小，电子转移速度过慢，单纯的液相还原对样品性能的改性效果不明显，这可能是由于 $TiO_2$ 的团聚现象严重，即使 $TiO_2$ 中氧空位的存在可以提供更多的活性位点，但是由于团聚氧空位无法暴露参与反应，所以需要将 $TiO_2$ 分散以暴露出更多的活性位点来提高其可逆比容量。

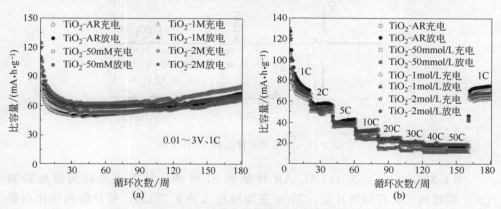

图 6-31　不同样品的电化学性能曲线

(a) 循环性能；(b) 倍率性能

## 6.3.4　液相改性 $TiO_2$ 与氧化石墨烯复合材料的结构及形貌分析

为了进一步改善 $TiO_2$ 的电化学性能，本实验在上述液相还原实验的基础上将材料再与 GO 复合，研究添加氧化石墨烯后的复合材料的电化学性能。将本部分实验所得到的样品称为 GTiO$_2$-S（S＝50mmol/L、1mol/L、2mol/L），其中未经 NaBH$_4$ 液相处理的样品命名为 GTiO$_2$-AR。不同样品的 XRD 检测结果分析如图 6-32 所示，从图中可以看到样品是由锐钛矿 TiO$_2$ 相（JCPDS 21-1272）和金红石 TiO$_2$ 相（JCPDS 87-0710）两相组成。样品的衍射峰与标准卡片完全一致，没有观察到与杂质相关的峰，峰的尖锐度表明样品具有良好的结晶度，同样由于氧化石墨烯的量很少，观察不到与氧化石墨烯相关的峰。其他经过 NaBH$_4$ 处理的样品中也没有看到与杂质相关的峰，但是 GTiO$_2$-2mol/L 样品的衍射峰不像原始样品那么尖锐，锐钛矿 TiO$_2$（101）晶面的特征峰变宽同时峰强也减弱，与前一部分实验结果一样，NaBH$_4$ 溶液还原会降低样品的结晶度，因此需要合理控制 NaBH$_4$ 溶液的浓度。

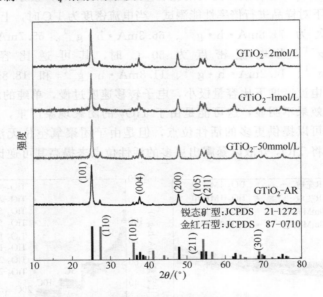

图 6-32 不同复合样品的 XRD 图谱

图 6-33(a)、(b) 为 GTiO$_2$-AR 样品的 SEM 图，从图中可以明显地看到 TiO$_2$ 颗粒和氧化石墨烯片层，TiO$_2$ 平均粒径大约为 25nm，被分散到氧化石墨烯片层上，但是有轻微的团聚现象，氧化石墨烯也是大的片层结构。经过 NaBH$_4$ 溶液还原的 TiO$_2$ 再与氧化石墨烯复合的样品 [图 6-33(c)～(h)]，其团聚现象减弱，氧化石墨烯的片层也没有那么厚重，尤其是 GTiO$_2$-1M 样品中的 TiO$_2$ 分散得很均匀，会附着在氧化石墨烯的薄片上，整个样品中也有许多大的孔洞。说明 TiO$_2$ 经过 NaBH$_4$ 溶液处理后与氧化石墨烯之间的连接更加紧密。

图 6-34(a)～(c) 为 GTiO₂-AR 样品的 TEM 和 HRTEM 图，从图 6-34(a)
中可以看出，所合成的复合材料中二氧化钛均匀地分布在石墨烯的表面，即这些二氧化钛纳米颗粒被石墨烯片层所包覆。从高分辨透射电镜图 [图 (c)] 可以看出，所合成的二氧化钛纳米颗粒具有良好的结晶性，其晶格

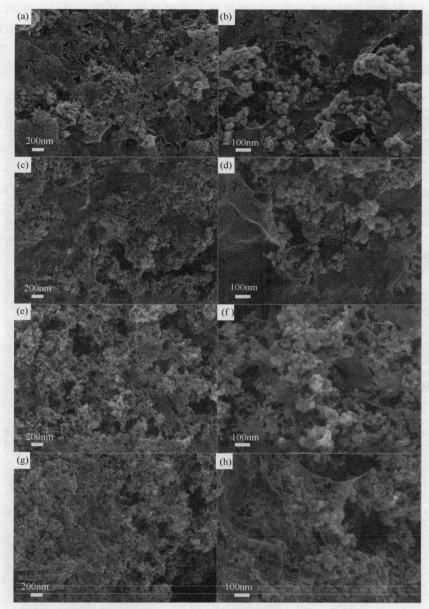

图 6-33　不同复合样品的 SEM 图：(a)、(b) GTiO₂-AR；(c)、(d) GTiO₂-50mmol/L；
(e)、(f) GTiO₂-1mol/L；(g)、(h) GTiO₂-2mol/L

图 6-34（a）～（c）为 GTiO$_2$-AR 样品的 TEM 和 HRTEM 图，从图 6-34（a）中可以看到均匀分散的纳米颗粒以及氧化石墨烯片层。从图 6-38（b）中可看到明显的晶格条纹，图 6-34（c）中晶格间距为 0.189nm，对应于锐钛矿 TiO$_2$ 的（200）晶面。图 6-34（d）、（g）、（j）为 NaBH$_4$ 溶液处理后样品的 TEM 图像，其形貌与 GTiO$_2$-AR 相比无明显的变化，均可以观测到氧化石墨烯的存在。与

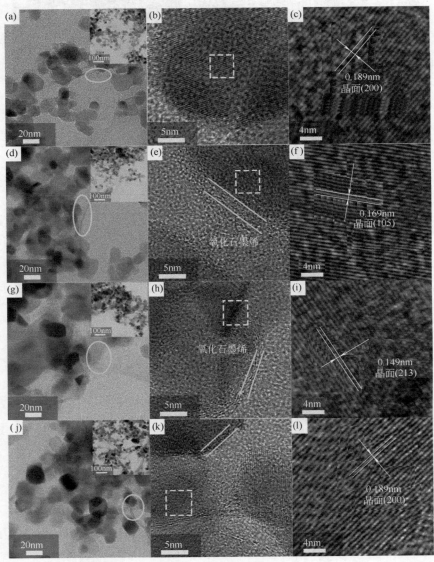

图 6-34　不同复合样品的 TEM 和 HRTEM 图像：（a）～（c）GTiO$_2$-AR；
（d）～（f）GTiO$_2$-50mmol/L；（g）～（i）GTiO$_2$-1mol/L；（j）～（l）GTiO$_2$-2mol/L

GTiO$_2$-AR 不同的是，在 NaBH$_4$ 溶液处理后样品的 HRTEM 检测中［图 6-34（d）、（g）、（j）］，晶格条纹的外侧可以看到无定形碳的存在并且与其紧密连接。将 HRTEM 图像进一步放大分析［图 6-34（f）、（i）、（l）］，可以看出晶格间距为 0.169nm、0.149nm、0.189nm，分别对应于锐钛矿 TiO$_2$ 的（105）晶面、（213）晶面、（200）晶面。可见，NaBH$_4$ 溶液还原处理能加固氧化石墨烯与 TiO$_2$ 之间的紧密连接，这是由于还原后 TiO$_2$ 与氧化石墨烯混合会发生自发的氧化还原反应，这可以加快锂离子的运输，对锂离子电池的电化学性能产生积极的作用。

为了研究液相改性过程对样品比表面的影响，通过氮气吸脱附曲线来研究样品的比表面积和孔径特征（图 6-35）。通过 BET 方法计算得到 GTiO$_2$-AR、GTiO$_2$-50mmol/L、GTiO$_2$-1mol/L、GTiO$_2$-2mol/L 的比表面积分别为 53.283m$^2 \cdot$g$^{-1}$、66.647m$^2 \cdot$g$^{-1}$、63.474m$^2 \cdot$g$^{-1}$ 和 57.135m$^2 \cdot$g$^{-1}$，证明液相还原之后会适当的增大样品的比表面积。基于 BJH 方法计算得到样品的孔径分布（图 6-35 内嵌图），可见样品还原之后再与氧化石墨烯混合会增大孔径的尺寸，其中 GTiO$_2$-1mol/L 的孔径尺寸最大，分布在 10～350nm 的范围内，这一结果与 SEM 中看到的结果一致。分析结果表明，液相改性后的 TiO$_2$ 再与氧化石墨烯混合后，比表面积会有所增加，同时孔径尺寸会变大，GTiO$_2$-1mol/L 样品的高比表面积和大的孔径分布有利于电解液的渗透和接触，并改善其电化学反应。

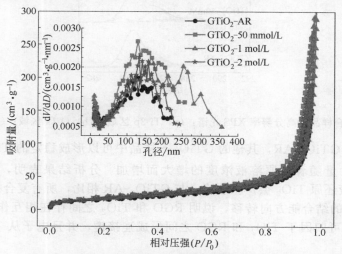

图 6-35　复合样品的氮气吸脱附和孔隙大小分布曲线

为了分析不同样品的化学组成和电子状态，对样品表面进行了 XPS 表征。如图 6-36（a）所示，Ti 2p 可分裂为 Ti 2p$_{3/2}$ 和 Ti 2p$_{1/2}$ 峰，其中 457.8eV 和 463.4eV 处为 Ti$^{3+}$ 的特征峰，另外两个峰（458.5eV 和 464.2eV）为 Ti$^{4+}$ 的特

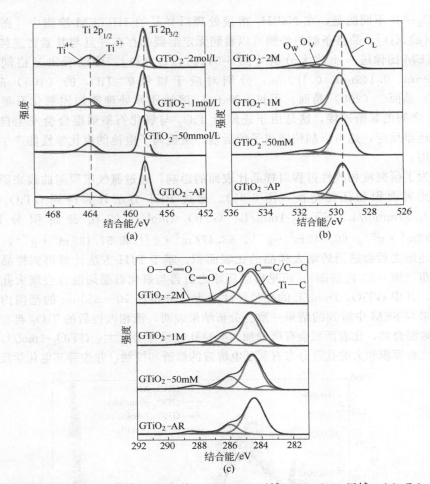

图 6-36　复合样品的高分辨率 XPS 光谱：(a) Ti 2p 区域；(b) O 1s 区域；(c) C 1s 区域

征峰。除了 GTiO$_2$-AR，其他的 GTiO$_2$-S 样品中可以形成稳定的 Ti$^{3+}$ 缺陷，并且 Ti$^{3+}$ 的含量随着还原溶液浓度的增大而增加。分析结果表明，不同浓度的 NaBH$_4$ 溶液还原 TiO$_2$ 会产生缺陷，与 GTiO$_2$-AR 相比，所有复合样品的 Ti 2p 峰都向更高的结合能方向转移，说明 RGO 和 TiO$_2$ 之间存在相互作用。结合能的这种变化可归因于 TiO$_2$ 和 RGO 之间形成连接键，并且电子从 TiO$_2$ 转移到 RGO 中。

高分辨率 O 1s XPS 光谱［图 6-36(b)］主要由 529.6eV 和 531.7eV 处的两个主峰组成，分别与 Ti-O-Ti 和 Ti-O-C 的形成有关，这证实了 TiO$_2$ 与 RGO 之间的相互作用。与 GTiO$_2$-AR 样品第一个峰（529.6eV）相比，其余的 GTiO$_2$-S 样品的峰均向更高的结合能方向有轻微移动，进一步说明 GTiO$_2$-S 样品中 Ti-O-C 键的形成。GTiO$_2$-S 样品的主峰由位于 529.6eV、531.71eV 和 531.9eV 处的三个峰拟合而成，这分别对应于晶格中的氧原子（$O_L$）、氧空位（$O_V$）以及被吸附在表面的水分子中的氧原子（$O_W$），$O_V$ 的存在证明将 $Ti^{4+}$ 还原为 $Ti^{3+}$ 时伴随着缺陷的产生，这一结果与 Ti 2p 的分析结果一致。上述微观结构和组成分析表明，通过 $NaBH_4$ 溶液液相还原处理在 GTiO$_2$-1M 中形成了氧空位，通过改变 $NaBH_4$ 的浓度可以控制氧空位的含量。

如图 6-36(c) 所示，C 1s 峰由图中所示的五个不同的特征峰拟合而成，结合能位于 284.7eV 处的峰与石墨化碳的 C—C 键/C=C 键以及 RGO 的 sp$^2$ 碳表面上的官能团的存在有关。结合能位于 286.2eV、287.1eV 和 288.5eV 的三个峰分别对应于 C—O、C=O 和 O—C=O，TiO$_2$ 经过 $NaBH_4$ 溶液还原后这三个特征峰减弱，表明含氧官能团在自发氧化还原反应过程中被消耗了一部分，GO 被还原为 RGO。在 C 1s 的高分辨率 XPS 光谱图中，结合能位于 284.4eV 的拟合峰进一步证实了 Ti—C 键的存在。以上结果说明在 TiO$_2$ 的 Ti 和 RGO 的 C 之间有 Ti—C 键形成，Ti—C 键可以极大地增强复合材料的结构稳定性，同时促进 RGO 与 TiO$_2$ 纳米颗粒之间的电子转移，继而提高 GTiO$_2$-1M 样品的循环稳定性和电导率。

为了进一步说明 GO 的还原程度，分别计算了 GO 和 TiO$_2$-1M 中含氧键（C—O、C=O 和 O—C=O 键）与 C=C/C—C 键的峰面积比，并将相应结果归纳于表 6-1 中。GTiO$_2$-1M 中含氧基团的数量明显减少，说明 GTiO$_2$-1M 样品中 GO 被还原为 RGO。

表 6-1　GO 和 GTiO$_2$-1M 在 C 1s 图谱中的 C—O、C=O 和 O—C=O 与 C=C/C—C 键的峰面积比

| 项目 | $S_{(C—O)}/S_{(C—C/C—C)}$ | $S_{(C—O)}/S_{(C—C/C—C)}$ | $S_{(O—C—O)}/S_{(C—C/C—C)}$ |
| --- | --- | --- | --- |
| GO | 0.6 | 0.69 | 0.14 |
| GTiO$_2$-1M | 0.37 | 0.06 | 0.12 |

为了证明还原的 TiO$_2$ 和氧化石墨烯发生了自发的氧化还原反应以及反应过程中有化学键生成，对 GTiO$_2$-AR 和 GTiO$_2$-1M 两个样品进行了傅里叶变换红外光谱测试，如图 6-37 所示。GTiO$_2$-AR 样品中位于 3450cm$^{-1}$、1632cm$^{-1}$、1382cm$^{-1}$ 和 1050cm$^{-1}$ 的吸收峰，分别和 O—H、C—OH、C—O 和 C—O—C 键的伸缩振动有关，以上这些化学基团的存在，表明了 GO 中含有大量的含氧官能团。但是这些官能团在 GTiO$_2$-1M 样品中明显减少，甚至位于 1050cm$^{-1}$ 处的吸收峰几乎消失，表明氧化石墨烯被还原，被还原的 TiO$_2$ 和氧化石墨烯混合的过程中发生了自发的氧化还原反应。TiO$_2$ 通过化学键与氧化石墨烯键合，减弱了氧化石墨烯表面含氧官能团吸收峰的强度，氧化石墨烯与 TiO$_2$ 之间的键增加了电子导电性，为 GTiO$_2$-1M 样品提供了电子导电路径。在 665cm$^{-1}$ 附近有

少三个峰左右，据分析的可能为在较高位置 (COₒ) 以及
较低能级表面水分或者羟基 (OᵥₒOₒ'O'₂Oᵥ) 还原为 Tⁱ
的压缩过程产生的。显然，有部分含氧官能团被还原。通过
对比发现，还原 NaBH₄，有效程度是在 GTiO₂-1M 中的 T 含量高。通
过 NaBH₄ 处理 2mol/L 时对应的含量。

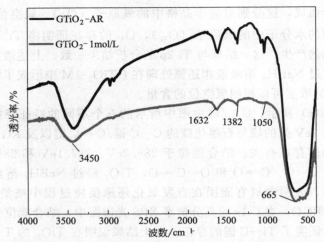

图 6-37　GTiO₂-AR 和 GTiO₂-1mol/L 复合样品的红外光谱图

一个明显的红外特征吸收峰，属于 TiO₂ 的 Ti-O-C 键的伸缩振动。以上结果说明了氧化石墨烯被还原成为还原氧化石墨烯，TiO₂ 与氧化石墨烯成功复合，这与 XPS 中的分析结果一致。

为了进一步证实样品中的氧化石墨烯被还原，对所有的样品在 $100\sim 2000\mathrm{cm}^{-1}$ 范围内进行了拉曼测试。从图 6-38 的拉曼光谱中看到频率在 $148\mathrm{cm}^{-1}$（$E_g$）、$195\mathrm{cm}^{-1}$（$E_g$）、$399\mathrm{cm}^{-1}$（$B_{1g}$）、$518\mathrm{cm}^{-1}$（$A_{1g}+B_{1g}$）以及 $639\mathrm{cm}^{-1}$（$E_g$）处的峰都是与 TiO₂ 相关的振动峰。经过 NaBH₄ 溶液处理的样品，上述频率的峰均向高频方向轻微移动，这表明 TiO₂ 与还原氧化石墨烯（RGO）之间存

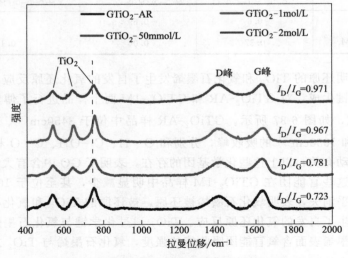

图 6-38　复合样品的拉曼光谱图

在很强的相互作用。而在 $1330cm^{-1}$ 和 $1585cm^{-1}$ 处的特征峰分别为碳的 D 峰和 G 峰，$I_D/I_G$ 的值越大证明 $sp^2$ 杂化碳中的缺陷浓度越大，从图中可以看到 $GTiO_2$-AR、$GTiO_2$-S（S＝50mmol/L、1mol/L、2mol/L）的 $I_D/I_G$ 值依次为 0.723、0.781、0.967、0.971，其中 $GTiO_2$-2M 样品中这一比值最高。这一结果揭示了混合过程中石墨烯缺陷的产生和无序现象，这是由 $TiO_2$ 与 RGO 之间较强的相互作用所致，这种相互作用可以极大地提高 $TiO_2$ 的电子运输性能。此结果与红外光谱的结果一致，说明氧化石墨烯在混合的过程中被还原。

### 6.3.5　液相改性 $TiO_2$ 与氧化石墨烯复合材料的电化学储锂性能

先对 $GTiO_2$-AR 和 $GTiO_2$-1mol/L 样品进行了相同参数的 CV 测试和恒流充放电测试，如图 6-39 所示。图 6-39(a)、(c) 为 $GTiO_2$-AR 和 $GTiO_2$-1M 两个样品初始三个周期的 CV 曲线，CV 测试的扫描速率为 $0.2mV \cdot s^{-1}$，电压范围为 0.01～3V。在阴极扫描的过程中，两个样品的峰值电压有所偏移。在第一次阴极扫描时，观察到主还原峰（$GTiO_2$-AR 为 1.63V，$GTiO_2$-1mol/L 为

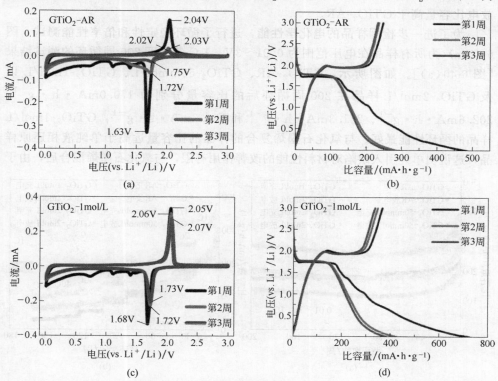

图 6-39　两个复合样品的电化学性能曲线：(a)、(b) $GTiO_2$-AR 样品；

(c)、(d) $GTiO_2$-1mol/L 样品

1.68V）在随后的两个周期消失，这与 SEI 膜的形成有关。两个样品第一次阳极扫描氧化峰（GTiO$_2$-AR 为 2.04V，GTiO$_2$-1mol/L 为 2.05V）的出现与脱锂过程有关。在随后的两个周期主还原峰向更高的电位偏移（GTiO$_2$-AR 为 1.72V 和 1.75V，GTiO$_2$-1mol/L 为 1.72V 和 1.73V），这是因为在第一次锂离子插入负极材料时，TiO$_2$ 样品结构发生了不可逆的变化。氧化峰的变化均不明显。

图 6-39(b)、(d) 为两个样品在 0.01～3V 电压窗口，1C 电流密度下前三个周期的恒流充放电曲线。两个样品的第一个放电和充电平台分别在 1.7V 和 2.0V 左右出现，分别表示 TiO$_2$ 电极中锂离子嵌入和 SEI 膜的形成过程，以及锂离子的脱出过程。GTiO$_2$-1mol/L 的初始充电和放电比容量 ［图 6-43(d)］高于 TiO$_2$-AR，分别为 366.3 和 727mA·h·g$^{-1}$，库伦效率为 50.1%，较低的库伦效率与 SEI 膜的形成有关。其第二次的充电和放电比容量分别为 347.2mA·h·g$^{-1}$ 和 426.8mA·h·g$^{-1}$，第三次时分别为 335.9mA·h·g$^{-1}$ 和 386.1mA·h·g$^{-1}$。GTiO$_2$-AR 的循环充放电曲线如图 6-43(b) 所示，结果表明，其恒流充放电曲线分析结果与其 CV 分析结果一致，GTiO$_2$-1mol/L 的充放电比容量高于 GTiO$_2$-AR。

为了进一步检测样品的电化学性能，进行了循环稳定性和倍率性能测试。图 6-40(a) 为所有样品在电压范围为 0.01～3V、1C 条件下 200 周循环的测试结果 ［图 6-40(a)］。如图所示，GTiO$_2$-AR、GTiO$_2$-50mmol/L、GTiO$_2$-1mol/L 以及 GTiO$_2$-2mol/L 样品在 200 周循环后的比容量分别为 170.0mA·h·g$^{-1}$、202.6mA·h·g$^{-1}$、281.3mA·h·g$^{-1}$ 和 134.3mA·h·g$^{-1}$，GTiO$_2$-1mol/L 样品的循环性能最好。与氧化石墨烯复合的样品的比容量远高于单纯液相还原样品，这说明单纯引入缺陷对材料性能的改善作用有限，与氧化石墨烯混合后，由于

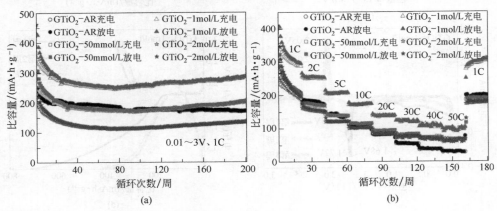

图 6-40　不同复合样品的电化学性能曲线
(a) 循环性能；(b) 倍率性能

氧化石墨烯会对 $TiO_2$ 起到分散作用，并使其暴露出更多的氧空位活性位点，故循环性能可以得到进一步提升。

如图 6-40(b) 所示，在 1～50C 的不同电流密度下对所有样品进行倍率性能测试。当电流密度为 1C 时，上述样品的可逆比容量依次为 $216.4mA \cdot h \cdot g^{-1}$、$226.5mA \cdot h \cdot g^{-1}$、$307.9mA \cdot h \cdot g^{-1}$ 和 $222.4mA \cdot h \cdot g^{-1}$；当电流密度为 50C 时，其可逆比容量分别为 $30.7mA \cdot h \cdot g^{-1}$、$66.1mA \cdot h \cdot g^{-1}$、$97mA \cdot h \cdot g^{-1}$ 和 $61.4mA \cdot h \cdot g^{-1}$。在全部电流密度下，$GTiO_2$-1mol/L 的倍率性能明显高于 $GTiO_2$-AR。$GTiO_2$-1mol/L 的倍率性能远高于单纯引入缺陷的样品，说明氧化石墨烯和 $TiO_2$ 之间的作用力可以有效提高电子转移能力。

根据上述微观结构分析得知，$TiO_2$ 纳米颗粒被还原后有缺陷存在，带有缺陷的 $TiO_2$ 与氧化石墨烯之间有化学键加固其相互作用力；同时氧化石墨烯还可以对 $TiO_2$ 纳米颗粒起到良好的分散作用，使 $TiO_2$ 与电解液有更多的接触，$TiO_2$ 的氧空位也可以提供更多的活性位点。

## 小结

本章实验采用将缺陷引入 $TiO_2$ 以及与石墨烯复合的方式提高材料的导电性，增加反应活性位点，进而深度改善材料的储锂性能。具体得出以下结论：

（1）采用水热方法获得纳米颗粒自组装的微米级 $NH_4TiOF_3$ 二次粒子，并对其进行气相退火改性获得 $TiO_2$。$NH_4TiOF_3$ 的微米级粒子可以防止循环过程中活性物质的团聚，同时内部的纳米颗粒可以缩短锂离子的迁移距离。对样品进行不同温度的退火可以获得 $NH_4TiOF_3$-$TiO_2$ 界面结构，通过 DFT 计算可知，退火得到的界面结构会造成不均匀的电荷分布而形成内界电场，从而提高材料的固有电导率。电化学性能分析显示，NTF-250 表现出最优的循环性能（在 $0.2A \cdot g^{-1}$ 下循环 200 周后，具有 $159.5mA \cdot h \cdot g^{-1}$ 的可逆比容量，在 $1A \cdot g^{-1}$ 下循环 2000 周后，可以保持 $128.6mA \cdot h \cdot g^{-1}$ 的可逆比容量，在 $20A \cdot g^{-1}$ 下循环 200 周后保持 $89.6mA \cdot h \cdot g^{-1}$ 的可逆比容量和倍率性能。

（2）通过将 $TiO_2$ 在氩气或氩氢混合气体的条件下进行气相还原得到带有缺陷的 $TiO_2$，之后将 $TiO_2$ 与氧化石墨烯混合进一步改善其电化学性能。$TiO_2$ 与氧化石墨烯之间形成的化学键能有效提高电子导电性，提供更多的活性位点。最终结果表明，氩气气相改性还原程度较弱，而氩氢混合气体气相改性的效果更佳显著。HTiO_2-250 样品在 1C 下循环 180 周后，仍然具有 $258mA \cdot h \cdot g^{-1}$ 的可逆比容量，其倍率性能也得到了很大的改善；在 50C 下循环 180 周，其仍然可以保持 $75.5mA \cdot h \cdot g^{-1}$ 的可逆比容量。

（3）利用液相还原方法将 $TiO_2$ 还原得到氧空位缺陷。通过液相还原获得的缺陷更加均匀，但是液相还原会降低样品的结晶度，需要保持缺陷与结晶度的平衡。单纯引入缺陷对样品性能的影响有限，在此基础上样品与氧化石墨烯混合，能有效防止 $TiO_2$ 团聚，同时暴露更多的活性位点。利用氧化石墨烯与 $TiO_2$ 缺陷处的自发氧化还原反应，可形成化学键而提供电子导电路径，提高了样品的导电性。最终结果表明，$GTiO_2$-1mol/L 在 1C 下循环 180 周后具有 $281.3mA \cdot h \cdot g^{-1}$ 的可逆比容量，其倍率性能也得到了很大的改善，在 50C 下循环 180 周可以保持 $97.0mA \cdot h \cdot g^{-1}$ 的可逆比容量。

# 第七章

## 纳米四氧化三钴负极材料缺陷结构调控及性能研究

过渡金属氧化物（TMOs）早在 20 世纪 70 年代到 80 年代就已被研究，从存储机理看，过渡金属氧化物分为两类：其一为嵌入型过渡金属氧化物，其充放电是通过锂离子嵌入氧化物的晶格间隙中来实现的。在充放电过程中没有氧化锂生成，所以具有较好的可逆性，在反应前后材料的体积变化小，所以循环性能优异。但是嵌入型过渡金属氧化物的比容量较低并且充放电的电位较高。这类氧化物主要包括：$TiO_2$、$Nb_2O_5$、$MoO_2$、$VO_2$ 等。其二为氧化还原型过渡金属氧化物，在充放电过程中，锂离子会与金属氧化物（MO）进行可逆反应，转化为具有电化学活性的氧化锂和金属锂。氧化物与锂的反应方程式为（其中 M＝Fe、Co、Ni、Cu）：

$$MO+2Li^+ +2e^- \longrightarrow Li_2O+M \tag{7-1}$$

一般这种类型的过渡金属氧化物比容量较高，可以达到 $400 \sim 1000mA \cdot h \cdot g^{-1}$。但是由于该类过渡金属氧化物在充放电过程中 $Li_2O$ 与金属锂之间的转化不是完全可逆的，其中一部分 $LiO_2$ 无法再还原成为金属锂，伴随着 SEI 膜的形成，造成锂的损失，所以有较大的不可逆比容量；而且其导电性较差，循环稳定性和库伦效率也欠佳。

作为氧化还原型过渡金属氧化的典型代表，$Co_3O_4$ 得到广泛关注。$Co_3O_4$ 是一种 P 型半导体材料，禁带宽度为 1.5eV，其结构模型如图 7-1 所示。$Co_3O_4$ 具有尖晶石结构，晶体组成是氧原子以面心立方密堆积，金属离子填充在氧原子密堆积的空隙里，其中四面体的中心为 $Co^{2+}$，八面体的中心为 $Co^{3+}$。作为过渡金属氧化物，其理论比容量是石墨的两倍多，可达 $890mA \cdot h \cdot g^{-1}$，且储量丰富，价格便宜。然而，$Co_3O_4$ 较低的电导率以及在充放电过程中体积变化大的问题限制了其实际应用。

设计和合成不同形貌结构的纳米 $Co_3O_4$ 材料以及与导电材料复合是常见的改性方法，但导电材料的加入往往会降低复合材料的体积密度；同时在充放电过程中基体表面负载的活性物质聚集，可能导致活性材料的利用率降低。因此，引入表面缺陷或异质结构的方法近年来得到广泛关注，如引入氧空位、元素掺杂和表面修饰等，通过调整固有电导率，可以有效提高电极材料的利用率。为了在金属氧化物材料中制造氧空位和修饰表面成分，已经发展了各种各样的合成策略，例如在缺氧环境中进行热退火，利用各种还原方法（火焰、化学和电化学还原）以及与活性金属在高温下反应等。

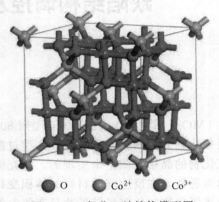

● O　● Co$^{2+}$　● Co$^{3+}$

图 7-1　四氧化三钴结构模型图

## 7.1　激光辐照改性

激光辐照或烧蚀广泛应用于不同材料的合成和后处理中，具有高温、高压、能快速加热/冷却等特点，容易形成金属氧化物中的氧空位等缺陷，能对表面成分进行最小能量损失的改性。与热退火和还原方法相比，利用激光辐照产生氧空位避免了使用化学试剂或表面活性剂和高温处理。本节采用激光辐照改变 Co$_3$O$_4$ 负极材料的结构和组成，以期提高锂离子电池的电化学性能。

### 7.1.1　材料的制备

采用一步水热法合成 Co$_3$O$_4$ 纳米粒子，具体的实验流程如图 7-2 所示：将 Co（NO$_3$）$_2$·6H$_2$O（0.04mol）和 NaOH（0.01mol）溶于 40mL H$_2$O 中，搅拌均匀；将混合溶液放入高压釜中，在均相反应器中 180℃反应 5h，自然冷却至室温后，用去离子水和无水乙醇洗涤数次，然后放入 60℃恒温干燥箱中干燥 12h，最后在管式炉中 500℃煅烧 3h，得到最终的立方体原始样品（以下称为 AP-Co$_3$O$_4$）。

激光处理过程如图 7-3 所示。将上述 AP-Co$_3$O$_4$ 样品与一定量的去离子水混合，放入内有转子的小试管中，用试管夹固定，下面放置磁力搅拌器，过程中不

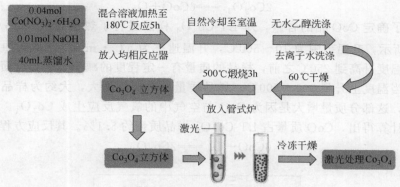

图 7-2　$Co_3O_4$ 制备过程流程图

断搅拌样品使得反应均匀。用型号为 Nimma-600 脉冲激光器在室温环境下照射悬浮液 20min，所用激光器的输出功率和频率分别为 325mJ 和 15Hz。改性样品经冷冻干燥后收集，所得样品为激光处理样品（以下称为 $LT-Co_3O_4$）。

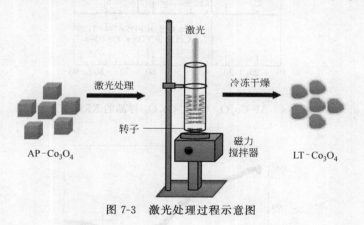

图 7-3　激光处理过程示意图

### 7.1.2　材料结构及形貌分析

用 XRD 分析了样品的晶体结构和相纯度，如图 7-4 所示。$AP-Co_3O_4$ 所有的衍射峰都与尖晶石结构的 $Co_3O_4$ 相（JCPDS 74-2120）匹配，没有发现其他杂相的峰，说明样品是纯相；此外，尖锐的峰型表明样品高度结晶。对于 $LT-Co_3O_4$ 样品，除了在大约 42.42° 位置处有一个小的衍射峰外，其余峰都与 $Co_3O_4$ 标准峰相对应。通过对照标准卡片可以看出，这个附加峰与 CoO 相（JCPDS 75-0393）的（200）面匹配较好。CoO 相的出现是因为激光辐照会瞬间产生高温，高温条件下 $Co_3O_4$ 发生自分解产生 CoO，而且快速加热冷却的特点也使得 CoO 瞬间产生且不会被氧化。其反应方程式为：

$$2Co_3O_4 \Longrightarrow 6CoO + O_2 \tag{7-2}$$

为了确定 CoO 相的含量，对 LT-$Co_3O_4$ 样品进行了热重分析（TGA），如图 7-5 所示，升温范围为 $10 \sim 500℃$，升温速率为 $5℃ \cdot min^{-1}$。从图中可以看出，当温度升高到 $250℃$ 之前，样品的质量有一定程度的减小，这与表面吸附水有关，当温度上升到 $300 \sim 500℃$，样品质量有小幅度增大，大约为样品总量的 $0.34\%$，这部分质量增大是因为 CoO 与空气中的氧气反应生成 $Co_3O_4$。根据方程可以计算得出，CoO 质量占 LT-$Co_3O_4$ 样品质量约 $5.1\%$。其反应方程式为：

$$6CoO + O_2 \Longrightarrow 2Co_3O_4 \tag{7-3}$$

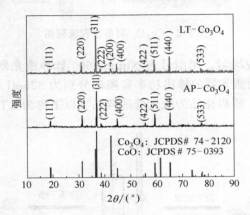

图 7-4　AP-$Co_3O_4$ 和 LT-$Co_3O_4$ 样品的 XRD 图谱

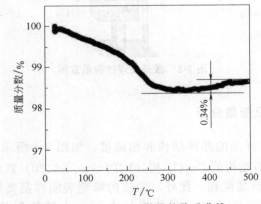

图 7-5　LT-$Co_3O_4$ 样品的热重曲线

图 7-6(a)、(b) 是激光处理前样品 AP-$Co_3O_4$ 的扫描图像，可以看出 AP-$Co_3O_4$ 展现出立方体的形貌，颗粒规则、表面光滑，通过粒径分布的统计得出原始样品的平均粒径大约为 $133.6nm$，如图 7-6(c) 所示。随着强激光辐照作用

于纳米粒子表面，如图 7-6（d）和（e）所示，其形貌颗粒呈现不规则形态，表面变得粗糙，这是由于强激光致使样品表面破碎，粒径分布显示［图 7-6（f）］其平均粒径约为 125.3nm。

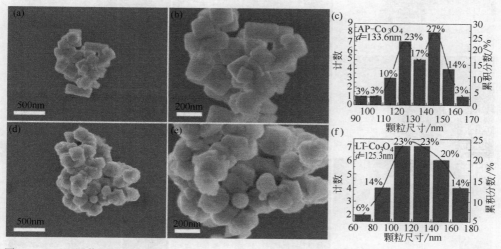

图 7-6　SEM 图像和粒径统计：（a）～（c）AP-Co$_3$O$_4$ 纳米粒子；（d）～（f）LT-Co$_3$O$_4$ 纳米粒子

　　为了更加清楚地分析激光辐照对 Co$_3$O$_4$ 纳米粒子微观结构的影响，进行了 TEM 测试。如图 7-7（a）～（c）所示，样品 AP-Co$_3$O$_4$ 展现了规则的立方体结构，其结果与 SEM 分析一致，图 7-7（b）是 AP-Co$_3$O$_4$ 的 HRTEM 图，从图中可以测量出 0.207nm 和 0.290nm 的晶格间距，对应于尖晶石 Co$_3$O$_4$ 的（400）和（220）晶面，除此之外，没有发现其他晶面。选区电子衍射花样（SAED）结果表明，合成的 Co$_3$O$_4$ 相为单晶［图 7-7（c）］。图 7-7（d）、（g）中 LT-Co$_3$O$_4$ 样品的 TEM 结果表明，激光辐照后样品形貌不规则且表面粗糙。HRTEM 图像［图 7-7（e）、（h）］和 SAED 图像［图 7-7（f）、（i）］证实，激光处理后的 LT-Co$_3$O$_4$ 样品仍为单晶。通过进一步分析表面结构，发现在 LT-Co$_3$O$_4$ 表面有一层大约 3nm 的薄层，图 7-7（h）显示了 0.217nm 的晶面间距，对应于 CoO（200）晶面。

　　通过 BET 方法计算出 AP-Co$_3$O$_4$ 和 LT-Co$_3$O$_4$ 纳米粒子的比表面积分别为 30.5m$^2$·g$^{-1}$ 和 50.4m$^2$·g$^{-1}$（图 7-8）；可见，激光辐照改性的 AP-Co$_3$O$_4$ 纳米粒子的比表面积增大，这将有利于电解液的渗透和电荷的传输。孔径分布曲线（图 7-8 内嵌图）显示激光辐照使材料产生了更多不同孔径的孔隙结构。

　　采用 XPS 分析方法，对样品表面的电子状态和化学成分进行了深入的分析。图 7-9（a）为 AP-Co$_3$O$_4$ 和 LT-Co$_3$O$_4$ 的 O 1s 谱图，从图中可以看出，在 529.7eV、531.2eV 和 532.8eV 处拟合出三个峰，分别为晶格中的氧原子

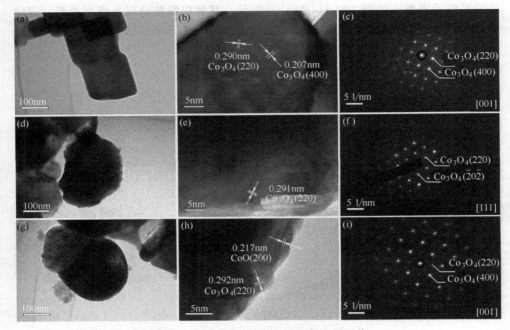

图 7-7　TEM、HRTEM 及衍射花样图像

(a)～(c) AP-Co$_3$O$_4$ 样品；(d)～(i) LT-Co$_3$O$_4$ 样品

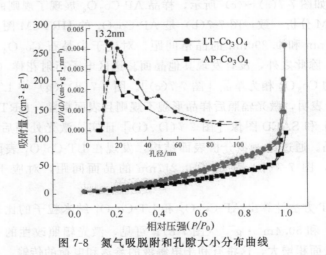

图 7-8　氮气吸脱附和孔隙大小分布曲线

（O$_L$）、氧空位（O$_V$）以及在样品表面被吸附的水分子中的氧原子（O$_W$）。表 7-1 显示了不同 O 的含量（原子百分比），激光辐照后 O$_V$ 从 26.12%（AP-Co$_3$O$_4$）上升到 44.04%（LT-Co$_3$O$_4$），表明激光辐照处理会在氧化物材料中产生更多的氧空位，这可能是由于强激光诱导的瞬时温升，使原始 Co$_3$O$_4$ 纳米粒

子部分汽化并分解所致。在每次激光脉冲辐照后，加热的纳米颗粒迅速冷却到环境温度。这种加热和淬火过程会导致 $Co_3O_4$ 纳米颗粒（尤其是颗粒表面）的氧原子丢失，从而导致氧空位的增多。

Co 2p 的高分辨率 XPS 光谱［图 7-9（b）］由 4 个拟合峰组成：779.78eV、781.78eV、794.68eV 和 796.58eV，其中 779.78eV 和 794.68eV 对应于 $Co^{2+}$，其他的峰值属于 $Co^{3+}$。通过计算峰面积可以得到 $Co^{2+}$ 与 $Co^{3+}$ 之间的比例，结果表明激光处理后 $Co^{2+}$ 小幅度增加，进一步证实了 CoO 的生成。

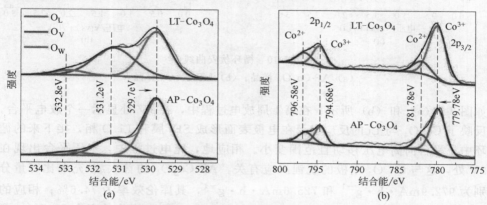

图 7-9 高分辨率 XPS 光谱：（a）O 1s 区域；（b）Co 2p 区域

表 7-1 XPS 图谱中不同氧的含量

| 样品 | $O_L$/% | $O_V$/% | $O_W$/% |
| --- | --- | --- | --- |
| AP-$Co_3O_4$ | 68.80 | 26.12 | 5.08 |
| LT-$Co_3O_4$ | 50.36 | 44.04 | 5.60 |

### 7.1.3 电化学储锂性能

为了研究材料的电化学性能，首先对两个样品在电压范围为 0.01～3V、扫描速率为 0.5mV·s$^{-1}$ 条件下进行了循环伏安（CV）测试，如图 7-10 所示。两个样品前 3 周的 CV 曲线表现出相似的电化学行为。在第 1 周中的还原峰（LT-$Co_3O_4$：0.58V，AP-$Co_3O_4$：0.73V）与 SEI 膜和 $Li_2O$ 相的形成有关，此峰在随后 2 周消失。相应的氧化峰（LT-$Co_3O_4$：2.11V，AP-$Co_3O_4$：2.14V）对应于 $Li^+$ 在 $Co_3O_4$ 电极中的嵌出反应。在随后的循环中，还原峰转移到更高的电位，而氧化峰没有明显变化。第 3 周的峰值强度和面积非常接近第 2 周，说明第 1 个循环后 $Co_3O_4$ 电极逐渐趋于稳定。

AP-$Co_3O_4$ 和 LT-$Co_3O_4$ 在电流密度为 0.1A·g$^{-1}$ 的条件下的充放电曲线

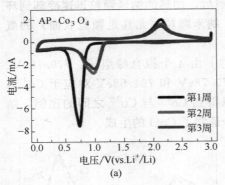 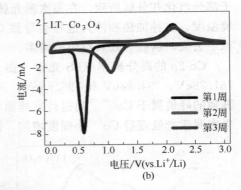

图 7-10  循环伏安曲线

(a) AP-Co₃O₄ 样品；(b) LT-Co₃O₄ 样品

如图 7-11(a) 和（b）所示。在第 1 周放电过程中，在 1V 处显示一个放电平台，反映了 $Co_3O_4$ 与 Li 的反应以及在电极表面形成 SEI 膜和 $Li_2O$ 相，接下来的循环中，平台向高电压移动且范围变小。相应地，充电过程中，电压平台出现在 2V 处，这与 $Co_3O_4$ 电极的脱锂反应有关。AP-$Co_3O_4$ 的首次放/充电比容量分别为 $972.9mA \cdot h \cdot g^{-1}$ 和 $725.6mA \cdot h \cdot g^{-1}$，其库伦效率为 74.6%；相应的 LT-$Co_3O_4$ 为 $1065.4mA \cdot h \cdot g^{-1}$ 和 $807mA \cdot h \cdot g^{-1}$，库伦效率为 75.7%。两个样品的库伦效率在第 1 个周期后均稳定在 98%。经过 100 个循环后，AP-$Co_3O_4$ 样品的放电和充电比容量分别为 726.3 和 $712.9mA \cdot h \cdot g^{-1}$，LT-$Co_3O_4$ 为 $833.4mA \cdot h \cdot g^{-1}$ 和 $823.3mA \cdot h \cdot g^{-1}$。可见，经激光辐射后的材料表现出更高的比容量。

图 7-11(c) 显示了 AP-$Co_3O_4$ 和 LT-$Co_3O_4$ 样品在电流密度为 $0.1A \cdot g^{-1}$ 条件下的循环性能对比图。经过初始几个周期的比容量下降后，两个样品的比容量都逐渐缓慢增加，这一现象在其他基于转换机制的电极材料中也普遍存在。激光辐照改性后的 LT-$Co_3O_4$ 样品比 AP-$Co_3O_4$ 样品表现出更高的比容量。

图 7-11(d) 显示了 2 个样品的倍率性能；在电流密度为 $0.1A \cdot g^{-1}$、$0.2A \cdot g^{-1}$、$0.5A \cdot g^{-1}$、$1A \cdot g^{-1}$、$2A \cdot g^{-1}$、$5A \cdot g^{-1}$ 和 $0.1A \cdot g^{-1}$ 的条件下，AP-$Co_3O_4$ 样品的比容量分别为 $685.7mA \cdot h \cdot g^{-1}$、$629.2mA \cdot h \cdot g^{-1}$、$555.2mA \cdot h \cdot g^{-1}$、$483mA \cdot h \cdot g^{-1}$、$391.4mA \cdot h \cdot g^{-1}$、$240.2mA \cdot h \cdot g^{-1}$ 和 $588.2mA \cdot h \cdot g^{-1}$，相应的 LT-$Co_3O_4$ 样品的比容量分别为 $805.9mA \cdot h \cdot g^{-1}$、$738.6mA \cdot h \cdot g^{-1}$、$672.4mA \cdot h \cdot g^{-1}$、$594.3mA \cdot h \cdot g^{-1}$、$495.9mA \cdot h \cdot g^{-1}$、$348.4mA \cdot h \cdot g^{-1}$ 和 $701mA \cdot h \cdot g^{-1}$。可见，在任何电流密度下，LT-$Co_3O_4$ 均表现出优于 AP-$Co_3O_4$ 的性能。当电流密度从大电流 $5A \cdot g^{-1}$ 回到小电流 $0.1A \cdot g^{-1}$ 时，比容量可以恢复到接近初始值，显示材料具有良好的结构可逆性。

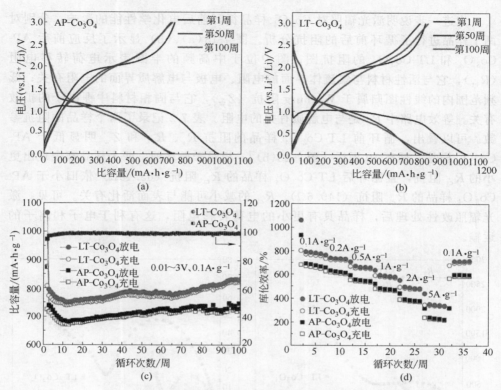

图 7-11　(a) AP-Co$_3$O$_4$、(b) LT-Co$_3$O$_4$ 的充放电曲线；
AP-Co$_3$O$_4$ 和 LT-Co$_3$O$_4$ 的 (c) 循环性能、(d) 倍率性能

图 7-12 显示了 AP-Co$_3$O$_4$ 和 LT-Co$_3$O$_4$ 样品经 100 周循环后的形貌图。相比于 AP-Co$_3$O$_4$，经激光辐照的样品在充放电循环后形貌保持得更为完整，表面更加光滑，没有表现出明显的颗粒碎化。

图 7-12　循环测试后 SEM 图
(a) AP-Co$_3$O$_4$；(b) LT-Co$_3$O$_4$

为进一步说明激光辐照对 $Co_3O_4$ 样品循环前后电化学性能的影响，分别对两个样品进行了循环前后的阻抗分析。图 7-13（a）、（b）显示了反应前后 AP-$Co_3O_4$ 和 LT-$Co_3O_4$ 的阻抗图；图中位于中高频的半圆表示电荷转移电阻（$R_{ct}$），它与活性材料与集流体界面的电阻、电极与电解质界面的电阻有关；低频范围内的线性图归属于 Warburg 阻抗（$Z_w$），它与固相材料中锂离子的扩散有关。等效电路中 $R_s$ 是与电解质有关的电阻。表 7-2 记录了两个样品的阻抗参数。可以看出，循环前 LT-$Co_3O_4$ 样品的阻抗 $R_s$、$R_{ct}$ 和 $Z_w$ 明显低于 AP-$Co_3O_4$ 样品。循环 10 周后［图 7-13(b)］，相对于循环前，两个样品都表现出更小的 $R_{ct}$ 阻抗，且循环后 LT-$Co_3O_4$ 样品的 $R_{ct}$ 阻抗（63.43Ω）依旧小于 AP-$Co_3O_4$ 样品的 $R_{ct}$ 阻抗（140.6Ω）。$R_{ct}$ 的减小可能与表面活化有关。可见，激光辐照改性处理后，样品具有更小的电荷转移电阻，这有利于电子和离子的运输。

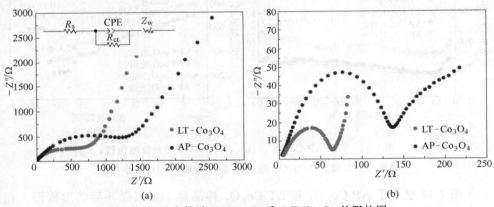

图 7-13　反应前后 AP-$Co_3O_4$ 和 LT-$Co_3O_4$ 的阻抗图
（a）循环前；（b）循环后

表 7-2　AP-$Co_3O_4$ 和 LT-$Co_3O_4$ 样品循环前后的阻抗参数

| 样品 | $R_s/\Omega$ | CPE/F | $R_{ct}/\Omega$ | $Z_w/\Omega$ |
|---|---|---|---|---|
| AP-$Co_3O_4$循环前 | 0.86 | $1.99\times10^{-5}$ | 1281 | 17074 |
| LT-$Co_3O_4$循环前 | 0.30 | $2.51\times10^{-5}$ | 353.2 | 1554 |
| AP-$Co_3O_4$循环 10 周后 | 5.23 | $3.83\times10^{-5}$ | 140.6 | 540.8 |
| LT-$Co_3O_4$循环 10 周后 | 3.76 | $12.75\times10^{-5}$ | 63.34 | 1.64 |

综上，LT-$Co_3O_4$ 样品的可逆比容量、循环稳定性和倍率性能的提升可归结为以下 3 点原因：（1）纳米级材料在循环过程中能够适应局部体积变化，从而提高循环稳定性；（2）LT-$Co_3O_4$ 样品较高的比表面积提供了更多的活性位点来存

储锂离子，增加了可逆比容量；（3）氧空位的存在和表面成分的改性可以提高材料的固有电导率和有效利用率，有利于离子和电子的运输，从而提高材料的倍率性能。

## 7.2　气相处理改性

调整材料表面/界面的结构是改善材料性能的一种非常有效的手段。构筑异质界面有利于储存额外的离子，产生高比容量；同时为离子运输提供快速通道。本节中我们通过精确控制温度，在惰性气体中退火立方体 $Co_3O_4$ 纳米粒子，这一过程诱导了在初始立方体 $Co_3O_4$ 表面形成 $CoO$ 层，并且通过改变实验参数可调整 $CoO$ 厚度。在上一节研究激光处理的过程中形成了无定形的 $Co_3O_4/CoO$ 界面和不规则的 $Co_3O_4$ 颗粒；而在这项工作中，通过详细的结构和化学分析，结合电化学测试，可以获取存在于 $Co_3O_4$ 表层的 $CoO$ 相和氧空位的更多相关信息。

### 7.2.1　材料的制备

将 $Co(NO_3)_2 \cdot 6H_2O$（0.04mol）和 $NaOH$（0.01mol）溶于 40mL $H_2O$ 中，持续搅拌至完全溶解，将混合溶液放入内衬为聚四氟乙烯的不锈钢高压釜中（100mL），在均相反应器里 180℃反应 5h，自然冷却至室温后，分别用蒸馏水和无水乙醇洗涤数次，然后放入 60℃恒温干燥箱中干燥 12h，得到最终的立方体原始样品（称为 $Co_3O_4$-AP）。

将制备好的 $Co_3O_4$-AP 放入通氩气的管式炉中退火，退火温度设置为 350℃，退火时间控制在 1h。为了分析不同退火温度的影响，在退火温度分别为 300℃、350℃、400℃、450℃ 和 550℃ 下分别制得样品：$Co_3O_4$-T（T＝300、350、400、450）。由于当退火温度为 550℃ 时，$Co_3O_4$-AP 粒子完全转化为 $CoO$，所以在 550℃退火的样品命名为 $CoO$-550。

### 7.2.2　材料结构及形貌分析

用 XRD 分析了 $Co_3O_4$-AP 的晶体结构和相纯度。如图 7-14 所示，所有的衍射峰都与尖晶石结构的 $Co_3O_4$ 相吻合（JCPDS 74-2120），没有检测到其他的杂质峰；$Co_3O_4$-350 样品的衍射峰与 $Co_3O_4$-AP 样品相似，但除了主要的衍射峰外，还发现了 1 个位于 42.4°的峰，该峰与 $CoO$ 标准衍射峰（JCPDS 75-0393）相匹配。从峰强和峰宽可以判断 $CoO$ 相含量很低，并且晶粒尺寸较小。

通过 TG 分析来确定 $CoO$ 的含量（图 7-15）。在 250℃之前，质量的下降是

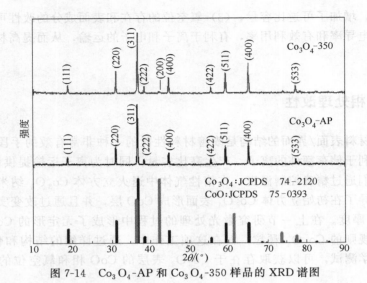

图 7-14　$Co_3O_4$-AP 和 $Co_3O_4$-350 样品的 XRD 谱图

由于材料表面吸附水的蒸发。在 $300 \sim 600 \, ^\circ C$，质量增加了约 $0.44\%$，这对应于 $CoO$ 氧化成 $Co_3O_4$ 的过程，通过计算可以得到 $Co_3O_4$-350 样品中 $CoO$ 的质量分数为 $6.6\%$。$CoO$ 相的形成可能与 $Co_3O_4$ 在缺氧环境下退火后氧气逸出以及发生自分解反应有关。其反应方程式为：

$$6CoO + O_2 \longrightarrow 2Co_3O_4 \qquad (7\text{-}4)$$

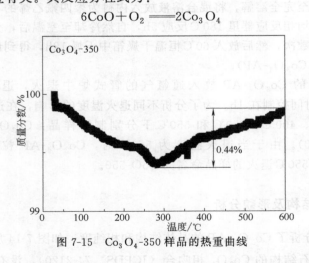

图 7-15　$Co_3O_4$-350 样品的热重曲线

图 7-16(a)、(b) 为原始样品 $Co_3O_4$-AP 的 SEM 图像。从图中可以看出样品为立方体颗粒，分散均匀。从粒径分布可以估算出 $Co_3O_4$-AP 的平均粒径大约为 144.3nm。TEM 图也证实了 $Co_3O_4$-AP 的立方形貌，如图 7-16(d)～(f) 所示。根据选区电子衍射花样（SAED）[图 7-16(e) 插图] 可以得出粒子为单晶。

从图 7-16（f）中的 HRTEM 图像中可以观察到清晰的晶格条纹，其间距值为 0.290nm 和 0.207nm，分别与 $Co_3O_4$（JCPDS 74-2120）的（220）和（400）晶面相对应。

图 7-16　$Co_3O_4$-AP 样品的 SEM 图像（a）、（b）；粒径统计（c）；TEM 图像和衍射花样（d）、（e）；HRTEM 图像（f）

图 7-17（a）和（b）为 $Co_3O_4$-350 样品的 SEM 图。与 $Co_3O_4$-AP 相似，样品仍然显示出具有光滑表面的立方体形貌。图 7-17（c）显示了粒径分布统计分析，平均粒径约为 153.1nm。$Co_3O_4$-350 样品的 TEM 图如图 7-17（d）、（e）所示，$Co_3O_4$-350 样品由均匀的立方体结构组成，显示单晶特性。HRTEM 图像［图 7-17（f）］显示 $Co_3O_4$ 表面有一薄层，厚度约为 1.13nm，间距为 0.202nm 和 0.159nm 的晶格条纹对应于 CoO 的（200）和（220）晶面。可见在氩气气氛中 350℃条件下退火得到的 $Co_3O_4$ 立方体颗粒，表面已存在 CoO 薄层。

采用 XPS 研究了样品表面元素的电子状态以及样品的局部化学环境。图 7-18（a）、（b）和图 7-18（c）、（d）分别展示了 $Co_3O_4$-AP 和 $Co_3O_4$-350 两个样品 Co 2p 和 O 1s 的高分辨率 XPS 光谱。对于这两个样品，Co 2p 的高分辨率 XPS 光谱由四个拟合峰组成：779.78eV、781.78eV、794.68eV 和 796.58eV，其中 779.78eV 和 794.68eV 的峰属于 $Co^{3+}$，其他的峰属于 $Co^{2+}$。通过计算拟合峰对应的积分面积，$Co^{2+}$ 与 $Co^{3+}$ 的比值分别为 0.58（$Co_3O_4$-AP）和 0.71（$Co_3O_4$-350）。$Co_3O_4$-350 样品中较大的 $Co^{2+}/Co^{3+}$ 意味着退火后 $Co^{2+}$ 增加，进一步证实了 CoO 的存在。同样，O 1s 的三个峰 529.7eV、531.2eV 和 532.8eV 分别为晶格中的氧原子（$O_L$）、氧空位（$O_V$）以及表面吸附的水分子中的氧原子（$O_W$）。定量分析表明，$O_V/O_L$ 比值从 0.45（$Co_3O_4$-AP）增加到 0.86（$Co_3O_4$-350），说明在 Ar 气氛中退火产生了更多的氧空位。这里需要说明

图 7-17 Co₃O₄-350 的 SEM 图（a）、（b）；粒径统计（c）；TEM 图像和
衍射花样（d）、（e）；HRTEM 图（f）

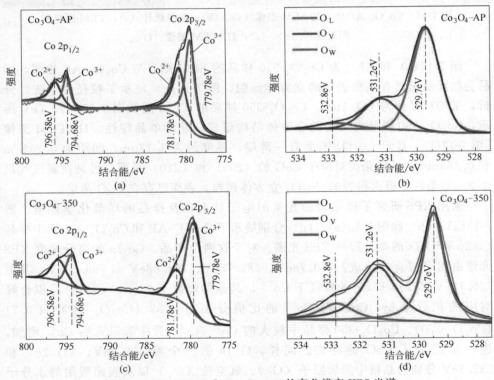

图 7-18 Co₃O₄-AP 和 Co₃O₄-350 的高分辨率 XPS 光谱
（a）、（c）Co 2p 区域；（b）、（d）O 1s 区域

的是，CoO 层的厚度为 $1.1 \sim 1.6$nm，小于 XPS 技术的分析深度（$5 \sim 10$nm）。因此，氧空位既可能来源于表面 CoO 薄层，也可能来源于内部 $Co_3O_4$ 相。

改性后的 $Co_3O_4$-350 材料的表面结构和氧空位有利于为锂离子提供更多的反应活性位点，促进离子和电子的传递，有望获得良好的储锂性能。

### 7.2.3　电化学储锂性能

图 7-19（a）和图 7-19（c）展示了 $Co_3O_4$-AP 样品和 $Co_3O_4$-350 样品在前三个周期的 CV 曲线，其电压范围为 $0.01 \sim 3.0$V，扫描速率为 $0.5$mV$\cdot$s$^{-1}$。在阴极扫描过程中，除了峰电压有所偏移外，两个样品的电化学行为基本一致。在第一次阴极扫描中，还原峰（$Co_3O_4$-350：$0.69$V，$Co_3O_4$-AP：$0.73$V）可归结为 SEI 膜和 $Li_2O$ 相的形成，此峰在随后两个循环中消失。第一次阳极扫描中的氧化峰（$Co_3O_4$-350：$2.16$V，$Co_3O_4$-AP：$2.14$V）与 $Co_3O_4$ 电极的脱锂反应有关。明显地可以看出，在第二和第三个周期中，还原峰移到更高的电压（$Co_3O_4$-350：$1.06$V，$Co_3O_4$-AP：$0.98$V 和 $0.99$V），这是由于在锂离子初始嵌入过程中，$Co_3O_4$ 样品的结构发生了不可逆变化。氧化峰无明显变化。此外，第 3 周循环的 CV 曲线与第 2 周循环的 CV 曲线重合，说明 $Co_3O_4$ 样品在初始充放电循环后的稳定性。

图 7-19（b）、（d）显示了 $Co_3O_4$-AP 和 $Co_3O_4$-350 电极前 3 周的恒流充放电曲线。在第 1 周放电过程中可观测到位于 $1.1$V 有一个很长的放电平台，对应于形成 SEI 膜以及锂离子的嵌入过程。之后平台变短并向高电压处移动；这一现象与 CV 分析的结果一致。在充电状态下，在 2V 处出现电压平台，三条充电曲线基本重合，反映了较好的可逆性。$Co_3O_4$-350 样品初始放电和充放电比容量分别为 $1611.1$mA$\cdot$h$\cdot$g$^{-1}$ 和 $1202.6$mA$\cdot$h$\cdot$g$^{-1}$，库伦效率为 $74.6\%$。其初始库伦效率过低是由于不完全转化反应和 SEI 膜的产生造成的不可逆比容量损失。接下来的两条充放电曲线趋于稳定，第二次放电和充电比容量分别为 $1226.9$mA$\cdot$h$\cdot$g$^{-1}$ 和 $1173.3$mA$\cdot$h$\cdot$g$^{-1}$，第 3 周循环后，放电和充电比容量分别为 $1217.3$mA$\cdot$h$\cdot$g$^{-1}$ 和 $1171$mA$\cdot$h$\cdot$g$^{-1}$。$Co_3O_4$-AP 样品前 3 周的充放电曲线如图 7-19（b）所示，结果表明，其放电和充电比容量均低于 $Co_3O_4$-350 样品。

为了研究气相处理对 $Co_3O_4$ 循环性能的影响，在电压范围为 $0.01 \sim 3$V、电流密度为 $0.1$A$\cdot$g$^{-1}$ 的条件下，将 $Co_3O_4$-AP 和 $Co_3O_4$-350 循环 50 个周期，如图 7-20（a）所示。此外，为明确表面改性影响 $Co_3O_4$ 电化学性能的关键原因，基于之前 TG 的分析结果，通过物理混合质量分数为 $93.4\%$ 的 $Co_3O_4$ 和 $6.6\%$ 的 CoO（样品命名为 $Co_3O_4$-CoO）进行对比实验。在同样的实验参数下进行了循环稳定性的测试，如图 7-20（a）。从图中可以看出，与另外两个样品相比，在

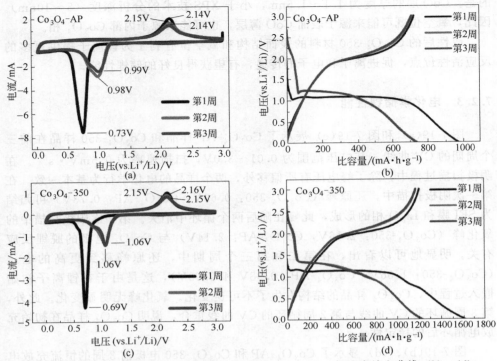

图 7-19　$Co_3O_4$-AP 和 $Co_3O_4$-350 的 CV 曲线（a）、（c）；恒流充放电曲线（b）、（d）

50 个周期内，$Co_3O_4$-350 表现出更高的比容量，虽然比容量有下降趋势，但 50 周循环后，可逆比容量仍保持最高，达到 1049.5mA·h·g$^{-1}$。而 $Co_3O_4$-AP 样品虽然循环性能保持稳定，后期稍有上升趋势，但 50 周后可逆比容量仍只有 705.3mA·h·g$^{-1}$。$Co_3O_4$-CoO 样品 50 周后可逆比容量为 933.1mA·h·g$^{-1}$，高于 $Co_3O_4$-AP，但仍低于 $Co_3O_4$-350 的可逆比容量，说明 $Co_3O_4$-350 样品更高的可逆比容量归功于其独特的 $Co_3O_4$-CoO 界面结构和缺陷化学（氧空位），其共同存在为锂离子提供了更多的反应活性位点。图 7-20(b) 显示了 3 种材料在 0.1~5.0A·g$^{-1}$ 的不同电流密度下的倍率性能。从图中可见，在所有电流密度下，$Co_3O_4$-350 样品都表现出最高的比容量，在 0.1A·g$^{-1}$、0.5A·g$^{-1}$、1.0A·g$^{-1}$ 和 5.0A·g$^{-1}$ 的电流密度下，比容量分别为 1075.5mA·h·g$^{-1}$、1013.2mA·h·g$^{-1}$、1016.7mA·h·g$^{-1}$ 和 807.9mA·h·g$^{-1}$；随着电流密度的增加，$Co_3O_4$-350 样品比容量只有轻微衰减；而且经过 40 个循环后，当电流密度恢复到初始的 0.1A·g$^{-1}$ 时，$Co_3O_4$-350 样品可以恢复到原始的比容量。以上结果表明，表面改性和缺陷化学对提高材料比容量和倍率性能都具有积极的影响。

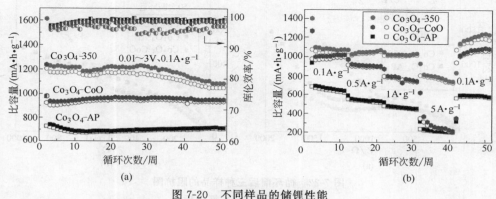

图 7-20　不同样品的储锂性能
(a) 循环性能；(b) 倍率性能

　　循环试验 50 次后，$Co_3O_4$-350 和 $Co_3O_4$-AP 样品的形貌用 SEM 观察表征（图 7-21），相比于 $Co_3O_4$-AP，改性后的样品能更好地保持立方体结构，没有明显破碎，表明样品结构的稳定性。

图 7-21　循环测试后 SEM 图
(a) $Co_3O_4$-AP 样品；(b) $Co_3O_4$-350 样品

　　为进一步理解三种样品的电化学行为，研究了其循环前 [图 7-22(a)] 和循环后 [图 7-22(b)] 的阻抗变化。从图中可以看出，所有阻抗图都在中高频区域呈现一个半圆，在低频区域呈现一条斜线，分别对应于材料内部的电荷转移和锂离子扩散过程。采用图 7-22(a) 插图中所示的等效电路对交流阻抗谱进行建模，得到阻抗参数（表 7-3）。从表中可知，$Co_3O_4$-350 循环前后都具有更小的阻抗，因而在锂离子迁移上具有更加高效的表现。

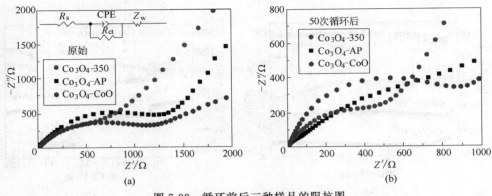

图 7-22  循环前后三种样品的阻抗图
（a）循环前；（b）循环后

表 7-3  三种样品循环前后的动力学阻抗参数

| 样品 | $R_s/\Omega$ | CPE/F | $R_{ct}/\Omega$ | $Z_w/\Omega$ |
|---|---|---|---|---|
| $Co_3O_4$-350 循环前 | 1.82 | $2.87 \times 10^{-5}$ | 1048 | 3019 |
| $Co_3O_4$-AP 循环前 | 9.61 | $8.36 \times 10^{-5}$ | 2264 | 17074 |
| $Co_3O_4$-CoO 循环前 | 3.89 | $1.87 \times 10^{-5}$ | 1235 | 2709 |
| $Co_3O_4$-350 循环后 | 0.70 | $1.14 \times 10^{-5}$ | 805.9 | 2666 |
| $Co_3O_4$-AP 循环后 | 0.86 | $1.99 \times 10^{-5}$ | 1281 | 4651 |
| $Co_3O_4$-CoO 循环后 | 2.55 | $1.53 \times 10^{-5}$ | 1140 | 2680 |

## 7.2.4  电化学储钠性能

为了研究 $Co_3O_4$-350 和 $Co_3O_4$-AP 的储钠性能，进行了循环和倍率性能测试，如图 7-23 所示。图 7-23（a）显示了在电流密度为 $0.025A \cdot g^{-1}$、电压范围为 $0.01 \sim 3V$、循环 50 周条件下 2 种材料的性能对比图。在前几个周期的循环中，比容量都有明显衰减，这与 SEI 膜的形成以及转化反应过程中的结构重组有关。相比之下，$Co_3O_4$-AP 比容量下降的趋势更为严重，经过 10 个周期后，$Co_3O_4$-350 和 $Co_3O_4$-AP 样品的可逆比容量分别为 $258.2mA \cdot h \cdot g^{-1}$ 和 $121.4mA \cdot h \cdot g^{-1}$，而经过 20 个周期后，可逆比容量分别为 $151.9mA \cdot h \cdot g^{-1}$ 和 $51.3mA \cdot h \cdot g^{-1}$。50 次循环后，可逆比容量分别下降到 $80.9mA \cdot h \cdot g^{-1}$ 和 $27.2mA \cdot h \cdot g^{-1}$。$Co_3O_4$-350 更高的可逆比容量和更优异的循环稳定性可能与存在的氧缺陷和表面生成的 CoO 层有关，其提供了更多的电化学活性位点，促进了电子的快速迁移。

图 7-23（b）显示了 $Co_3O_4$-350 和 $Co_3O_4$-AP 的倍率性能曲线，在电流密度为 $0.025A \cdot g^{-1}$、$0.125A \cdot g^{-1}$、$0.25A \cdot g^{-1}$ 和 $0.5A \cdot g^{-1}$ 条件下，$Co_3O_4$-AP 样品的可逆比容量分别为 $311.2mA \cdot h \cdot g^{-1}$、$70.9mA \cdot h \cdot g^{-1}$、$32.1mA \cdot h \cdot g^{-1}$、$17.3mA \cdot h \cdot g^{-1}$，而 $Co_3O_4$-350 样品的可逆比容量分别为 $559.8mA \cdot h \cdot g^{-1}$、$247.9mA \cdot h \cdot g^{-1}$、$127.4mA \cdot h \cdot g^{-1}$、$73.3mA \cdot h \cdot g^{-1}$，相比于 $Co_3O_4$-AP 样品，可逆比容量增加了。结果表明，表面改性和缺陷调控可以显著改善钠离子的储存性能。

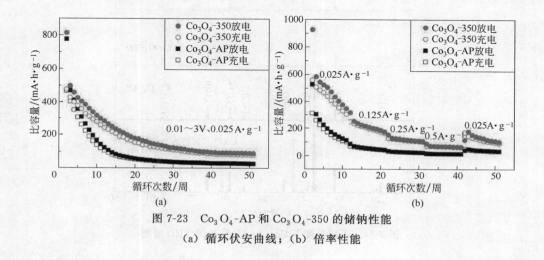

图 7-23　$Co_3O_4$-AP 和 $Co_3O_4$-350 的储钠性能
（a）循环伏安曲线；（b）倍率性能

## 7.2.5　表面改性和化学缺陷定量的分析

### 7.2.5.1　结构及形貌分析

为了进一步研究改性条件对材料电化学性能的影响，对 $Co_3O_4$-AP 样品在氩气气氛中进行了不同温度（300℃、400℃、450℃和550℃）的退火，用 XRD 分析了其晶体结构（图 7-24）。在 300℃时，未检测到 CoO 的特征衍射峰；随着退火温度的升高，$Co_3O_4$ 峰逐渐减弱，CoO 峰逐渐出现。$Co_3O_4$-400 和 $Co_3O_4$-450 样品中有 $Co_3O_4$ 和 CoO 的峰。在 550℃下，只检测到 CoO 相关的峰，没有 $Co_3O_4$ 衍射峰，表明 $Co_3O_4$ 已完全转化为 CoO（样品记为 CoO-550）。

在前面的分析中，用热重分析估算出了 $Co_3O_4$-350 中 CoO 的含量，同样，为了确定 $Co_3O_4$-400 以及 $Co_3O_4$-450 中 CoO 的含量，做了相同的热重分析（TGA）。图 7-25（a）、（b）分别为 $Co_3O_4$-400 和 $Co_3O_4$-450 样品的热重曲线，在温度区间为 300～600℃下，两个样品的质量增加百分率分别为 0.86％和

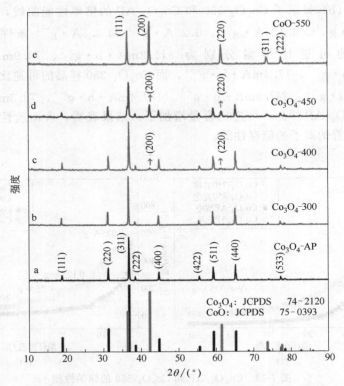

图 7-24  不同温度下 $Co_3O_4$-AP 样品的 XRD 谱图

2.12%，可以估算出 CoO 的质量分数分别为 12.9% 和 31.8%。这也证实了材料中 CoO 的含量随退火温度的升高而增加。

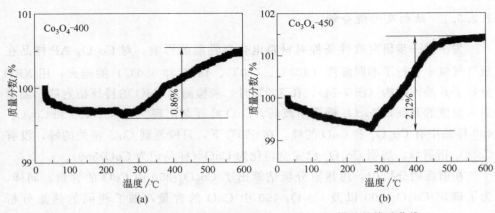

图 7-25  (a) $Co_3O_4$-400 样品和 (b) $Co_3O_4$-450 样品的热重曲线

另外，通过设计定量 XRD 相分析实验，估算了复合样品（$Co_3O_4$-350、$Co_3O_4$-400、$Co_3O_4$-450）中的相组成。为此，将 $Co_3O_4$ 和 CoO 粉末按 CoO 质量分数为 5％、10％、20％、40％、60％混合制备了一系列标准样品，混合样品的 XRD 图谱如图 7-26 所示。使用特征峰 CoO（200）峰和 $Co_3O_4$（220）峰作为参考强度比来分析，两个峰（绝对强度和积分面积）的比值与 CoO 质量分数之间的关系如图 7-27(a) 所示，以此为参考，估计了复合样品的相组成。通过计算 $Co_3O_4$-350、$Co_3O_4$-400 和 $Co_3O_4$-450 复合样品特征峰 CoO（200）峰和 $Co_3O_4$（220）峰的绝对强度比，再对照图 7-27(a)，可以估算出 CoO 的质量分数分别为 3％、4.2％和 29.8％；用复合样品的积分面积比对照图 7-27(a)，又得到一组数据，CoO 的质量分数分别为 2％、5.9％和 36.7％；结合 TG 得到的数据（6.6％、12.9％和 31.8％）得到了三组关于 CoO 质量分数的数据，为了分析这三组数据之间的联系，做出了复合样品与 CoO 质量分数之间的关系图 ［图 7-27(b)］。图 7-27(b) 中的三条曲线分别对应 TG 分析、绝对峰强分析和积分面积分析。三种方法分析的复合样品中 CoO 的质量分数均表现为随着退火温度的升高，CoO 含量增加。

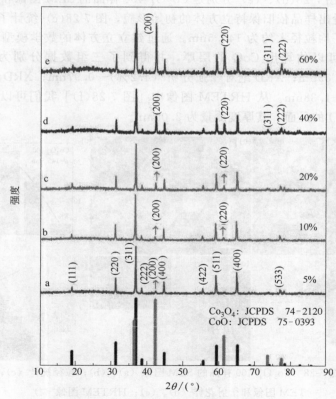

图 7-26　混合样品的 XRD 图谱

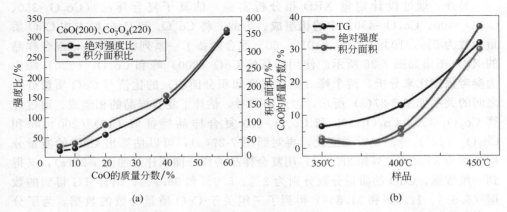

图 7-27 （a）特征峰比值与 CoO 质量分数的关系；（b）复合样品中 CoO 相的质量分数

为了对复合样品中 CoO 的层厚有更直接的观测，又分别对 $Co_3O_4$-400 和 $Co_3O_4$-450 进行了 SEM 分析和 TEM 分析，如图 7-28 和图 7-29 所示。图 7-28（a）、（b）和图 7-28（d）、（e）分别是 $Co_3O_4$-400 样品的 SEM 图像和 TEM 图像，从图中可以看出样品依旧保持立方体的初始形貌，图 7-28（c）统计了该样品的粒径分布，其平均粒径大约为 145.5nm。通过建立立方体的数学模型，结合 CoO 的质量分数可以估算出 CoO 的层厚，并得到了三组数据分别为：TG 分析（12.9%）—3.09nm；XRD 绝对峰强分析（4.2%）—0.97nm；XRD 积分面积分析（5.9%）—1.38nm。从 HRTEM 图像中［图 7-28（f）］我们可以看出，表面有对应于 CoO 的晶面，其厚度测量为 2.05nm。

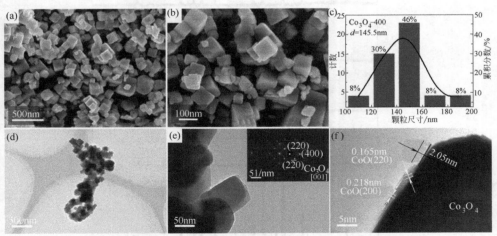

图 7-28　$Co_3O_4$-400 样品的 SEM 图像（a）、（b）；粒径统计（c）；
TEM 图像和衍射花样（d）、（e）；HRTEM 图像（f）

同样，图 7-29 展示了 $Co_3O_4$-450 样品的 SEM 和 TEM 图像，图 7-29（a）、（b）和图 7-29（d）、（e）显示样品保持立方体形貌，且从纳米粒子的粒径分布［图 7-29（c）］统计出平均粒径大约为 138.8nm。和上述计算方法类似，可以得到 CoO 层厚，分别为：TG 分析（31.8%）—7.91nm；XRD 绝对峰强分析（29.8%）—7.34nm；XRD 积分面积分析（36.7%）—9.36nm。从 HRTEM 图像中［图 7-29（f）］，可以观察到表面有 CoO 晶面，其厚度测量为 4.13nm。

$Co_3O_4$-350 样品的平均粒径为 153.1nm，用同样的方法也可以估算出 $Co_3O_4$-350 的 CoO 层厚，分别为：TG 分析（6.6%）—1.62nm；XRD 绝对峰强分析（3%）—0.73nm；XRD 积分面积分析（2%）—0.48nm；HRTEM 分析—1.13nm。综上所述，可以得到复合样品中 CoO 层的厚度大小统计，如表 7-4 所示。可见，随着煅烧温度的升高，CoO 层的厚度不断增加。

图 7-29　$Co_3O_4$-450 样品的 SEM 图（a）、（b）；粒径统计（c）；
TEM 图像和衍射花样（d）、（e）；HRTEM 图（f）

表 7-4　复合样品的 CoO 层厚度

| 分析方法 | $Co_3O_4$-350 | $Co_3O_4$-400 | $Co_3O_4$-450 |
|---|---|---|---|
| TG | 1.62nm(6.6%) | 3.09nm(12.9%) | 7.91nm(31.8%) |
| XRD(绝对峰强度) | 0.73nm(3%) | 0.97nm(4.2%) | 7.34nm(29.8%) |
| XRD(积分面积) | 0.48nm(2%) | 1.38nm(5.9%) | 9.36nm(36.7%) |
| HRTEM | 1.13nm | 2.05nm | 4.13nm |

为了分析不同温度下退火得到的材料的氧空位以及元素价态的变化，对样品 $Co_3O_4$-300、$Co_3O_4$-400 和 $Co_3O_4$-450 分别进行了 XPS 分析，如图 7-30 所示。结合之前对原始样品 $Co_3O_4$-AP 以及 $Co_3O_4$-350 的 XPS 分析，总结出不同样品

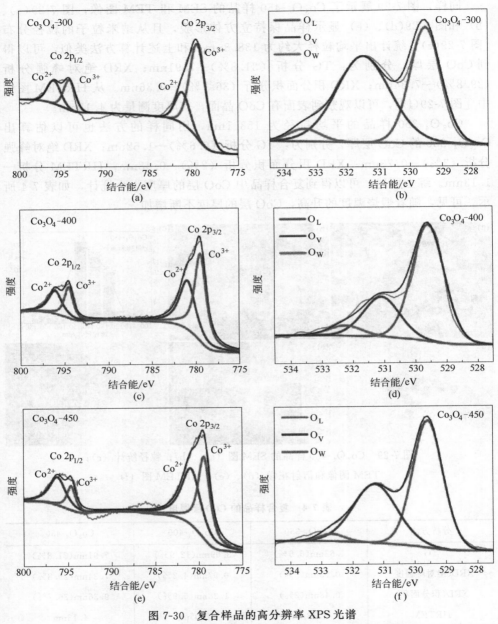

图 7-30　复合样品的高分辨率 XPS 光谱
(a)、(c) 和 (e) Co 2p 区域；(b)、(d) 和 (f) O 1s 区域

的 $O_V/O_L$ 比值和 $Co^{2+}/Co^{3+}$ 比值，如图 7-31 所示。图中展示了不同样品缺陷氧与晶格氧比值（$O_V/O_L$）的点阵图以及 $Co^{2+}/Co^{3+}$ 的点阵图。从 Co 的价态

变化来看，$Co^{2+}/Co^{3+}$ 的比值从 $Co_3O_4$-AP 的 0.58 到 $Co_3O_4$-450 的 1.25 稳定上升，说明在非氧环境中退火后，$Co^{2+}$ 的比例持续增加。从而验证了随着退火温度的升高，CoO 的含量越来越多。此外，随着退火温度从 300℃ 升高到 400℃，与氧空位相关的 $O_V/O_L$ 的比值开始增大，然后减小。这意味着可以在较低的退火温度下产生氧空位或缺陷，并在较高的温度下氧空位含量下降。当煅烧温度进一步提高到 450℃ 时，曲线有所上升，缺陷氧与晶格氧的比值略有增加，这可能是由于随着煅烧温度的上升，$Co_3O_4$ 表面的 CoO 越来越多，而在 CoO 层中晶格氧较少，所以曲线有了小幅度的上升。

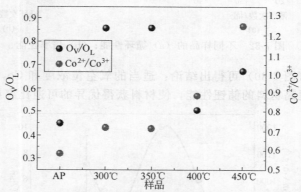

图 7-31　不同样品中 $O_V/O_L$ 的比值和 $Co^{2+}/Co^{3+}$ 的比值

### 7.2.5.2　电化学储锂性能

对不同温度下制得的样品进行电化学研究（图 7-32）。5 个样品在 $0.1A \cdot g^{-1}$ 的电流密度、$0.01 \sim 3V$ 的电压下进行了 50 个循环的测试 [图 7-32 (a)]。在所有样品中，$Co_3O_4$-350 样品的循环性能最好。$Co_3O_4$-300 的可逆比容量（$1002.9mA \cdot h \cdot g^{-1}$）高于 $Co_3O_4$-AP 样品，这可能是由于晶体结构的改善和更多的氧空位（图 7-32）。$Co_3O_4$-400 是稳定的，但其可逆比容量（$911.7mA \cdot h \cdot g^{-1}$）略低于 $Co_3O_4$-300 样品，而 $Co_3O_4$-450 的稳定性最差，在 50 个周期内可逆比容量从 $925mA \cdot h \cdot g^{-1}$ 迅速下降到 $455.8mA \cdot h \cdot g^{-1}$。相比之下，$Co_3O_4$-350 样品保持 $1049.5mA \cdot h \cdot g^{-1}$ 的高比容量，有着出色的循环稳定性。图 7-32（b）展现了 5 个样品在电流密度为 $0.1A \cdot g^{-1}$、$0.5A \cdot g^{-1}$、$1A \cdot g^{-1}$、$5A \cdot g^{-1}$ 条件下的倍率性能图。从图中可以看出，$Co_3O_4$-350 样品有着出色的大电流充放电性能，在电流密度为 $5A \cdot g^{-1}$ 时，比容量仍可达到 $807.9mA \cdot h \cdot g^{-1}$，远高于其他样品。

图 7-33 总结了退火温度、CoO 层厚度与样品可逆比容量之间的关系。结合

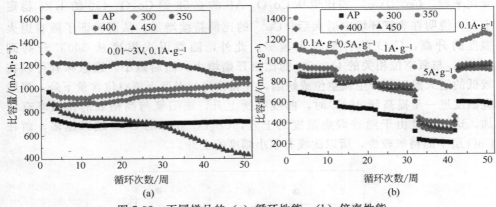

图 7-32　不同样品的 (a) 循环性能；(b) 倍率性能

氧空位的变化（图 7-30）可得出结论：适当的氧空位浓度和 $Co_3O_4$ 表面的 CoO 层厚度有助于提高材料的储锂性能，使材料获得优异的可逆比容量和倍率性能。

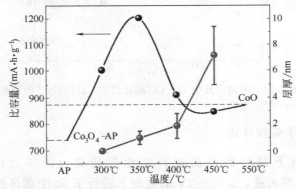

图 7-33　退火温度与 CoO 层厚度和可逆比容量的关系

基于以上的实验和理论分析，$Co_3O_4$-350 良好的储锂性能可以归为以下原因：

（1）CoO 薄层的产生有效地防止了材料与电解液直接接触，从而避免了可能产生的副反应，这对电极的循环稳定性至关重要；

（2）$Co_3O_4$-CoO 界面有利于在转化反应过程中形成分布式金属纳米粒子和锂二元复合基体，有利于更多锂离子的存储，诱导产生更高的可逆比容量；

（3）$Co_3O_4$-CoO 界面与氧空位共同作用，使得材料表面电荷分布不平衡，从而形成内建电场，显著改善锂离子的迁移速率；同时，材料表面氧空位的存在可以提高材料的固有电导率，有利于离子和电子的运输，从而提高材料的电化学性能。

## 7.3　液相处理改性

### 7.3.1　立方体 $Co_3O_4$ 的 $NaBH_4$ 液相改性研究

在前期的工作中，采用激光辐照改性、气相环境中退火处理的方式，通过构筑缺陷和界面，在 $Co_3O_4$ 纳米结构表面形成了 $CoO$ 层，同时生成了大量的氧空位，最终使材料表现出了优异的电化学性能。而在高性能电极的设计和合成中，区分氧空位和界面在性能增强中的个体作用具有重要意义。本节研究了液相处理方法，采用化学还原法在 $NaBH_4$ 溶液中对 $Co_3O_4$ 纳米粒子进行了改性研究。通过改变 $NaBH_4$ 溶液的浓度，从而控制氧空位及其含量。

#### 7.3.1.1　材料制备

将 $Co(NO_3)_2 \cdot 6H_2O$（0.04mol）、$NaOH$（0.01mol）充分溶解于 40mL $H_2O$ 中，将混合溶液放入内衬为聚四氟乙烯的不锈钢高压釜中（100mL），在均相反应器里 180℃反应 5h，自然冷却至室温后，分别用去离子水和无水乙醇洗涤数次，然后放入 60℃恒温干燥箱中干燥 12h，得到最终的立方体原始样品（以下称为 $Co_3O_4$-AP）。

对于 $NaBH_4$ 溶液处理，将 0.5g 的 $Co_3O_4$-AP 样品放入新鲜制备的、不同浓度（5mmol·$L^{-1}$、10mmol·$L^{-1}$、100mmol·$L^{-1}$、1mol·$L^{-1}$）的 $NaBH_4$ 溶液中（100mL）。在 30min 的反应过程中，用玻璃棒连续搅拌混合物；反应完成后离心收集沉淀物，分别用去离子水和无水乙醇连续洗涤数次。最后在 60℃的干燥箱中干燥 12h。将处理后的样品命名为 $Co_3O_4$-S（S＝5mmol·$L^{-1}$、10mmol·$L^{-1}$、100mmol·$L^{-1}$、1mol·$L^{-1}$）。

#### 7.3.1.2　材料结构及形貌分析

为了确定反应前后 $Co_3O_4$ 的物相结构和组成变化，对原始样品（$Co_3O_4$-AP）以及处理后样品（$Co_3O_4$-5mmol·$L^{-1}$、$Co_3O_4$-10mmol·$L^{-1}$、$Co_3O_4$-100mmol·$L^{-1}$、$Co_3O_4$-1mol·$L^{-1}$）进行了 XRD 测试。如图 7-34 所示，$Co_3O_4$-AP 样品所有的衍射峰都与尖晶石 $Co_3O_4$ 相的标准卡片（JCPDS 74-2120）相吻合，没有观察到任何杂峰，表明反应前的物相是纯相。在 $NaBH_4$ 溶液中进行化学还原处理后的样品中，也没有检测到杂质相的峰。但经过处理的 $Co_3O_4$ 样品，随着 $NaBH_4$ 溶液浓度的增大，峰强越来越弱，说明随着反应溶液 $NaBH_4$ 浓度的增大，样品的结晶性变得越来越差。

图 7-35 显示了样品不同放大倍数的 SEM 图和粒径分布。从图中可知，

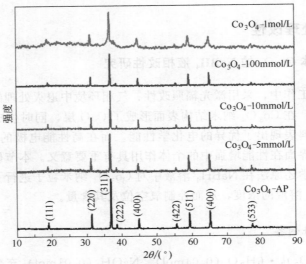

图 7-34　五个样品的 XRD 谱图

$Co_3O_4$-AP 试样表面光滑，呈典型的立方体形貌；平均粒径约为 210nm［图 7-35（a）~（c）］。经 $NaBH_4$ 溶液（5mmol·$L^{-1}$~1mol·$L^{-1}$）处理后，$Co_3O_4$ 样品保持了相同粒径范围（约 210~230nm）的立方体形态。从 SEM 图像可以分析出，随着反应溶液 $NaBH_4$ 浓度的增加，纳米材料表面粗糙度逐渐增大。在较低的 $NaBH_4$ 浓度（5mmol·$L^{-1}$）下，粒子依旧保持光滑的表面［图 7-35（e）］，当 $NaBH_4$ 浓度为 10mmol·$L^{-1}$ 时，表面变得粗糙［图 7-35（h）］，当 $NaBH_4$ 浓度继续增大（100mmol·$L^{-1}$ 和 1mol·$L^{-1}$），如图 7-35（k）和图 7-35（n）所示，一些超薄纳米片形成并附着在立方体纳米颗粒的表面。

　　利用 TEM 进一步研究了样品纳米粒子的微观结构，如图 7-36 所示。低放大倍数的 TEM 图像表明，与 $NaBH_4$ 溶液反应前后的 $Co_3O_4$ 纳米粒子都是由均匀的纳米立方体颗粒组成。$Co_3O_4$-AP 纳米粒子表面干净光滑，而液相处理后的纳米粒子随着 $NaBH_4$ 浓度的增加表面变得粗糙。在 $Co_3O_4$-100mmol·$L^{-1}$ 和 $Co_3O_4$-1mol·$L^{-1}$ 样品中［图 7-36（k）和图 7-36（n）］，可以清晰地看到立方体表面的纳米片，这一结果与 SEM 图像分析结果一致。在选区电子衍射图［图 7-36（b）、（e）、（h）、（k）、（n）插图］中可观察到样品中的每个立方体都是单晶。从单个立方体的边缘区域获得的高分辨率 TEM（HRTEM 图）图中可以看到从样品内部到表面的清晰晶格条纹，且每个样品测量出的晶格间距皆对应于 $Co_3O_4$ 相的（220）和（400）晶面。此外，HRTEM 图像中没有明显的表面层。形成的分层结构是由 $NaBH_4$ 溶液中瞬时形成的 $H_2$ 气泡引起的。$H_2$ 气泡的持续生成，并不断作用于 $Co_3O_4$ 纳米粒子，是诱导立方体纳米粒子表面形成纳米薄片的主要原因。

图 7-35 (a)~(c) Co₃O₄-AP; (d)~(f) Co₃O₄-5mmol・L⁻¹;
(g)~(i) Co₃O₄-10mmol・L⁻¹; (j)~(l) Co₃O₄-100mmol・L⁻¹;
(m)~(o) Co₃O₄-1mol・L⁻¹ 的 SEM 图和粒径分布

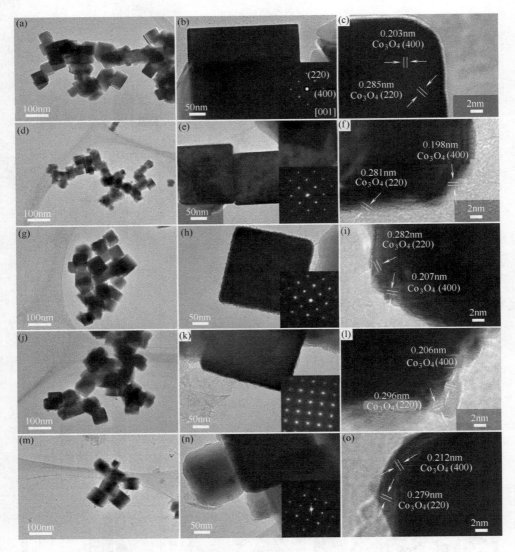

图 7-36 (a)~(c) $Co_3O_4$-AP、(d)~(f) $Co_3O_4$-5mmol·$L^{-1}$、
(g)~(i) $Co_3O_4$-10mmol·$L^{-1}$、(j)~(l) $Co_3O_4$-100mmol·$L^{-1}$、
(m)~(o) $Co_3O_4$-1mol·$L^{-1}$ 的 TEM、HRTEM 以及衍射花样图像

图 7-37 为 $Co_3O_4$ 样品中 Co 2p 和 O 1s 的高分辨率 XPS 光谱。如图 7-37(a) 所示，Co 2p 由四个峰组成：780eV、782eV、795eV、797eV。其中 780eV 和 795eV 对应于 $Co^{3+}$，其他两个拟合峰归属于 $Co^{2+}$。此外，在约 786eV 和 804eV 的结合能处有两个卫星峰（记为"sat"），这是 $Co_3O_4$ 材料的典型特征。图

7-37(b) 显示 O 1s 的拟合峰为 529.7eV、531.2eV、532.8eV，分别对应于晶格氧（$O_L$）、氧空位（$O_V$）和水分子中氧原子（$O_W$）。

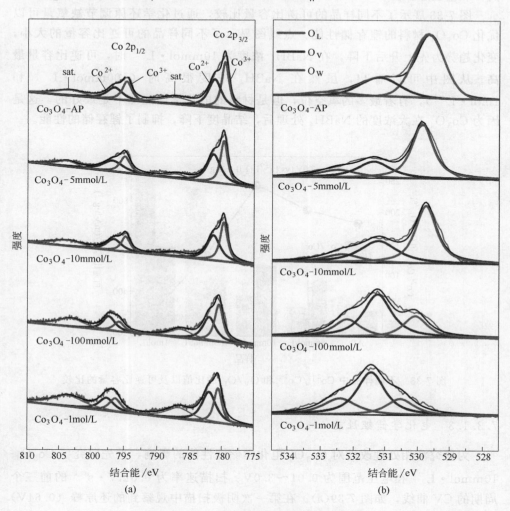

图 7-37　五个样品的高分辨率 XPS 光谱

(a) Co 2p 区域；(b) O 1s 区域

$Co^{2+}$ 与 $Co^{3+}$ 的比例可以通过估算 Co 2p 光谱中相应的积分面积来计算，如图 7-37 所示。定量研究表明，$Co^{2+}/Co^{3+}$ 值从 0.92（$Co_3O_4$-5mmol·$L^{-1}$）增加到 1.17（$Co_3O_4$-100mmol·$L^{-1}$）和 1.44（$Co_3O_4$-1mol·$L^{-1}$），说明 $NaBH_4$ 溶液处理后 $Co^{2+}$ 增加了。可能的原因是 $NaBH_4$ 溶液将部分 $Co^{3+}$ 还原为 $Co^{2+}$。另外，$O_V/O_L$ 比值从 $Co_3O_4$-5mmol·$L^{-1}$ 的 0.48 增加到 $Co_3O_4$-

100mmol $\cdot$ L$^{-1}$ 的 2.39 和 Co$_3$O$_4$-1mol $\cdot$ L$^{-1}$ 的 2.67，说明 NaBH$_4$ 溶液浓度越高，氧空位越多。

图 7-38 展示了不同样品的可逆比容量比较，通过化学还原调节缺氧量可以优化 Co$_3$O$_4$ 材料的锂存储性能。点线图显示了不同样品的可逆比容量的大小，变化趋势为先上升后下降，在 NaBH$_4$ 浓度为 10mmol $\cdot$ L$^{-1}$ 时，可逆比容量最高。从图中可以看出，虽然在 NaBH$_4$ 浓度很高时（100mmol $\cdot$ L$^{-1}$ 和 1mol $\cdot$ L$^{-1}$），有着最多的氧空位，但是材料的电化学性能却不是最好的，这是因为 Co$_3$O$_4$ 在大浓度的 NaBH$_4$ 处理后，结晶度下降，抑制了锂存储的性能。

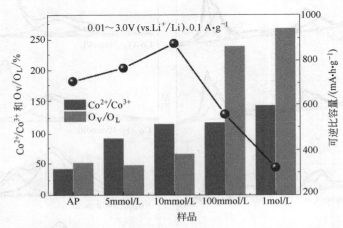

图 7-38  不同样品中 Co$^{2+}$/Co$^{3+}$ 和 O$_V$/O$_L$ 的比值以及可逆比容量的比较

### 7.3.1.3  电化学储锂性能

为研究液相处理改性对 Co$_3$O$_4$ 电化学储锂性能的影响，首先研究了 Co$_3$O$_4$-10mmol $\cdot$ L$^{-1}$ 在电压范围为 0.01～3.0V、扫描速率为 0.5mV $\cdot$ s$^{-1}$ 的前三个周期的 CV 曲线，如图 7-39(a)。在第一次阴极扫描中观察到的还原峰（0.64V）在接下来的两个周期中消失，其主要原因在于 SEI 膜和 Li$_2$O 相的形成。在第一次阳极扫描中，位于 2.17V 的氧化峰与 Co$_3$O$_4$ 电极的脱锂反应有关。在第 2、3 周，还原峰转移到更高的电位（1.03V），这是由于锂离子在首周循环后，Co$_3$O$_4$ 结构发生了不可逆的变化，而氧化峰基本没有变化。在随后的两个循环中，CV 曲线重合良好，说明 Co$_3$O$_4$ 电极在初始充放电循环后能保持良好的结构稳定性。

图 7-39(b) 为前三个周期 Co$_3$O$_4$-10mmol/L 电极的恒电流充放电曲线，电压范围为 0.01～3.0V，电流密度为 0.1A $\cdot$ g$^{-1}$。在第一次放电过程中，在约

1.1V 处出现了典型的电压平台，这一现象与 $Co_3O_4$ 电极的转换反应和 SEI 膜的形成有关。在充电过程中，电压在约 2.0V 时出现平台，这与 $Co_3O_4$ 电极的氧化反应有关。第 2 周和第 3 周充放电过程趋于稳定，与 CV 变化趋势一致。首次充、放电比容量为 890.2mA·h·$g^{-1}$/1192.1mA·h·$g^{-1}$，初始库伦效率为 74.7%。不可逆比容量损失是由在第一次放电过程中生成 SEI 膜和电解液分解造成的。

图 7-39(c) 比较了在电流密度为 0.1A·$g^{-1}$ 的条件下，循环 50 周不同电极的循环性能。从图中可见，$Co_3O_4$-10mmol/L 电极表现出最佳的循环性能和最高的比容量。50 个周期后，$Co_3O_4$-10mmol/L 电极的可逆比容量达到 873.5mA·h·$g^{-1}$，高于 $Co_3O_4$-5mmol·$L^{-1}$（764.3mA·h·$g^{-1}$）、$Co_3O_4$-AP（705.3mA·h·$g^{-1}$）、$Co_3O_4$-100mmol·$L^{-1}$（559.7mA·h·$g^{-1}$）、$Co_3O_4$-1mol·$L^{-1}$（322.3mA·h·$g^{-1}$）。

图 7-39(d) 显示了所制备的电极的倍率性能，其中 $Co_3O_4$-10mmol·$L^{-1}$ 在所有电流密度下都表现出最高的比容量。在电流密度为 0.1A·$g^{-1}$、0.5A·$g^{-1}$、1A·$g^{-1}$ 和 5A·$g^{-1}$ 条件下，$Co_3O_4$-10mmol·$L^{-1}$ 电极的可逆比容量分别为

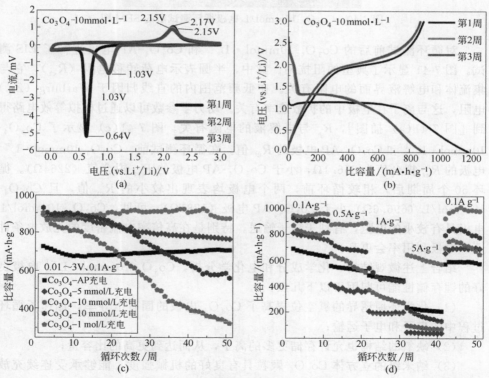

图 7-39　(a) $Co_3O_4$-10mmol·$L^{-1}$ 电极的 CV 曲线；(b) $Co_3O_4$-10mmol·$L^{-1}$ 电极的充放电曲线；(c) 五个电极的循环性能曲线；(d) 五个电极的倍率性能曲线

$954.1mA \cdot h \cdot g^{-1}$、$886.2mA \cdot h \cdot g^{-1}$、$831.5mA \cdot h \cdot g^{-1}$ 和 $569.1mA \cdot h \cdot g^{-1}$。当电流密度在 40 个循环后回到初始的 $0.1A \cdot g^{-1}$ 时，$Co_3O_4$-10mmol $\cdot L^{-1}$ 电极的可逆比容量可以回到初始值。

为验证 $Co_3O_4$-10mmol/L 电极的结构稳定性，循环试验 50 周后，用 SEM 观察形貌，如图 7-40 所示。电极基本保持了原始形态，表明了其充放电循环过程中的结构稳定性。

图 7-40　$Co_3O_4$-10mmol/L 电极循环测试后的 SEM 图

对循环测试前后的 $Co_3O_4$-10mmol $\cdot L^{-1}$ 和 $Co_3O_4$-AP 电极进行了 EIS 测试。图 7-41 显示了典型的阻抗图。其中，半圆表示电荷转移电阻（$R_{ct}$），它与集流体和电解液界面的电阻有关。在低频范围内的直线归因于 Warburg（$Z_w$）电阻，这与离子在电极中的扩散速率有关。动力学参数可以通过模拟等效电路得到 [图 7-41（a）插图]，$R_s$ 与电解液的电阻有关。图 7-41（c）显示了 $Co_3O_4$-10mmol $\cdot L^{-1}$ 和 $Co_3O_4$-AP 电极的 $R_{ct}$ 值。在循环测试前，$Co_3O_4$-10mmol $\cdot L^{-1}$ 电极的 $R_{ct}$ 拟合值为 $856.1\Omega$，小于 $Co_3O_4$-AP 电极的 $R_{ct}$ 拟合值（$2264\Omega$）。循环 50 个周期后，相较循环前，两个电极均表现出较小的 $R_{ct}$ 值，且 $Co_3O_4$-10mmol/L（$696.6\Omega$）小于 $Co_3O_4$-AP 电极（$1281\Omega$）。可见，$Co_3O_4$-10mmol/L 电极具有较小的电阻，有利于离子输送，特别是在高倍率电流密度的充放电条件下，电极利用率会更高。

结合上述微观结构、化学成分和电化学分析，$Co_3O_4$-10mmol $\cdot L^{-1}$ 电极良好的锂存储性能可归因于以下几点：

（1）化学还原诱导的氧空位提高了 $Co_3O_4$ 电极的固有电导率，加速了循环过程中的离子和电子运输；

（2）缺氧的结构也允许存储更多的离子，从而达到更高的比容量；

（3）纳米级的立方体 $Co_3O_4$ 颗粒具有良好的机械强度，能够承受连续充放电过程中的体积变化，对保持晶体结构和材料循环稳定性具有重要的意义；

（4）进一步增加 $NaBH_4$ 溶液浓度（10mmol $\cdot L^{-1}$ 以上）会降低 $Co_3O_4$ 电

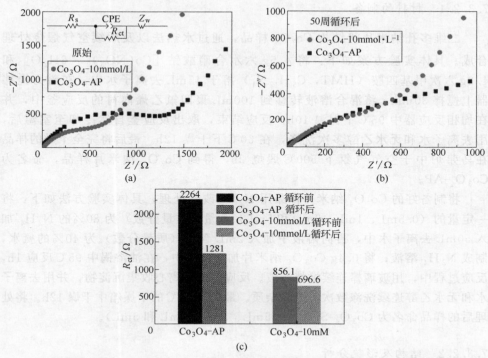

图 7-41　$Co_3O_4$-10mmol・$L^{-1}$ 和 $Co_3O_4$-AP 电极的阻抗曲线：（a）循环前；
（b）循环 50 周后；（c）循环前后 $R_{ct}$ 阻值的柱状图

极的结晶度，破坏循环稳定性和倍率性能。

　　因此，可以通过控制 $NaBH_4$ 的浓度调控氧空位和结晶度，对于设计和合成高性能电极具有重要意义。

## 7.3.2　$Co_3O_4$ 纳米片的 $N_2H_4$ 液相改性研究

　　设计和合成不同形貌结构的 $Co_3O_4$ 材料和复合导电材料是改善材料电化学性能的有效途径。二维（2D）纳米材料具有更大的比表面积；进一步在其中引入纳米缺陷，能深度加速电荷传递，保持电极结构的完整性，增强材料电化学活性。在之前的工作中，报道了不同的处理方法，例如激光辐照改性、气相环境中退火处理以及 $NaBH_4$ 还原处理，这些方法都有效地修饰了 $Co_3O_4$ 负极的缺陷和界面结构。$N_2H_4$ 作为一种强还原剂，在各类材料的合成中广泛应用。本实验将 $N_2H_4$ 用于 $Co_3O_4$ 的改性研究。与激光辐照、退火等方式相比，$N_2H_4$ 液相改性所需要的实验设备更简单，操作更简便。

#### 7.3.2.1 材料的制备

二维多孔纳米片状结构 $Co_3O_4$ 样品，通过水热法以及后续空气煅烧处理合成。具体实验方案如下：将 4.5g 六水合硝酸钴 $[Co(NO_3)_2 \cdot 6H_2O]$ 和 4.2g 六次甲基四胺（HMT，$C_6H_{12}N_4$）溶于 45mL 去离子水中，在磁力搅拌器上搅拌 30min。将混合溶液转移到 100mL 聚四氟乙烯内衬的反应釜中，并在均相反应器中 95℃下保温 10h；反应结束，取出反应釜自然冷却至室温后，用去离子水和无水乙醇多次洗涤，在 60℃下干燥 12h。最后将完全干燥的样品在马弗炉中于空气气氛下 500℃ 煅烧 2h，得到 $Co_3O_4$ 纳米片样品，命名为 $Co_3O_4$-AP。

将制备好的 $Co_3O_4$ 纳米片样品用 $N_2H_4$ 改性处理，具体实验方法如下：将一定量的（0.5mL、1mL、3mL 和 5mL）含量（质量分数）为 80% 的 $N_2H_4$ 加入 50mL 去离子水中，再向溶液中加入 2mL 含量（质量分数）为 40% 的氨水，制成 $N_2H_4$ 溶液；将 0.4g $Co_3O_4$ 纳米片加入溶液中，在油浴锅中 95℃反应 1h，反应过程中，用玻璃棒连续搅拌溶液。反应完成后离心收集沉淀物，并用去离子水和无水乙醇连续洗涤数次，去除杂质。最后在 60℃的干燥箱中干燥 12h。将处理后的样品命名为 $Co_3O_4$-S（S=0.5mL、1mL、3mL 和 5mL）。

#### 7.3.2.2 结构及形貌分析

用 XRD 对所有样品的晶体结构和物相组成进行了检测分析，其结果如图 7-42 所示。对于未处理的 $Co_3O_4$-AP 样品，在 31.3°、36.8°、44.8°、59.4°和 65.2°处的峰位与 $Co_3O_4$ 相标准卡片（JCPDS 74-2120）的（220）（311）（400）（511）和（440）晶面重合，没有检测到其他的衍射峰，表明样品是高纯度的。$Co_3O_4$-0.5mL、$Co_3O_4$-1mL 和 $Co_3O_4$-3mL 样品的衍射峰的峰位也与 $Co_3O_4$ 相标准卡片完全吻合，没有其他相的存在。$Co_3O_4$-5mL 样品除了与 $Co_3O_4$ 相的标准卡片（JCPDS 74-2120）峰位重合外，还存在另一个以 37.8°为中心的弱衍射峰，与 $Co(OH)_2$ 相标准卡片（JCPDS 74-1507）的（011）晶面完全吻合，证明 $Co(OH)_2$ 相的存在，对比其他样品的衍射峰，可以发现 $Co_3O_4$-5mL 样品中 $Co_3O_4$ 相主要峰位的峰强和峰宽都有所减弱，但在 19.0°的衍射峰明显增强，与 $Co(OH)_2$ 相标准卡片（JCPDS 14-7502）的（001）晶面吻合，以上分析证明了 $Co_3O_4$-5mL 样品中有 $Co(OH)_2$，从峰强和峰宽可以判断 $Co(OH)_2$ 相含量很低，并且晶粒尺寸较小。$Co(OH)_2$ 的生成是由于 $N_2H_4$ 的量增多，还原性增强，将 $Co^{3+}$ 还原成 $Co^{2+}$，而氨水的存在使溶液呈碱性，二者结合反应生成 $Co(OH)_2$。从整体来看，$N_2H_4$ 溶液处理对材料的结晶性影响不大。

从图 7-43(a)、(b) 的 SEM 图中可以看出，$Co_3O_4$-AP 样品为多孔纳米片形

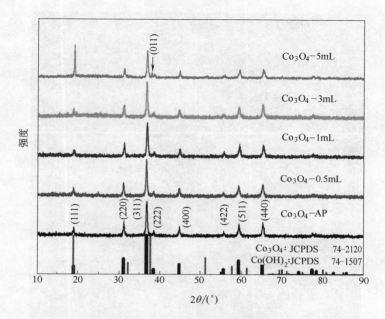

图 7-42　样品的 XRD 谱图

貌，厚度在 20nm 左右。如图 7-43（c）～（j）所示，经过 $N_2H_4$ 溶液处理后的样品形貌未发生变化，仍呈现出光滑表面的多孔纳米片形貌。

　　通过透射电子显微镜（TEM）进一步探究样品的微观结构。如图 7-44（a）、（b）、（d）、（e）所示，可以看到 $Co_3O_4$-AP 和 $Co_3O_4$-3mL 样品是由纳米粒子组成的多孔纳米片结构，孔径为几纳米到几十纳米不等，与图 7-43 中 SEM 图像的观测结果一致，液相处理后样品形貌未发生变化。选区电子衍射图［图 7-44（b）、（e）插图］表明，样品为多晶材料。

　　图 7-44（c）为 $Co_3O_4$-AP 样品的 HRTEM 图像，可观察到晶格条纹间距约为 0.153nm，与尖晶石 $Co_3O_4$ 相的（511）晶面相匹配，并且未发现其余物相的晶格条纹。从图 7-44（f）$Co_3O_4$-3mL 样品的 HRTEM 图像中测量出晶格条纹间距约为 0.204nm，其与尖晶石 $Co_3O_4$ 相的（400）晶面相匹配，同样未发现其余物相的晶格条纹，证实经过处理后 $Co_3O_4$-3mL 样品仍为 $Co_3O_4$ 纯相，与 XRD 的分析结果一致。通过 XRD、SEM 和 TEM 分析，可以证明经过 $N_2H_4$ 溶液处理，样品的形貌保持稳定且为单一纯相。

　　采用 XPS 进一步分析样品表面元素的电子状态和样品的局部化学环境。图 7-45（a）和图 7-45（b）分别展示了 $Co_3O_4$ 样品中 Co 2p 和 O 1s 区域的高分辨率 XPS 光谱。如图 7-45（a）所示，Co 2p 区域的高分辨率 XPS 光谱由 4 个拟合峰组成，分别为 779.9eV、781.5eV、795.0eV 和 796.8eV，其中 779.9eV 和

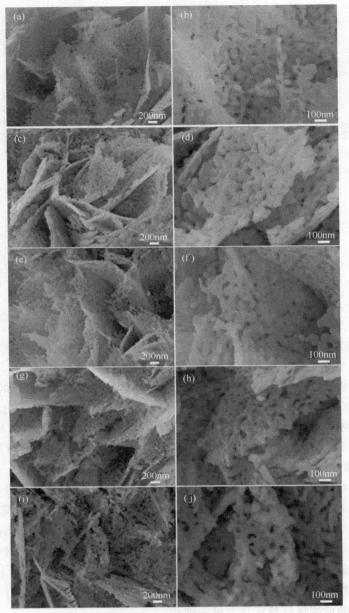

图 7-43　样品 (a)、(b) $Co_3O_4$-AP、(c)、(d) $Co_3O_4$-0.5mL、(e)、(f) $Co_3O_4$-1mL、
(g)、(h) $Co_3O_4$-3mL、(i)、(j) $Co_3O_4$-5mL 的 SEM 图像

795.0eV 的拟合峰属于 $Co^{2+}$，其他的拟合峰属于 $Co^{3+}$。此外，在约 787eV 和 804eV 的结合能下有 2 个卫星峰（记为"sat"），这是 $Co_3O_4$ 材料的典型特征。

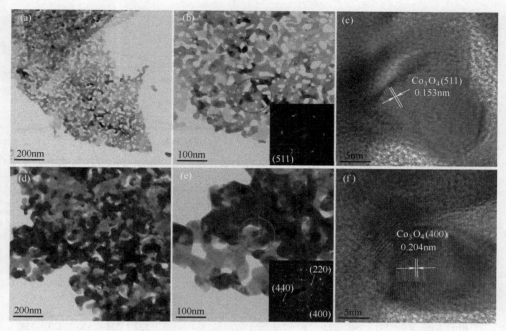

图 7-44　(a)～(c) $Co_3O_4$-AP 样品、(d)～(f) $Co_3O_4$-3mL 样品的 TEM、
HRTEM 图像及衍射花样图像

同样，O 1s 拟合为 529.8eV、530.9eV 和 533.4eV 3 个峰（以 $Co_3O_4$-0.5mL 为例），分别对应为晶格中的氧原子（$O_L$）、氧空位（$O_V$）以及在样品表面吸附的水分子中的氧原子（$O_W$）。

如图 7-45 所示，可以看出 $Co^{2+}/Co^{3+}$ 值与 $O_V/O_L$ 值发生了明显的变化。定量研究表明，$Co^{2+}/Co^{3+}$ 值从 0.76（$Co_3O_4$-AP）增加到 0.95（$Co_3O_4$-0.5mL）、0.95（$Co_3O_4$-1mL）、1.00（$Co_3O_4$-3mL）和 1.14（$Co_3O_4$-5mL），说明 $N_2H_4$ 溶液处理后 $Co^{2+}$ 增加，可能的原因是 $N_2H_4$ 溶液将部分 $Co^{3+}$ 还原为 $Co^{2+}$。另外，$O_V/O_L$ 值从 $Co_3O_4$-AP 的 0.50 增加到 $Co_3O_4$-0.5mL 的 1.33、$Co_3O_4$-1mL 的 1.42、$Co_3O_4$-3mL 的 1.66 以及 $Co_3O_4$-5mL 的 0.74，$O_V/O_L$ 值先增大后减小，随着 $N_2H_4$ 量增加，产生了更多的氧空位，$Co_3O_4$-5mL 样品中氧空位突然减少，可能是由于表面产生了 $Co(OH)_2$。

### 7.3.2.3　电化学储锂性能分析

图 7-46(a)、(c) 分别展示了两种样品在前三个周期的 CV 曲线，其电压范围为 0.01～3.0V，扫描速率为 0.5mV·$s^{-1}$。从图中可以看出，两种样品的循环伏安曲线具有相似的电化学特性。以图 7-46(c) $Co_3O_4$-3mL 样品为例，第 1

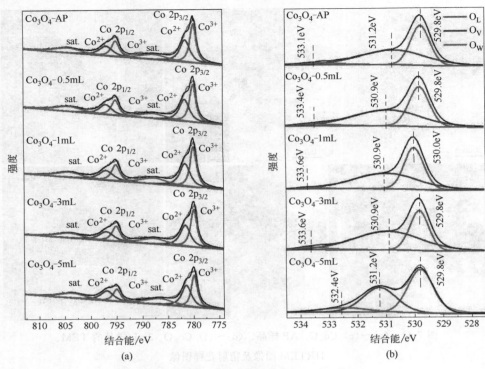

图 7-45　样品的高分辨率 XPS 光谱

(a) Co 2p 区域；(b) O 1s 区域

周循环过程中，在电压 0.65V 处有一个明显的还原峰，在随后的循环过程中消失，这主要与 $Li_2O$ 相和不可逆的固体电解质界面（SEI）膜的形成有关。在第 2 和第 3 周循环过程中，还原峰转移到更高的电位，分别位于 0.94V 和 0.91V；而且还原峰的强度降低，这与 $Co_3O_4$ 样品的不可逆结构变化有关。第 1 周的氧化峰出现在电压 2.11V，可归因于 $Co_3O_4$ 样品的脱锂反应，在随后的第 2 周与第 3 周，氧化峰在电压 2.08V 趋于稳定，说明样品的电化学性能在第 1 周形成不可逆 SEI 膜后趋于稳定。

图 7-46(b)、(d) 显示了 $Co_3O_4$-AP 和 $Co_3O_4$-3mL 样品前三个周期的恒流充放电曲线，测试在 $0.5A \cdot g^{-1}$ 的条件下进行。同样以 $Co_3O_4$-3mL 样品为例，第一个放电平台出现在 1.0V 处，呈现平稳状态，表示 $Co_3O_4$ 样品的锂化过程，包括形成 SEI 膜以及锂离子的嵌入。充电平台在电压 2.0V 处，与 CV 得到的结果一致。$Co_3O_4$-3mL 样品较 $Co_3O_4$-AP 样品充放电性能有明显提升，其初始放电和充电比容量分别为 $1133mA \cdot h \cdot g^{-1}$ 和 $883.1mA \cdot h \cdot g^{-1}$，库伦效率为 77.9%。首周库伦效率较低是由于发生不完全转化反应和形成 SEI 膜而造成不可逆比容量损失。接下来的两次充放电中，充放电曲线趋于稳定，第二次充电和

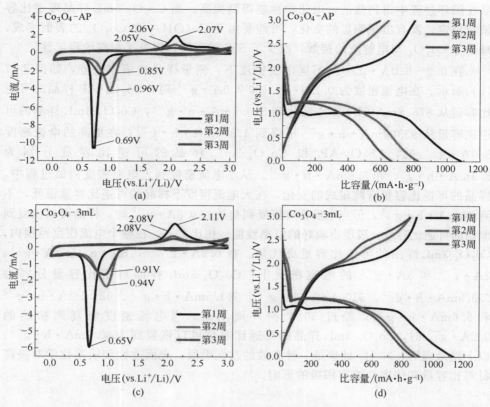

图 7-46　(a)、(b) Co$_3$O$_4$-AP 样品、(c)、(d) Co$_3$O$_4$-3mL 样品的循环伏安曲线和
恒流充放电曲线

放电比容量分别为 909.0mA·h·g$^{-1}$ 和 942.2mA·h·g$^{-1}$，第三次循环后，放电和充电比容量分别为 874.6mA·h·g$^{-1}$ 和 839.5mA·h·g$^{-1}$。Co$_3$O$_4$-AP 样品前三个周期的充放电曲线如图 7-46(b) 所示，结果表明，Co$_3$O$_4$-AP 样品的放电和充电比容量低于 Co$_3$O$_4$-3mL 样品。

为了测试电池的循环稳定性，在电压范围为 0.01～3V、电流密度为 0.5A·g$^{-1}$ 的条件下循环 55 周，如图 7-47(a) 所示。从图中可以看出，N$_2$H$_4$ 处理后的样品可逆比容量均得到了提升；其中 Co$_3$O$_4$-3mL 样品的性能最佳，55 周后其可逆比容量达到 1036.7mA·h·g$^{-1}$，而 Co$_3$O$_4$-AP 样品的可逆比容量仅为 752.3mA·h·g$^{-1}$。值得注意的是，Co$_3$O$_4$-3mL 样品的可逆比容量高于理论值 878.5mA·h·g$^{-1}$，这可能是由于缺陷化学（氧空位）为锂离子提供了更多反应活性位点。除了 Co$_3$O$_4$-5mL 样品，其余四组样品，在前 3 周循环可逆比容量都有降低，但在随后的循环中，可逆比容量不断缓慢提高，这可能是由于样品在循环过程中得到激活，电化学性能得到提高。而 $Co_3O_4$-5mL 样品可逆比容量较稳定，没有出现明显的变化，可能是由于 $Co(OH)_2$ 在 $Co_3O_4$ 的表面形成，减少了 $Co_3O_4$ 与电解液的接触，减少了 SEI 膜形成，提升了材料的稳定性。

在 $0.2 \sim 5.0A \cdot g^{-1}$ 的不同电流密度下，测量样品的倍率性能，如图 7-47 (b) 所示。在电流密度为 $0.2A \cdot g^{-1}$ 和 $2.0A \cdot g^{-1}$ 时，$Co_3O_4$-AP 样品的可逆比容量从 $876.8mA \cdot h \cdot g^{-1}$ 变化到 $356.5mA \cdot h \cdot g^{-1}$，$Co_3O_4$-3mL 样品的可逆比容量从 $933.9mA \cdot h \cdot g^{-1}$ 下降到 $473.6mA \cdot h \cdot g^{-1}$；在更高的电流密度 $5.0A \cdot g^{-1}$ 时，$Co_3O_4$-AP 和 $Co_3O_4$-3mL 样品的可逆比容量分别为 $8.3mA \cdot h \cdot g^{-1}$ 和 $5.6mA \cdot h \cdot g^{-1}$。从小电流密度到大电流密度测试过程中，样品的可逆比容量有跳崖式的变化，在大电流密度下样品的可逆比容量很低，不到 $10mA \cdot h \cdot g^{-1}$，但当电流密度恢复到初始的 $0.2A \cdot g^{-1}$ 时，样品可以恢复到原始的可逆比容量，表现出较好的倍率性能。相比之下，在整个电流密度范围内，$Co_3O_4$-3mL 样品的可逆比容量更优越。在 $0.2A \cdot g^{-1}$、$0.5A \cdot g^{-1}$、$1A \cdot g^{-1}$、$2A \cdot g^{-1}$ 和 $5A \cdot g^{-1}$ 的电流密度下，$Co_3O_4$-3mL 样品可逆比容量分别为 $933.9mA \cdot h \cdot g^{-1}$、$910.4mA \cdot h \cdot g^{-1}$、$761.5mA \cdot h \cdot g^{-1}$、$425.1mA \cdot h \cdot g^{-1}$ 和 $5.6mA \cdot h \cdot g^{-1}$。经过 50 个循环周期后，当电流密度恢复到初始的 $0.2A \cdot g^{-1}$ 时，$Co_3O_4$-3mL 样品的可逆比容量可以恢复到 $1060.7mA \cdot h \cdot g^{-1}$。以上结果表明，$N_2H_4$ 处理是一种有效的改性手段，表面改性和缺陷化学对提高材料比容量和倍率性能有积极的影响。

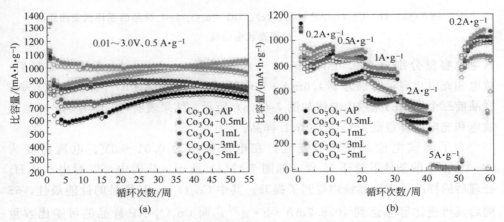

图 7-47 不同样品的电化学性能曲线：(a) 循环性能；(b) 倍率性能

图 7-48 展示了不同样品可逆比容量的比较，通过化学还原调节缺氧量可以优化 $Co_3O_4$ 材料的锂存储性能。点线图显示了不同样品的可逆比容量的大小，变化趋势为先上升后下降，当加入 $N_2H_4$ 的量为 3mL 时，可逆比容量最高。可

以看出 $N_2H_4$ 的量为 5mL 时，氧空位含量大幅减少，$Co^{2+}/Co^{3+}$ 值增加，但可逆比容量仍高于前三个样品，这是由于溶液还原性较强，将大量 $Co^{3+}$ 还原成 $Co^{2+}$，在材料表面生成 $Co(OH)_2$，$Co^{2+}/Co^{3+}$ 值仍增加，氧空位含量大幅减少，$Co(OH)_2$ 的存在对材料起到了一定的保护作用，使得材料可逆比容量增加。

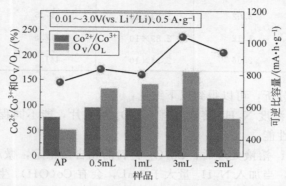

图 7-48　不同样品中 $Co^{2+}/Co^{3+}$ 和 $O_V/O_L$ 的比值以及可逆比容量的比较

为了进一步说明五个 $Co_3O_4$ 样品改性前后电化学性能的变化，研究了不同样品循环前的阻抗变化（图 7-49）。从图中可以看出，所有阻抗图都在中高频区域呈现一个半圆，在低频区域呈现一条斜线。半圆表示电荷转移电阻（$R_{ct}$），它与活性材料与集流体界面的电阻、电极与电解质界面的电阻有关；低频范围内的线性图归属于 Warburg 阻抗（$Z_w$），这与材料中锂离子的扩散有关。采用等效电路对交流阻抗谱进行建模，得到动力学参数，其中高频截距（$R_s$）是与电解质有关的电阻。表 7-5 显示了 $Co_3O_4$-3mL 循环前具有更小的阻抗，从而在锂离子迁移上具有更加高效的表现。

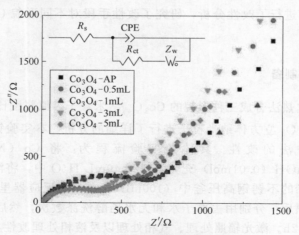

图 7-49　循环前样品的阻抗图

表 7-5　5 个样品循环前后的动力学参数

| 样品 | $R_s/\Omega$ | CPE/F | $R_{ct}/\Omega$ | $Z_w/\Omega$ |
|---|---|---|---|---|
| $Co_3O_4$-AP | 1.74 | $2.29\times10^{-5}$ | 805.9 | 23.01 |
| $Co_3O_4$-0.5mL | 4.43 | $2.42\times10^{-5}$ | 707.8 | 94.23 |
| $Co_3O_4$-1mL | 3.02 | $1.83\times10^{-5}$ | 717.5 | 106.2 |
| $Co_3O_4$-3mL | 1.12 | $2.89\times10^{-5}$ | 417.8 | 8.0 |
| $Co_3O_4$-5mL | 2.56 | $2.94\times10^{-5}$ | 441.7 | 4.32 |

基于以上的分析，可以得到以下结论：

① 使用不同浓度 $N_2H_4$ 溶液处理 $Co_3O_4$ 纳米片，能不同程度提高材料的可逆比容量和倍率性能。

② 经过 $N_2H_4$ 溶液处理后，$Co_3O_4$ 材料的相含量稳定，微观结构保持良好，氧空位含量增多，当加入 $N_2H_4$ 量大于 5mL，会有 $Co(OH)_2$ 生成。

③ 化学还原诱导的氧空位提高了 $Co_3O_4$ 材料的固有电导率，加速了循环过程中的离子和电子运输；缺氧的结构也允许存储更多离子，从而使材料达到更高的比容量。

## 7.4　不同形貌 $Co_3O_4$ 改性处理的研究

$Co_3O_4$ 因其较高的理论比容量（890mA·h·g$^{-1}$）越来越受到人们的关注，但其循环和倍率性能有待进一步改善。研究证明，电极材料的形貌结构对其电化学性能有显著影响。在本节的工作中，用一步水热法合成了 3 种不同形貌的 $Co_3O_4$，并对其进行了改性分析，研究了改性手段对不同形貌 $Co_3O_4$ 的电化学性能影响。

### 7.4.1　材料的制备

采用一步水热法合成三种形貌的 $Co_3O_4$ 纳米粒子，原料配比如表 7-6 所示。前面已经对 $Co_3O_4$ 立方体纳米粒子进行了详细的分析，本实验针对球体和八面体进行不同方法的改性。具体的实验流程为：将 $Co(NO_3)_2$·$6H_2O$（0.04mol）、NaOH（0.01mol）充分溶解于 40mL $H_2O$ 中，将混合溶液放入内衬为聚四氟乙烯的不锈钢高压釜中（100mL），在均相反应器里 180℃反应 5h，自然冷却至室温后，分别用去离子水和无水乙醇洗涤数次，然后放入 60℃恒温干燥箱中干燥 12h。激光辐照处理、气相处理以及液相处理改性与前面所述的实验方法一样。

表 7-6　不同形貌的 $Co_3O_4$ 原料配比

| 原料 | 立方体 | 球体 | 八面体 |
|---|---|---|---|
| $Co(NO_3)_2 \cdot 6H_2O$ | 0.04mol | 0.08mol | 0.20mol |
| NaOH | 0.01mol | 0.01mol | 0.05mol |

### 7.4.2　激光辐照改性

激光辐照改性采用型号为 Nimma-600 脉冲激光器，在室温对 $Co_3O_4$ 悬浮液进行 20min 的辐照，其输出功为 325mJ，输出频率为 15Hz。处理后的样品经冷冻干燥后收集。

#### 7.4.2.1　材料结构及形貌分析

物相结构的分析（XRD）如图 7-50 所示，无论是原始的球体样品还是原始的八面体样品都与尖晶石结构的 $Co_3O_4$ 相（JCPDS　74-2120）完全匹配，没有其他杂质峰的出现，说明样品在改性前是纯相，此外尖锐的峰型表明粒子是高度结晶的。在激光处理后，在约 42.42° 和 61.55° 的位置处出现了强度较弱的衍射峰，与 CoO 相（JCPDS　75-0393）的（200）晶面和（220）晶面吻合较好。CoO 相的出现是因为激光辐照会瞬间产生高温，高温条件下 $Co_3O_4$ 会发生自分解产生 CoO，而且快速加热冷却也使得 CoO 瞬间产生且不会被氧化。

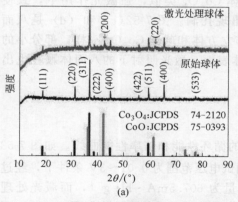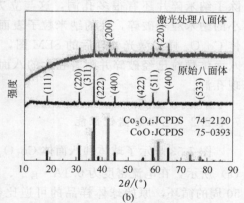

图 7-50　激光处理（a）球体、（b）八面体的 $Co_3O_4$ 样品 XRD 图谱

图 7-51 所示为球体和八面体的 $Co_3O_4$ 的原始 SEM 图。图 7-51（a）和（b）是球体形貌，其粒径在 150~200nm，图 7-51（c）和（d）是八面体形貌，其粒径在 250~300nm。

图 7-52(a) 和（b）是球体 $Co_3O_4$ 样品激光处理后的 SEM 图，从图中可以

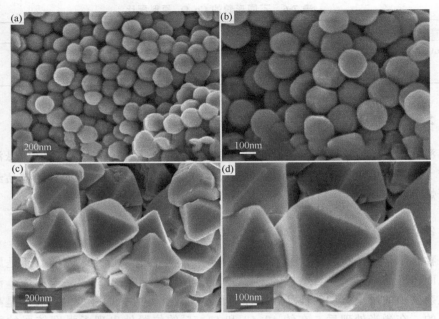

图 7-51　(a)、(b) 球体、(c)、(d) 八面体 $Co_3O_4$ 样品的原始 SEM 图

看出，球体表面有很多大大小小的纳米碎片，这是由于激光照射后使得部分粒子破碎，加上 $Co_3O_4$ 弱磁性的特征，于是小的纳米碎片吸附在大的粒子上。除了纳米碎片还有很多孔洞，这与立方体 $Co_3O_4$ 类似，强激光作用下，致使小的纳米粒子破碎，大的纳米粒子表面出现孔洞。图 7-52(c) 和 (d) 是八面体 $Co_3O_4$ 样品激光处理后的 SEM 图，与立方体和球体 $Co_3O_4$ 一样，部分小的八面体颗粒已经破碎并附着在大的八面体表面，激光照射下的八面体颗粒也出现孔洞。

## 7.4.2.2　电化学储锂性能

图 7-53 显示了球体和八面体 $Co_3O_4$ 的循环性能和倍率性能曲线。如图 7-53 (a) 所示，在电流密度为 $0.1A \cdot g^{-1}$、测试电压范围为 $0.01 \sim 3V$ 条件下，经过 50 周的循环，原始球体样品的可逆比容量为 $607.5mA \cdot h \cdot g^{-1}$，而激光处理后，其可逆比容量可达 $733.4mA \cdot h \cdot g^{-1}$。球体样品的倍率性能如图 7-53(b) 所示，在电流密度为 $0.1A \cdot g^{-1}$、$0.5A \cdot g^{-1}$、$1A \cdot g^{-1}$、$5A \cdot g^{-1}$ 和 $0.1A \cdot g^{-1}$ 条件下，原始样品的可逆比容量分别为 $640mA \cdot h \cdot g^{-1}$、$452.1mA \cdot h \cdot g^{-1}$、$374.1mA \cdot h \cdot g^{-1}$、$150.8mA \cdot h \cdot g^{-1}$ 和 $537.2mA \cdot h \cdot g^{-1}$。相应条件下激光处理后球体样品的可逆比容量分为 $849.5mA \cdot h \cdot g^{-1}$、$765.1mA \cdot h \cdot g^{-1}$、$674.2mA \cdot h \cdot g^{-1}$、$355.4mA \cdot h \cdot g^{-1}$ 和 $842.6mA \cdot h \cdot g^{-1}$。图 7-53(c) 显

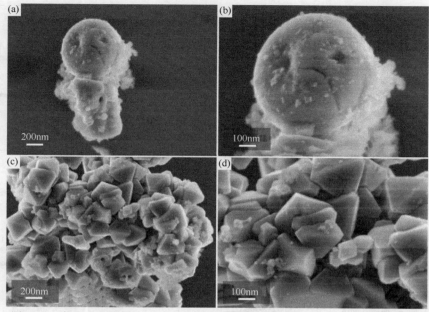

图 7-52　激光处理后（a）、（b）球体、（c）、（d）八面体 $Co_3O_4$ 样品的 SEM 图

示了八面体样品在电流密度为 $0.1A \cdot g^{-1}$ 条件下的循环性能，经过 50 周循环后原始八面体样品可逆比容量为 $591.8mA \cdot h \cdot g^{-1}$，而激光处理后样品可逆比容量为 $790.6mA \cdot h \cdot g^{-1}$。图 7-53(d) 是不同电流密度下八面体样品的倍率性能对比图，原始八面体样品可逆比容量分别为 $672.4mA \cdot h \cdot g^{-1}$、$542.8mA \cdot h \cdot g^{-1}$、$454.8mA \cdot h \cdot g^{-1}$、$185.6mA \cdot h \cdot g^{-1}$ 和 $643.2mA \cdot h \cdot g^{-1}$，而激光处理后八面体样品可逆比容量分别为 $816.5mA \cdot h \cdot g^{-1}$、$665.2mA \cdot h \cdot g^{-1}$、$560.8mA \cdot h \cdot g^{-1}$、$282mA \cdot h \cdot g^{-1}$ 和 $748mA \cdot h \cdot g^{-1}$。可见，在所有电流密度下，激光处理后样品都表现出更优异的性能和更高的可逆比容量，这可能归因于表面的孔洞和纳米碎片增大了样品与电解液的接触面积，同时氧空位的大量产生也提升了其电化学性能。

### 7.4.3　气相处理改性

气相处理改性是将样品放入通入氩气的管式炉中煅烧，在缺氧的条件下 $Co_3O_4$ 发生自分解反应并产生大量的氧空位。前面详细地分析了不同退火温度下立方体 $Co_3O_4$ 的储锂性能，结果是材料在退火温度为 350℃ 的条件下有最好的电化学性能。故本实验在此基础上对球体和八面体的 $Co_3O_4$ 进行气相处理，在充满氩气的管式炉中以 350℃ 煅烧样品。

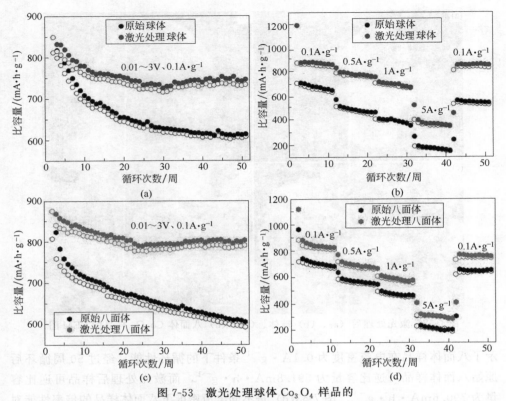

图 7-53　激光处理球体 Co₃O₄ 样品的

(a) 循环性能、(b) 倍率性能；八面体 Co₃O₄ 样品的 (c) 循环性能、(d) 倍率性能

### 7.4.3.1　材料结构及形貌分析

XRD 分析了退火前后 Co₃O₄ 纳米粒子的晶体结构和相纯度，如图 7-54 所示。图 7-54(a) 是球体 Co₃O₄ 样品煅烧前后的 XRD 图谱，所有衍射峰都与 Co₃O₄ 标准卡片（JCPDS　74-2120）完全吻合，没有其他杂质峰出现，可以证明反应前样品是高纯度的。通过氩气 350℃ 退火处理样品后，除了主峰与 Co₃O₄ 匹配外，还发现了在约 42.42° 和 61.55° 处的衍射峰，这两个峰对应于 CoO 的 (200) 晶面和 (220) 晶面，从峰强可以看出 CoO 含量很少。这一结果与立方体物相分析类似，在缺氧条件下，部分 Co₃O₄ 发生自分解生成 CoO。在图 7-54(b) 中也观察到类似的现象。

图 7-55(a) 和 (b) 是气相处理后球体 Co₃O₄ 的 SEM 图，从图中可以看出处理后 Co₃O₄ 样品形貌和原始 Co₃O₄ 样品形貌一致，表面光滑、粒径规则，且都在 100～200nm；图 7-55(c) 和 (d) 是气相处理后八面体 Co₃O₄ 样品的形貌，与球体一样表面光滑，粒径在 200～300nm。这是由于退火后，Co₃O₄ 纳米粒子

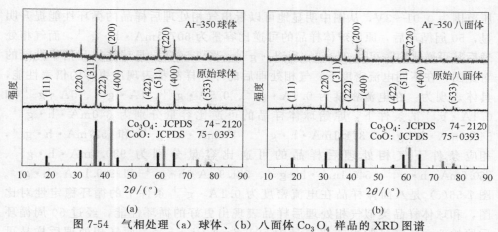

图 7-54 气相处理（a）球体、（b）八面体 $Co_3O_4$ 样品的 XRD 图谱

的结晶性更好，虽然有少部分 CoO 在表面产生，但是由于含量太少，不足以破坏 $Co_3O_4$ 粒子表面形貌。

图 7-55 气相处理后（a）、（b）球体、（c）、（d）八面体 $Co_3O_4$ 样品的 SEM 图

### 7.4.3.2 电化学储锂性能

图 7-56 显示了气相处理后球体和八面体 $Co_3O_4$ 样品的循环性能和倍率性能。图 7-56（a）是球体样品的循环稳定性对比图，电流密度为 $0.1A \cdot g^{-1}$、电

压范围为 0.01~3V，从图中明显地可以看出气相处理后样品的循环性能提升明显，50 周循环后，原始球体样品的可逆比容量为 607.5mA·h·g$^{-1}$，而气相处理后其可逆比容量可达 913.3mA·h·g$^{-1}$。图 7-56（b）是球体样品倍率性能的对比图，在不同电流密度下，气相处理后的球体样品都表现出更好的倍率性能，具体表现为：在电流密度为 0.1A·g$^{-1}$、0.5A·g$^{-1}$、1A·g$^{-1}$、5A·g$^{-1}$ 和 0.1A·g$^{-1}$ 的条件下，原始球体样品的可逆比容量分别为 640mA·h·g$^{-1}$、542.1mA·h·g$^{-1}$、374.1mA·h·g$^{-1}$、150mA·h·g$^{-1}$ 和 537mA·h·g$^{-1}$，相应条件下气相处理后样品的可逆比容量分别为 930.3mA·h·g$^{-1}$、760.5mA·h·g$^{-1}$、546.1mA·h·g$^{-1}$、381.9mA·h·g$^{-1}$ 和 989.1mA·h·g$^{-1}$。图 7-56（c）是八面体样品在电流密度为 0.1A·g$^{-1}$ 条件下的循环稳定性对比图，和球体样品类似气相处理后样品表现出更好的循环性能，经过 50 周循环后原始八面体样品的可逆比容量为 591.8mA·h·g$^{-1}$，而气相处理后样品可逆比容量为 716mA·h·g$^{-1}$。图 7-56（d）是不同电流密度下八面体样品的倍率性能对比图，原始八面体样品可逆比容量分别为 672.4mA·h·g$^{-1}$、542.8mA·h·g$^{-1}$、454.8mA·h·g$^{-1}$、185.6mA·h·g$^{-1}$ 和 643.2mA·h·g$^{-1}$，

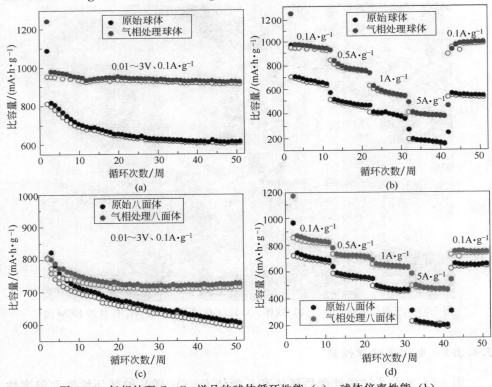

图 7-56　气相处理 Co$_3$O$_4$ 样品的球体循环性能（a）；球体倍率性能（b）；

八面体循环性能（c）；八面体倍率性能（d）

而气相处理后八面体样品可逆比容量分别为 810.9mA·h·g$^{-1}$、704.5mA·h·g$^{-1}$、628.4mA·h·g$^{-1}$、461.7mA·h·g$^{-1}$ 和 740.6mA·h·g$^{-1}$。可以看出不同电流密度下，气相处理后样品的可逆比容量衰减幅度更小，同时有着出色的大电流充放电性能。可见，在氩气气氛下，选择合适的煅烧温度可以改变样品的表面结构，形成 Co$_3$O$_4$-CoO 界面，同时产生大量的氧空位，进而调控材料的电化学性能。

### 7.4.4　液相处理改性

前面分析了不同浓度的 NaBH$_4$ 溶液作用于立方体 Co$_3$O$_4$ 纳米粒子，并得出在 NaBH$_4$ 溶液浓度为 10mmol·L$^{-1}$ 时样品有最佳的电化学性能，故本实验用最佳参数分别对球体和八面体 Co$_3$O$_4$ 进行改性，并分析其电化学性能。

#### 7.4.4.1　材料结构及形貌分析

通过 XRD 分析，确定 Co$_3$O$_4$ 原始样品在反应前的物相是纯的，没有任何杂质，如图 7-57(a) 和（b）所示。对于球体样品和八面体样品，所有的衍射峰都与尖晶石 Co$_3$O$_4$ 相的标准卡片（JCPDS 74-2120）完美吻合。NaBH$_4$ 溶液处理后，也没有检测到杂质的衍射峰，这一结果与立方体 Co$_3$O$_4$ 分析结果一致。

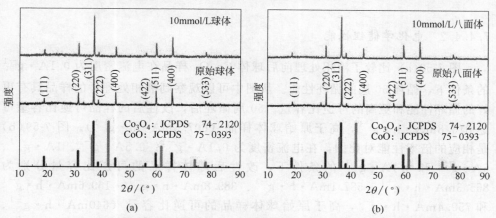

图 7-57　液相处理的球体（a）、八面体（b）Co$_3$O$_4$ 样品的 XRD 图谱

图 7-58 显示了 2 种 Co$_3$O$_4$ 样品的不同放大倍数的形貌图。图 7-58(a) 和（b）是液相处理后球体样品的 SEM 图，从图中可以看出材料改性后依然保持着原来的形貌，但纳米粒子表面有裂纹，平均粒径在 100~200nm。图 7-58(c) 和（d）是液相处理后八面体样品的 SEM 图，其形貌不变，表面出现少许的纳米片，平均粒径在 200~300nm。无论是球体样品还是八面体样品，液相处理后形貌基本

没有变化，只是表面出现裂纹和附着少许的纳米片，这是由于 $NaBH_4$ 溶液瞬间形成的 $H_2$ 作用于 $Co_3O_4$ 纳米粒子表面，诱导表面出现裂纹以及形成纳米薄片。

图 7-58  液相处理后的球体 (a)、(b)、八面体 (c)、(d) $Co_3O_4$ 样品的 SEM 图

### 7.4.4.2  电化学储锂性能

图 7-59(a) 比较了液相处理前后球体 $Co_3O_4$ 样品在电流密度为 $0.1A \cdot g^{-1}$ 的条件下，循环 50 周的循环性能。从图中可以观察到液相处理后的样品具有更好的循环性能和更高的可逆比容量。50 周循环后，改性后的样品可逆比容量可达 $815.8mA \cdot h \cdot g^{-1}$，高于原始球体样品（$607.5mA \cdot h \cdot g^{-1}$）。图 7-59(b) 是相应的倍率性能对比图，在电流密度为 $0.1A \cdot g^{-1}$、$0.5A \cdot g^{-1}$、$1A \cdot g^{-1}$、$5A \cdot g^{-1}$ 和 $0.1A \cdot g^{-1}$ 的条件下，改性后球体样品的可逆比容量分别为 $865.3mA \cdot h \cdot g^{-1}$、$587.1mA \cdot h \cdot g^{-1}$、$389.8mA \cdot h \cdot g^{-1}$、$169.6mA \cdot h \cdot g^{-1}$ 和 $759.4mA \cdot h \cdot g^{-1}$，高于原始球体样品的可逆比容量（$640mA \cdot h \cdot g^{-1}$、$542.1mA \cdot h \cdot g^{-1}$、$374.1mA \cdot h \cdot g^{-1}$、$150mA \cdot h \cdot g^{-1}$ 和 $537mA \cdot h \cdot g^{-1}$）。同样，图 7-59(c) 是八面体样品液相处理前后的循环稳定性对比图，50 周循环后，改性后的八面体样品可逆比容量可达 $768.5mA \cdot h \cdot g^{-1}$，高于原始样品（$591.8mA \cdot h \cdot g^{-1}$）。图 7-59(d) 展示了相应的倍率性能对比图，在不同电流密度下，改性后样品的可逆比容量分别为 $865.3mA \cdot h \cdot g^{-1}$、$587.1mA \cdot h \cdot g^{-1}$、$389.8mA \cdot h \cdot g^{-1}$、$169.6mA \cdot h \cdot g^{-1}$ 和 $759.4mA \cdot h \cdot g^{-1}$，高于原始样品的可逆比容量（$672.4mA \cdot h \cdot g^{-1}$、$542.8mA \cdot h \cdot g^{-1}$、

$454.8\text{mA}\cdot\text{h}\cdot\text{g}^{-1}$、$185.6\text{mA}\cdot\text{h}\cdot\text{g}^{-1}$ 和 $643.2\text{mA}\cdot\text{h}\cdot\text{g}^{-1}$）。

结果说明，液相还原不仅对立方体 $Co_3O_4$ 的电化学性能有促进作用，还对球体和八面体 $Co_3O_4$ 的电化学性能有同样作用。适当浓度的 $NaBH_4$ 溶液作用于 $Co_3O_4$ 纳米粒子，既不破坏样品的结晶性，又能在纳米粒子表面产生氧缺陷，在循环过程中加速离子和电子的运输，有利于提升材料的电化学性能。

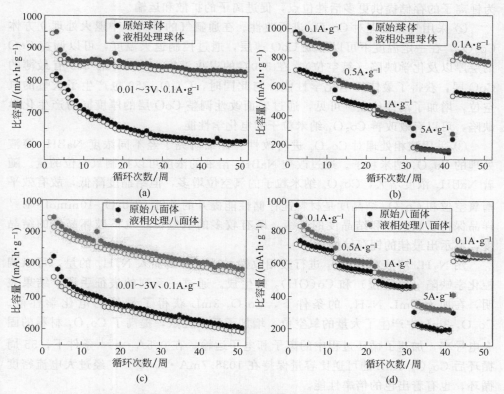

图 7-59　液相处理 $Co_3O_4$ 样品的球体循环性能（a）；球体倍率性能（b）；
八面体循环性能（c）；八面体倍率性能（d）

## 小结

本章采用激光辐照、气相处理及液相处理等不同手段对 $Co_3O_4$ 进行改性，通过引入氧缺陷和异质界面，提高了材料的导电性，增加了更多反应活性位点，进而提高了材料的电化学性能。最后，还研究了不同形貌的 $Co_3O_4$ 在上述改性手段下的结构、形貌和电化学性能。具体研究结果如下：

① 采用激光辐照对 $Co_3O_4$ 进行改性。激光辐照改性方法具有高温、高压、

可快速加热/冷却等特点，容易形成金属氧化物中的氧空位等缺陷。将原始样品（AP-$Co_3O_4$）与激光处理后的样品（LT-$Co_3O_4$）进行对比，结构特征表明，激光处理后的样品颗粒表面产生了薄的 CoO 层，并且有大量的氧空位活性位点。LT-$Co_3O_4$ 样品与 AP-$Co_3O_4$ 样品相比具有更好的储锂性能。激光辐照处理所产生的独特的微观结构，即高比表面积、特殊表面组成和氧空位的存在，都有助于为锂离子的存储提供更多活性位点，促进离子的扩散和运输。

② 采用气相处理对 $Co_3O_4$ 进行改性。在通氩气的管式炉中退火处理立方体 $Co_3O_4$，在一定温度下可以形成 CoO 薄层，通过控制退火温度，可以调控 CoO 的层厚以及化学缺陷（氧空位）。在 350℃ 的退火温度下，$Co_3O_4$-350 有最薄的 CoO 层，获得了最佳的电化学性能。与此同时，$Co_3O_4$-350 也产生了大量的氧空位，增加了活性位点。可见，通过表面改性调整 CoO 层的厚度同时产生化学缺陷，可以有效改善 $Co_3O_4$ 纳米粒子的电化学性能。

③ 采用液相处理对 $Co_3O_4$ 进行改性。详细研究了经不同浓度 $NaBH_4$ 溶液处理的 $Co_3O_4$ 纳米粒子。通过改变 $NaBH_4$ 溶液的浓度可以控制氧空位的量。随着 $NaBH_4$ 浓度增大，$Co_3O_4$ 纳米粒子的氧空位增多，但结晶度降低，故有效平衡氧空位和 $Co_3O_4$ 结晶度是材料锂存储性能提升的关键。$Co_3O_4$-10mmol·$L^{-1}$ 样品保持了氧空位和结晶度的平衡，既有较多的氧空位，也不破坏晶体的结晶度，显示出最佳的锂存储性能。

用 $N_2H_4$ 溶液对 $Co_3O_4$ 进行液相改性，通过控制加入 $N_2H_4$ 的量，可以调控化学缺陷（氧空位）和 $Co(OH)_2$ 的生成。通过一系列的表征手段，结果表明，在加入 3mL $N_2H_4$ 的条件下，$Co_3O_4$-3mL 获得了最佳的电化学性能。$Co_3O_4$-3mL 中产生了大量的氧空位，增加了活性位点，提高了 $Co_3O_4$ 材料的固有电导率，加速了循环过程中的离子和电子运输。在 0.5A·$g^{-1}$ 条件下，55 周循环后 $Co_3O_4$-3mL 的可逆比容量保持在 1036.7mA·h·$g^{-1}$，经过大电流密度循环，也有着出色的倍率性能。

④ 研究了不同形貌 $Co_3O_4$ 的制备以及改性，分别为立方体、球体和八面体。在改性后 $Co_3O_4$ 的循环稳定性和倍率性能都有明显的提升。综上所述，三种改性手段对不同形貌的 $Co_3O_4$ 都适用。

# 参考文献

[1] 吴宇平. 锂离子电池——应用与实践 [M]. 北京：化学工业出版社，2004：1-8.

[2] Goodenough J B, Park K S. Li-ion rechargeable battery: a perspective [J]. Journal of America Chemistry Society, 2013, 135（4）: 1167-1176.

[3] Yabuuchi N, Kubota K, Dahbi M, et al. Research development on sodium-ion batteries [J]. Chemical Reviews, 2014, 114（23）: 11636-11682.

[4] Slater M D, Kim D, Lee E, et al. Sodium-ion batteries [J]. Advanced Functional Materials, 2013, 23（8）: 947-958.

[5] 刘璐，王红蕾，张志刚. 锂离子电池的工作原理及其主要材料 [J]. 科技信息，2009（23）: 10062-10063.

[6] Pramudita J C, Sehrawat D, Goonetilleke D, et al. An initial review of the status of electrode materials for potassium-ion batteries [J]. Advanced Energy Materials, 2017, 7（24）: 1602911-1602931.

[7] 王洪飞，谢安清. 锂离子电池的负极材料的研究状况及未来发展 [J]. 当代化工研究，2018（02）: 138-140.

[8] Stevens D A, Dahn J R. High capacity anode materials for rechargeable sodium-ion batteries [J]. Journal of the Electrochemical Society, 2000, 147（4）: 1271-1273.

[9] Ji L W, Lin Z, Alcoutlabi M, et al. Recent developments in nanostructured anode materials for rechargeable lithium-ion batteries [J]. Energy & Environmental Science, 2011, 4（8）: 2682-2699.

[10] Lu J, Chen Z, Pan F, et al. High-performance anode materials for rechargeable lithium-ion batteries [J]. Electrochemical Energy Reviews, 2018, 1（1）: 35-53.

[11] Zhang W C, Liu Y J, Guo Z P. Approaching high-performance potassium-ion batteries via advanced design strategies and engineering [J]. Science Advances, 2019, 5（5）: 7412-7424.

[12] Kim H, Kim J C, Bianchini M, et al. Recent progress and perspective in electrode materials for K-ion batteries [J]. Advanced Energy Materials, 2018, 8（9）: 1702384-1702403.

[13] Zhang W, Liu Y, Guo Z. Approaching high-performance potassium-ion batteries via advanced design strategies and engineering [J]. Science Advances, 2019（5）: 7412.

[14] Dunn B, Kamath H, Tarascon J M. Electrical energy storage for the grid: a battery of choices [J]. Science, 2011（334）: 928-935.

[15] Kubota K, Dahbi M, Hosaka T, et al. Towards K-Ion and Na-Ion Batteries as "Beyond Li-Ion" [J]. Chemical Record, 2018（18）: 459-479.

[16] Larcher D, Tarascon J M. Towards greener and more sustainable batteries for electrical energy storage [J]. Nat. Chem., 2015（7）: 19-29.

[17] Song K, Liu C, Mi L, et al. Recent Progress on the Alloy-Based Anode for Sodium-Ion Batteries and Potassium-Ion Batteries [J]. Small, 2019: 1903194.

[18] Kim H, Kim J C, Bianchini M, et al. Recent progress and perspective in electrode materials for

K-ion batteries [J]. Adv. Energy Mater. , 2018（8）:1702384.

[19] Zhang J, Liu T, Cheng X, et al. Development status and future prospect of non-aqueous potassium ion batteries for large scale energy storage [J]. Nano Energy, 2019（60）:340-361.

[20] Pramudita J C, Sehrawat D, Goonetilleke D, et al. An Initial Review of the Status of Electrode Materials for Potassium-Ion Batteries [J]. Adv. Energy Mater. , 2017, 7（24）:1602911.

[21] Chen C, Huang Y, Zhu Y, et al. Nonignorable Influence of Oxygen in Hard Carbon for Sodium Ion Storage, ACS Sustainable Chem. Eng. 2020,8（3）:1497-1506.

[22] Xu Y, Zhang C, Zhou M, et al. Highly nitrogen doped carbon nanofibers with superior rate capability and cyclability for potassium ion batteries [J]. Nat. Commun. , 2018（9）:1-11.

[23] Jian Z L, Luo W, Ji X L. Carbon electrodes for K-ion batteries [J]. Journal of the American Chemical Society, 2015, 137（36）: 11566-11569.

[24] 邱坤, 吴先勇, 卢海燕, 等. 碳基负极材料储钠反应的研究进展 [J]. 储能科学与技术, 2016, 5（3）: 258-267.

[25] Stevens D A, Dahn J R. The mechanisms of lithium and sodium insertion in carbon materials [J]. Journal of the Electrochemical Society, 2001, 148（8）: A803-A811.

[26] Balogun M S, Luo Y, Qiu W, et al. A review of carbon materials and their composites with alloy metals for sodium ion battery anodes [J]. Carbon, 2016, 98: 162-178.

[27] Hou H, Qiu X, Wei W, et al. Carbon anode materials for advanced sodium-ion batteries [J]. Advanced Energy Materials, 2017, 7（24）: 1602898.

[28] Song K M, Liu C T, Mi L W, et al. Recent progress on the alloy-based anode for sodium-ion batteries and potassium-ion batteries [J]. Small, 2019,17: 1903194.

[29] Sultana I, Rahman M M, Chen Y, et al. Potassium-ion battery anode materials operating through the alloying-dealloying reaction mechanism [J]. Advanced Functional Materials, 2018, 28（5）: 1703857-1703874.

[30] Obrovac M N, Chevrier V L. Alloy negative electrodes for Li-ion batteries [J]. Chemical Reviews, 2014, 114（23）: 11444-11502.

[31] 谭春林, 卢雷, 李伟善. 锂离子电池合金电极的研究进展 [J]. 电池工业, 2007, 12（2）: 135-139.

[32] 刘创, 卢海燕, 曹余良, 等. 钠离子电池合金类负极材料的研究进展 [J]. 中国材料进展, 2017, 36（7）: 718-727.

[33] Wu X L, Guo Y G, Wan L J. Rational design of anode materials based on group？ IVA elements（Si, Ge, and Sn）for lithium-ion batteries [J]. Chemistry-An Asian Journal, 2013, 8（9）: 1948-1958.

[34] Lao M, Zhang Y, Luo W, et al. Alloy-based anode materials toward advanced sodium-ion batteries [J]. Advanced Materials, 2017, 29（48）: 1700622.

[35] Yu S H, Lee S H, Lee D J, et al. Conversion reaction-based oxide nanomaterials for lithium ion battery anodes [J]. Small, 2016, 12（16）: 2146-2172.

[36] Poizot P, Laurelle S, Grugeon S, et al. Nano-sized transition-metal oxides as negative-electrode materials for lithium-ion batteries [J]. Nature, 2000, 407（6803）: 496-499.

[37] Zhang J, Yu A. Nanostructured transition metal oxides as advanced anodes for lithium-ionbatteries [J]. Science Bulletin, 2015, 60（9）: 823-838.

[38] Ohzuku T, Ueda A. Why transition metal（di）oxides are the most attractive materials for batteries [J]. Solid State Ionics, 1994, 69（3-4）: 201-211.

[39] Chen C, Wang Z, Zhang B, et al. Nitrogen-rich hard carbon as a highly durable anode for high-power potassium-ion batteries [J]. Energy Storage Mater. , 2017（8）:161-168.

[40] Li D P, Ren X H, Ai Q, et al. Facile fabrication of nitrogen-doped porous carbon as superior anode material for potassium-ion batteries [J]. Advanced Energy Materials, 2018, 8（34）:

1802386-1802394.

[41] Chen M, Wang W, Liang X, et al. Sulfur/oxygen codoped porous hard carbon microspheres for high-performance potassium-ion batteries [J]. Advanced Energy Materials, 2018, 8 (19): 1800171-1800179.

[42] Share K, Cohn A P, Carter R, et al. Role of nitrogen-doped graphene for improved high-capacity potassium ion battery anodes [J]. ACS nano, 2016, 10 (10): 9738-9744.

[43] Wang Z J, Gao H, Zhang Q, et al. Recent advances in 3D graphene architectures and their composites for energy storage applications [J]. Small, 2019, 15 (3): 1803858-1803878.

[44] Cui X Y, Yang S B, Yan X X, et al. Pyridinic-nitrogen-dominated graphene aerogels with Fe-N-C coordination for highly efficient oxygen reduction reaction [J]. Advanced Functional Materials, 2016, 26 (31): 5708-5717.

[45] Payne M C, Teter M P, Allan D C, et al. Iterative minimization techniques for ab initio total-energy calculations: molecular dynamics and conjugate gradients [J]. Reviews of Modern Physics, 1992, 64: 1045-1097.

[46] Koudriachova M V, Harrison N M, de Leeuw S W. Diffusion of Li-ions in rutile an ab initio study [J]. Solid State Ionics, 2003, 157 (1-4): 35-38.

[47] Yang J L, Ju Z, Jiang Y, et al. Enhanced capacity and rate capability of nitrogen/oxygen dual-doped hard carbon in capacitive potassium-ion storage [J]. Advanced Materials, 2018, 30 (4): 1700104.

[48] Hou H, Banks C E, Jing M, et al. Carbon quantum dots and their derivative 3D porous carbon frameworks for sodium-ion batteries with ultralong cycle life [J]. Advanced Materials, 2015, 27 (47): 7861-7866.

[49] Grimme S, Antony J, Ehrlich S, et al. A consistent and accurate ab initio parametrization of density functional dispersion correction (DFT-D) for the 94 elements H-Pu [J]. The Journal of Chemical Physics, 2010, 132 (15): 154104.

[50] Hou Z, Wang X, Ikeda T, et al. Electronic structure of N-doped graphene with native point defects [J]. Physical Review B, 2013, 87 (16): 165401.

[51] Schiros T, Nordlund D, Pálová L, et al. Connecting dopant bond type with electronic structure in N-doped graphene [J]. Nano Letters, 2012, 12 (8): 4025-4031.

[52] Ma C, Shao X, Cao D. Nitrogen-doped graphene nanosheets as anode materials for lithium ion batteries: a first-principles study [J]. Journal of Materials Chemistry, 2012, 22 (18): 8911-8915.

[53] Arico A S, Bruce P, Scrosati B, et al. Nanostructured materials for advanced energy conversion and storage devices [M]. Materials for Sustainable Energy, 2011: 148-159.

[54] Share K, Cohn A P, Carter R, et al. Role of nitrogen-doped graphene for improved high-capacity potassium ion battery anodes [J]. ACS Nano, 2016, 10 (10): 9738-9744.

[55] Zhou Z, Gao X P, Yan J, et al. A first-principles study of lithium absorption in boron-or nitrogen-doped single-walled carbon nanotubes [J]. Carbon, 2004, 42 (13): 2677-2682.

[56] Sultana I, Ramireddy T, Rahman M M, et al. Tin-based composite anodes for potassium-ion batteries [J]. Chemical Communications, 2016, 52 (59): 9279-9282.

[57] Wang W, Zhou J, Wang Z, et al. Short-range order in mesoporous carbon boosts potassium-ion battery performance [J]. Advanced Energy Materials, 2018, 8 (5): 1701648.

[58] Xie Y, Chen Y, Liu L, et al. Ultra-high pyridinic N-doped porous carbon monolith enabling high-capacity K-ion battery anodes for both half-cell and full-cell applications [J]. Advanced Materials, 2017, 29 (35): 1702268.

[59] Xu G Y, Han J P, Bing D, et al. Biomass-derived porous carbon materials with sulfur and nitro-

gen dual-doping for energy storage [J]. Green Chemistry, 2015, 17 (3): 1668-1674.

[60] Wang D W, Li F, Liu M, et al. 3D aperiodic hierarchical porous graphitic carbon material for high-rate electrochemical capacitive energy storage [J]. Angewandte Chemie International Edition, 2008, 47 (2): 373-376.

[61] Fu R W, Li Z, Liang Y R, et al. Hierarchical porous carbons: design, preparation, and performance in energy storage [J]. New Carbon Materials, 2011, 26 (3): 171-179.

[62] Paraknowitsch J P, Thomas A. Doping carbons beyond nitrogen: an overview of advanced heteroatom doped carbons with boron, sulphur and phosphorus for energy applications [J]. Energy & Environmental Science, 2013, 6 (10): 2839-2855.

[63] Wang M, Yang Y, Yang Z Z, et al. Sodium-ion batteries: improving the rate capability of 3D interconnected carbon nanofibers thin film by boron, nitrogen dual-doping [J]. Advanced Science, 2017, 4 (4): 1600468.

[64] Li D D, Chen H B, Liu G X, et al. Porous nitrogen doped carbon sphere as high performance anode of sodium-ion battery [J]. Carbon, 2015, 94: 888-894.

[65] Mao Y, Duan H, Xu B, et al. Lithium storage in nitrogen-rich mesoporous carbon materials [J]. Energy & Environmental Science, 2012, 5 (7): 7950-7955.

[66] Tian Z W, Xiang M, Zhou J C, et al. Nitrogen and oxygen-doped hierarchical porous carbons from algae biomass: direct carbonization and excellent electrochemical properties [J]. Electrochimica Acta, 2016, 211: 225-233.

[67] Tetana Z N, Mhlanga S D, Coville N J. Chemical vapour deposition syntheses and characterization of boron-doped hollow carbon spheres [J]. Diamond & Related Materials, 2017, 74: 70-80.

[68] Hao R, Yang Y, Wang H, et al. Direct chitin conversion to N-doped amorphous carbon nanofibers for high-performing full sodium-ion batteries [J]. Nano Energy, 2018, 45: 220-228.

[69] Lu M J, Yu W H, Shi J, et al. Self-doped carbon architectures with heteroatoms containing nitrogen, oxygen and sulfur as high-performance anodes for lithium-and sodium-ion batteries [J]. Electrochimica Acta, 2017, 251: 396-406.

[70] Augustyn V, Simon P, Dunn B. Pseudocapacitive oxide materials for high-rate electrochemical energy storage [J]. Energy & Environmental Science, 2014, 7 (5): 1597-1614.

[71] Chao D L, Zhu C R, Yang P H, et al. Array of nanosheets render ultrafast and high-capacity Na-ion storage by tunable pseudocapacitance [J]. Nature Communications, 2016, 7: 12122.

[72] Li Z, Jian Z, Wang X, et al. Hard carbon anodes of sodium-ion batteries: undervalued rate capability [J]. Chemical Communications, 2017, 53 (17): 2610.

[73] Kim H, Hong J, Park Y, et al. Sodium storage behavior in natural graphite using ether-based electrolyte systems [J]. Advanced Functional Materials, 2015, 25 (4): 534-541.

[74] Wang H, Yu W, Shi J, et al. Biomass derived hierarchical porous carbons as high-performance anodes for sodium-ion batteries [J]. Electrochimica Acta, 2016, 188: 103-110.

[75] Chen J, Song W, Hou H, et al. Ti$^{3+}$ Self-Doped Dark Rutile TiO$_2$ Ultrafine Nanorods with Durable High-Rate Capability for Lithium-Ion Batteries [J]. Advanced Functional Materials, 2015, 25 (43): 6793-6801.

[76] Bhattacharjya D, Park H Y, Kim M S, et al. Nitrogen-doped carbon nanoparticles by flame synthesis as anode material for rechargeable lithium-ion batteries [J]. Langmuir the Acs Journal of Surfaces & Colloids, 2014, 30 (1): 318-324.

[77] Wachtler M, Besenhard J O, Winter M. Tin and tin-based intermetallics as new anode materials for lithium-ion cells [J]. Journal of Power Sources, 2001, 94 (2): 189-193.

[78] Zhou X, Wan L J, Guo Y G. Binding SnO$_2$, nanocrystals in nitrogen-doped graphene sheets as

anode materials for lithium-ion batteries [J]. Advanced Materials, 2013, 25 (15): 2152-2157.

[79] Kim M G, Sim S, Cho J. Novel core-shell Sn-Cu anodes for lithium rechargeable batteries prepared by a redox-transmetalation reaction [J]. Advanced Materials, 2010, 22 (45): 5154-5158.

[80] Jiang D D, Ma X H, Fu Y B. High-performance Sn-Ni alloy nanorod electrodes prepared by electrodeposition for lithium ion rechargeable batteries [J]. Journal of Applied Electrochemistry, 2012, 42 (8): 555-559.

[81] Tian M, Wang W, Lee S H, et al. Enhancing Ni-Sn nanowire lithium-ion anode performance by tailoring active/inactive material interfaces [J]. Journal of Power Sources, 2011, 196 (23): 10207-10212.

[82] Zhou X S, Yu L, Yu X Y, et al. Encapsulating Sn nanoparticles in amorphous carbon nanotubes for enhanced lithium storage properties [J]. Advanced Energy Materials, 2016, 6 (22): 1601177.

[83] Xu Y H, Liu Q, Zhu Y J, et al. Uniform nano-Sn/C composite anodes for lithium ion batteries [J]. Nano Letters, 2013, 13 (2): 470-474.

[84] Hassoun J, Panero S, Simon P, et al. High-rate, long-life Ni-Sn nanostructured electrodes for lithium-ion batteries [J]. Advanced Materials, 2007, 19: 1632-1635.

[85] Qin J, Zhang X, Zhao N Q, et al. Carbon-coated $Ni_3Sn_2$ nanoparticles embedded in porous carbon nanosheets as lithium ion battery anode with outstanding cycling stability [J]. Rsc Advances, 2014, 4 (90): 49247-49256.

[86] Botas C, Carriazo D, Singh G, et al. Sn-and $SnO_2$-graphene flexible foams suitable as binder-free anodes for lithium ion batteries [J]. Journal of Materials Chemistry A, 2015, 3 (25): 13402-13410.

[87] Liu J, Wen Y R, van Aken P A, et al. Facile synthesis of highly porous Ni-Sn intermetallic microcages with excellent electrochemical performance for lithium and sodium storage [J]. Nano Letters, 2014, 14 (11): 6387-6392.

[88] Polat B D, Abouimrane A, Sezgin N, et al. Use of multilayered Ni-Sn and Ni-Sn-C thin film anodes for lithium-ion batteries [J]. Electrochimica Acta, 2014, 135 (22): 585-593.

[89] Lian P C, Zhu X F, Liang S Z, et al. High reversible capacity of $SnO_2$/graphene nanocomposite as an anode material for lithium-ion batteries [J]. Electrochimica Acta, 2011, 56 (12): 4532-4539.

[90] Xu Y H, Guo J C, Wang C S. Sponge-like porous carbon/tin composite anode materials for lithium ion batteries [J]. Journal of Materials Chemistry, 2012, 22 (19): 9562-9567.

[91] Li X F, Zhong Y, Cai M, et al. Tin-alloy heterostructures encapsulated in amorphous carbon nanotubes as hybrid anodes in rechargeable lithium ion batteries [J]. Electrochimica Acta, 2013, 89 (1): 387-393.

[92] Yi Z, Tian X, Han Q G, et al. One-step synthesis of $Ni_3Sn_2$@ reduced graphene oxide composite with enhanced electrochemical lithium storage properties [J]. Electrochimica Acta, 2016, 192: 188-195.

[93] Huang L, Wei H B, Ke F S, et al. Electrodeposition and lithium storage performance of three-dimensional porous reticular Sn-Ni alloy electrodes [J]. Electrochimica Acta, 2009, 54 (10): 2693-2698.

[94] Amadei I, Panero S, Scrosati B, et al. The $Ni_3Sn_4$ intermetallic as a novel electrode in lithium cells [J]. Journal of Power Sources, 2005, 143 (1): 227-230.

[95] Liu H, Li W, Shen D, et al. Graphitic carbon conformal coating of mesoporous $TiO_2$ hollow spheres for high-performance lithium ion battery anodes [J]. Journal of the American Chemical

Society, 2015, 137（40）: 13161-13166.

[ 96 ] Senthil C, Kesavan T, Bhaumik A, et al. Nitrogen rich carbon coated TiO₂ nanoparticles as anode for high performance lithium-ion battery [ J ]. Electrochimica Acta, 2017, 255: 417-427.

[ 97 ] Huang Z, Chen Z, Ding S S, et al. Enhanced conductivity and properties of SnO₂-graphene-carbon nanofibers for potassium-ion batteries by graphene modification [ J ]. Materials Letters, 2018, 219: 19-22.

[ 98 ] Bhattacharya P, Lee J H, Kar K K, et al. Carambola-shaped SnO₂ wrapped in carbon nanotube network for high volumetric capacity and improved rate and cycle stability of lithium ion battery [ J ]. Chemical Engineering Journal, 2019, 369: 422-431.

[ 99 ] Xie W H, Wang Q S, Xu J Q, et al. Microbelt-void-microbelt-structured SnO₂@ C as an advanced electrode with outstanding rate capability and high reversibility [ J ]. Journal of Materials Chemistry A, 2019, 7（17）: 10523-10533.

[ 100 ] Wang Z Y, Dong K Z, Wang D, et al. Monodisperse multicore-shell SnSb@ SnOₓ/SbOₓ@ C nanoparticles space-confined in 3D porous carbon networks as high-performance anode for Li-ion and Na-ion batteries [ J ]. Chemical Engineering Journal, 2019, 371: 356-365.

[ 101 ] Qin J, Wang T S, Liu D Y, et al. A top-down strategy toward SnSb in-plane nanoconfined 3D N-doped porous graphene composite microspheres for high performance Na-ion battery anode [ J ]. Advanced Materials, 2018, 30（9）: 1704670-1704679.

[ 102 ] Wang Q N, Zhao X X, Ni C L, et al. Reaction and capacity-fading mechanisms of tin nanoparticles in potassium-ion batteries [ J ]. The Journal of Physical Chemistry C, 2017, 121（23）: 12652-12657.

[ 103 ] Gabaudan V, Berthelot R, Stievano L, et al. Inside the alloy mechanism of Sb and Bi electrodes for K-ion batteries [ J ]. The Journal of Physical Chemistry C, 2018, 122（32）: 18266-18273.

[ 104 ] Li K K, Zhang J, Lin D M, et al. Evolution of the electrochemical interface in sodium ion batteries with ether electrolytes [ J ]. Nature Communications, 2019, 10（1）: 725-734.

[ 105 ] Wang F, Yao G, Xu M W, et al. Large-scale synthesis of macroporous SnO₂ with/without carbon and their application as anode materials for lithium-ion batteries [ J ]. Journal of Alloys and Compounds, 2011, 509（20）: 5969-5973.

[ 106 ] Cheng Y Y, Huang J F, Qi H, et al. Adjusting the chemical bonding of SnO₂@ CNT composite for enhanced conversion reaction kinetics [ J ]. Small, 2017, 13（31）: 1700656-1700666.

[ 107 ] Sultana, Ramireddy T, Rahman M M, et al. Tin-based composite anodes for potassium-ion batteries [ J ]. Chem. Commun. , 2016（52）:9279-9282.

[ 108 ] Huang K S, Xing Z, Wang L C, et al. Direct synthesis of 3D hierarchically porous carbon/Sn composites via in situ generated NaCl crystals as templates for potassium-ion batteries anode [ J ]. Journal of Materials Chemistry A, 2018, 6（2）: 434-442.

[ 109 ] Cheng X L, Li D J, Wu Y, et al. Bismuth nanospheres embedded in three-dimensional（3D）porous graphene frameworks as high performance anodes for sodium-and potassium-ion batteries [ J ]. Journal of Materials Chemistry A, 2019, 7（9）: 4913-4921.

[ 110 ] Han C H, Han K, Wang X P, et al. Three-dimensional carbon network confined antimony nanoparticle anodes for high-capacity K-ion batteries [ J ]. Nanoscale, 2018, 10（15）: 6820-6826.

[ 111 ] Wang G H, Xiong X X, Lin Z H, et al. Sb/C composite as a high-performance anode for sodium ion batteries [ J ]. Electrochimica Acta, 2017, 242: 159-164.

[ 112 ] Edison E, Sreejith S, Madhavi S. Melt-spun Fe-Sb intermetallic alloy anode for performance enhanced sodium-ion batteries [ J ]. ACS Applied Materials & Interfaces, 2017, 9（45）:

39399-39406.

[113] An Y L, Tian Y, Ci L J, et al. Micron-sized nanoporous antimony with tunable porosity for high-performance potassium-ion batteries [J]. ACS Nano, 2018, 12 (12): 12932-12940.

[114] Lei K, Wang C, Liu L, et al. A porous network of bismuth used as the anode material for high-energy-density potassium-ion batteries [J]. Angew. Chem., 2018 (57): 4777-4781.

[115] Gabaudan V, Berthelot R, Stievano L, et al. Inside the alloy mechanism of Sb and Bi electrodes for K-ion batteries [J]. J. Phys. Chem. C, 2018 (122): 18266-18273.

[116] An Y, Tian Y, Ci L, et al. Micron-sized nanoporous antimony with tunable porosity for high-performance potassium-ion batteries [J]. ACS Nano, 2018 (12): 12932-12940.

[117] Zheng J, Yang Y, Fan X, et al. Extremely stable antimony-carbon composite anodes for potassium-ion batteries [J]. Energy Environ. Sci., 2019 (12): 615-623.

[118] Baggetto L, Ganesh P, Sun C N, et al. Intrinsic thermodynamic and kinetic properties of Sb electrodes for Li-ion and Na-ion batteries: experiment and theory [J]. Journal of Materials Chemistry A, 2013, 1 (27): 7985-7994.

[119] Li L, Seng K H, Li D, et al. SnSb@ carbon nanocable anchored on graphene sheets for sodium ion batteries [J]. Nano Research, 2014, 7 (10): 1466-1476.

[120] Tang X, Yan F, Wei Y, et al. Encapsulating $Sn_x$Sb nanoparticles in multichannel graphene-carbon fibers as flexible anodes to store lithium ions with high capacities [J]. ACS Appl. Mater. Interfaces, 2015 (7): 21890-21897.

[121] Baggetto L, Hah H Y, Johnson C E, et al. The reaction mechanism of $FeSb_2$ as anode for sodium-ion batteries [J]. Phys. Chem. Chem. Phys., 2014 (16): 9538-9545.

[122] Mosby J M, Prieto A L. Direct electrodeposition of $Cu_2$Sb for lithium-ion battery anodes [J]. J. Am. Chem. Soc., 2008 (130): 10656-10661.

[123] Gao H, Niu J, Zhang C, et al. A dealloying synthetic strategy for nanoporous bismuth-antimony anodes for sodium ion batteries [J]. ACS Nano, 2018 (12): 3568-3577.

[124] Wang Z, Dong K, Wang D, et al. Nanosized SnSb alloy confined in N-doped 3D porous carbon coupled with ether-based electrolytes toward high-performance potassium-ion batteries [J]. J. Mater. Chem. A, 2019, 7 (23): 14309-14318.

[125] Zhao Y, Manthiram A. High-capacity, high-rate Bi-Sb alloy anodes for lithium-ion and sodium-ion batteries [J]. Chem. Mater., 2015 (27): 3096-3101.

[126] Huang J, Lin X, Tan H, et al. Bismuth microparticles as advanced anodes for potassium-ion battery [J]. Adv. Energy Mater., 2018 (8): 1703496.

[127] Xiong P, Wu J, Zhou M, et al. Bismuth-antimony alloy nanoparticle@ porous carbon nanosheet composite anode for high performance potassium-ion batteries [J]. ACS Nano, 2019 (14): 1018-1026.

[128] Yang H, Xu R, Yao Y, et al. Multicore-shell Bi@ N-doped carbon nanospheres for high power density and long cycle life sodium-and potassium-ion anodes [J]. Adv. Funct. Mater., 2019 (29): 1809195.

[129] Han J, Zhu K, Liu P, et al. N-doped CoSb@ C nanofibers as a self-supporting anode for high-performance K-ion and Na-ion batteries [J]. J. Mater. Chem. A, 2019, 7 (44): 25268-25273.

[130] Schulze M C, Belson R M, Kraynak L A, et al. Electrodeposition of Sb/CNT composite films as anodes for Li-and Na-ion batteries [J]. Energy Storage Mater., 2020, 25: 572-584.

[131] Baggetto L, Allcorn E, Manthiram A, et al. $Cu_2$Sb thin films as anode for Na-ion batteries [J]. Electrochem. Commun., 2013, 27: 168-171.

[132] Fan L, Zhang J, Cui J, et al. Electrochemical performance of rod-like Sb-C composite as anodes for Li-ion and Na-ion batteries [J]. Journal of Materials Chemistry A, 2015, 3 (7):

3276-3280.

[133] Qian J F, Chen Y, Wu L, et al. High capacity Na-storage and superior cyclability of nanocomposite Sb/C anode for Na-ion batteries [J]. Chemical Communications, 2012, 48 (56): 7070-7072.

[134] Antitomaso P, Fraisse B, Stievano L, et al. SnSb electrodes for Li-ion batteries: the electrochemical mechanism and capacity fading origins elucidated by using operando techniques [J]. Journal of Materials Chemistry A, 2017, 5 (14): 6546-6555.

[135] Park C M, Sohn H J. A mechano and electrochemically controlled SnSb/C nanocomposite for rechargeable Li-ion batteries [J]. Electrochimica Acta, 2009, 54 (26): 6367-6373.

[136] Tang X, Wei Y H, Zhang H N, et al. The positive influence of graphene on the mechanical and electrochemical properties of $Sn_x$Sb-graphene-carbon porous mats as binder-free electrodes for $Li^+$ storage [J]. Electrochimica Acta, 2015, 186: 223-230.

[137] Seng K H, Guo Z P, Chen Z X, et al. SnSb/graphene composite as anode materials for lithium ion batteries [J]. Journal of Computational & Theoretical Nanoscience, 2011, 4 (1): 18-23.

[138] Tang X, Yan F L, Wei Y H, et al. Encapsulating $Sn_x$Sb nanoparticles in multichannel graphene-carbon fibers as flexible anodes to store lithium ions with high capacities [J]. ACS Applied Materials & Interfaces, 2015, 7 (39): 21890-21897.

[139] Wang G Z, Feng J M, Dong L, et al. Porous graphene anchored with $Sb/SbO_x$, as sodium-ion battery anode with enhanced reversible capacity and cycle performance [J]. Journal of Alloys & Compounds, 2017, 693: 141-149.

[140] Fan L, Zhang J J, Zhu Y C, et al. Comparison between SnSb-C and Sn-C composites as anode materials for lithium-ion batteries [J]. Rsc Advances, 2014, 4 (107): 62301-62307.

[141] He M, Walter M, Kravchyk K V, et al. Monodisperse SnSb nanocrystals for Li-ion and Na-ion battery anodes: synergy and dissonance between Sn and Sb [J]. Nanoscale, 2015, 7 (2): 455-459.

[142] Zhou L, Boyle D S, O'Brien P. Uniform $NH_4TiOF_3$ mesocrystals prepared by an ambient temperature self-assembly process and their topotaxial conversion to anatase [J]. Chemical Communications, 2007, 38 (2): 144-146.

[143] Christensen C K, Mamakhel M A H, Balakrishna A R, et al. Order-disorder transition in nano-rutile $TiO_2$ anodes: a high capacity low-volume change Li-ion battery material [J]. Nanoscale, 2019, 11 (25): 12347-12357.

[144] Dambournet D, Belharouak I, Amine K. Tailored preparation methods of $TiO_2$ anatase, rutile, brookite: mechanism of formation and electrochemical properties [J]. Chemistry of Materials, 2009, 22 (3): 1173-1179.

[145] Zhu G N, Wang Y G, Xia Y Y. Ti-based compounds as anode materials for Li-ion batteries [J]. Energy & Environmental Science, 2012, 5 (5): 6652-6667.

[146] Lo W C, Su S H, Chu H J, et al. $TiO_2$-CNTs grown on titanium as an anode layer for lithium-ion batteries [J]. Surface and Coatings Technology, 2018, 337: 544-551.

[147] 马金铭. 锂离子电池负极材料 $TiO_2$ 与 $TiO_2$/GO 的制备及电化学性能研究 [D]. 秦皇岛: 燕山大学, 2016.

[148] Wu L, Buchholz D, Bresser D, et al. Anatase $TiO_2$, nanoparticles for high power sodium-ion anodes [J]. Journal of Power Sources, 2014, 251 (4): 379-385.

[149] Torres I Z, Bueno J J P, López C Y T, et al. Nanotubes with anatase nanoparticulate walls obtained from $NH_4TiOF_3$ nanotubes prepared by anodizing Ti [J]. RSC Advances, 2016, 6 (47): 41637-41643.

[150] Tao T, Chen Y. Direct synthesis of rutile $TiO_2$ nanorods with improved electrochemical lithium

ion storage properties [ J ] . Materials Letters, 2013, 98: 112-115.

[ 151 ] Xu Y, Lotfabad E M, Wang H, et al. Nanocrystalline anatase $TiO_2$: a new anode material for rechargeable sodium ion batteries [ J ] . Chemical Communications, 2013, 49 ( 79 ): 8973-8975.

[ 152 ] Kang S H, Jo Y N, Prasanna K, et al. Bandgap tuned and oxygen vacant $TiO_{2-x}$ anode materials with enhanced electrochemical properties for lithium ion batteries [ J ] . Journal of Industrial and Engineering Chemistry, 2019, 71: 177-183.

[ 153 ] Li X, Wu G, Liu X, et al. Orderly integration of porous $TiO_2$ ( B ) nanosheets into bunchy hierarchical structure for high-rate and ultralong-lifespan lithium-ion batteries [ J ] . Nano Energy, 2017, 31: 1-8.

[ 154 ] Luo H, Xu C, Wang B, et al. Highly conductive graphene-modified $TiO_2$ hierarchical film electrode for flexible Li-ion battery anode [ J ] . Electrochimica Acta, 2019, 313: 10-19.

[ 155 ] Yu S X, Yang L W, Tian Y, et al. Mesoporous anatase $TiO_2$ submicrospheres embedded in self-assembled three-dimensional reduced graphene oxide networks for enhanced lithium storage [ J ] . Journal of Materials Chemistry, 2013, 1 ( 41 ): 12750-12758.

[ 156 ] Yang Y, Shi W, Liao S, et al. Black defect-engineered $TiO_2$ nanocrystals fabricated through square-wave alternating voltage as high-performance anode materials for lithium-ion batteries [ J ] . Journal of Alloys and Compounds, 2018, 746: 619-625.

[ 157 ] Chen J, Li Y, Mu J, et al. C@ $TiO_2$ nanocomposites with impressive electrochemical performances as anode material for lithium-ion batteries [ J ] . Journal of Alloys and Compounds, 2018, 742: 828-834.

[ 158 ] Li C, Zhao M, Sun C N, et al. Surface-amorphized $TiO_2$ nanoparticles anchored on graphene as anode materials for lithium-ion batteries [ J ] . Journal of Power Sources, 2018, 397: 162-169.

[ 159 ] Guan B Y, Yu L, Li J, et al. A universal cooperative assembly-directed method for coating of mesoporous $TiO_2$ nanoshells with enhanced lithium storage properties [ J ] . Science advances, 2016, 2 ( 3 ): 1501554.

[ 160 ] Zhao X, Liu H, Ding M, et al. In-situ constructing of hollow $TiO_2$@ rGO hybrid spheres as high-rate and long-life anode materials for lithium-ion batteries [ J ] . Ceramics International, 2019, 45 ( 9 ): 12476-12483.

[ 161 ] Deng X, Wei Z, Cui C, et al. Oxygen-deficient anatase $TiO_2$@ C nanospindles with pseudocapacitive contribution for enhancing lithium storage [ J ] . Journal of Materials Chemistry A, 2018, 6 ( 9 ): 4013-4022.

[ 162 ] Huang J, Fang F, Huang G, et al. Engineering the surface of rutile $TiO_2$ nano-particles with quantum pits towards excellent lithium storage [ J ] . RCS Advances, 2016, 6: 66197-66203.

[ 163 ] Ma Y, Li Y, Li D, et al. Uniformly distributed $TiO_2$ nanorods on reduced graphene oxide composites as anode material for high rate lithium ion batteries [ J ] . Journal of Alloys and Compounds, 2019, 771: 885-891.

[ 164 ] Jamal H, Kang B S, Lee H, et al. Comparative studies of electrochemical performance and characterization of $TiO_2$/graphene nanocomposites as anode materials for Li-secondary batteries [ J ] . Journal of Industrial and Engineering Chemistry, 2018, 64: 151-166.

[ 165 ] Xu D, Mu C, Xiang J, et al. Carbon-encapsulated $Co_3O_4$@ CoO@ Co nanocomposites for multifunctional applications in enhanced long-life lithium storage, supercapacitor and oxygen evolution reaction [ J ] . Electrochimica Acta, 2016, 220: 322-330.

[ 166 ] Jia B, Qin M, Li S, et al. The synthesis of mesoporous single crystal Co ( OH )$_2$ nanoplate and its topotactic conversion to dual-pore mesoporous single crystal $Co_3O_4$ [ J ] . ACS Applied Materials & Interfaces, 2016, 8 ( 24 ): 15582-15590.

[ 167 ] Kang Y, Song M, Kim J, et al. A study on the charge-discharge mechanism of $Co_3O_4$ as an anode for the Li ion secondary battery [ J ]. Electrochimica Acta, 2005, 50 ( 18 ): 3667-3673.

[ 168 ] Liu Y, Wan H, Jiang N, et al. Chemical reduction-induced oxygen deficiency in $Co_3O_4$ nanocubes as advanced anodes for lithium ion batteries [ J ]. Solid State Ionics, 2019, 334: 117-124.

[ 169 ] Wan H, Liu Y, Zhang H, et al. Improved lithium storage properties of $Co_3O_4$ nanoparticles via laser irradiation treatment [ J ]. Electrochimica Acta, 2018, 281: 31-38.

[ 170 ] Wu F, Ma X, Feng J, et al. 3D $Co_3O_4$ and CoO@ C wall arrays: morphology control, formation mechanism, and lithium-storage properties [ J ]. Journal of Materials Chemistry A, 2014, 2 ( 30 ): 11597-11605.

[ 171 ] Sun H, Liu Y, Yu Y, et al. Mesoporous $Co_3O_4$ nanosheets-3D graphene networks hybrid materials for high-performance lithium ion batteries [ J ]. Electrochimica Acta, 2014, 118 ( 2 ): 1-9.

[ 172 ] Zhang Y, Li Y, Chen J, et al. CoO/$Co_3O_4$/graphene nanocomposites as anode materials for lithium-ion batteries [ J ]. Journal of Alloys and Compounds, 2017, 699: 672-678.

[ 173 ] Xu M, Wang F, Zhang Y, et al. $Co_3O_4$-carbon nanotube heterostructures with bead-on-string architecture for enhanced lithium storage performance [ J ]. Nanoscale, 2013, 5 ( 17 ): 8067-8072.

[ 174 ] Jadhav H S, Rai A K, Lee J Y, et al. Enhanced electrochemical performance of flower-like $Co_3O_4$ as an anode material for high performance lithium-ion batteries [ J ]. Electrochimica Acta, 2014, 146: 270-277.

[ 175 ] Wang S, Zhu Y, Xu X, et al. Adsorption-based synthesis of $Co_3O_4$/C composite anode for high performance lithium-ion batteries [ J ]. Energy, 2017, 125: 569-575.

[ 176 ] Hou C, Hou Y, Fan Y, et al. Oxygen vacancy derived local build-in electric field in mesoporous hollow $Co_3O_4$ microspheres promotes high-performance Li-ion batteries [ J ]. Journal of Materials Chemistry A, 2018, 6 ( 16 ): 6967-6976.

[ 177 ] Huang G, Xu S, Lu S, et al. Micro-/nanostructured $Co_3O_4$ anode with enhanced rate capability for lithium-ion batteries [ J ]. ACS Applied Materials & Interfaces, 2014, 6 ( 10 ): 7236-7243.

[ 178 ] Longoni G, Fiore M, Kim J H, et al. $Co_3O_4$ negative electrode material for rechargeable sodium ion batteries: An investigation of conversion reaction mechanism and morphology-performances correlations [ J ]. Journal of Power Sources, 2016, 332: 42-50.

[ 179 ] Liu Y, Cheng Z, Sun H, et al. Mesoporous $Co_3O_4$ sheets/3D graphene networks nanohybrids for high-performance sodium-ion battery anode [ J ]. Journal of Power Sources, 2015, 273: 878-884.

[ 180 ] Wang J, Yang N, Tang H, et al. Accurate control of multishelled $Co_3O_4$ hollow microspheres as high-performance anode materials in lithium-ion batteries [ J ]. Angewandte Chemie-International Edition, 2013, 125 ( 25 ): 6545-6548.